博雅

21世纪数学规划教材

数学基础课系列

黄建国 编著

图书在版编目 (CIP) 数据

偏微分方程数值解 / 黄建国编著．—北京：北京大学出版社，2023. 1
ISBN 978-7-301-30966-7

Ⅰ. ①偏…　Ⅱ. ①黄…　Ⅲ. ①偏微分方程－数值计算－高等学校－教材
Ⅳ. ① O241.82

中国版本图书馆 CIP 数据核字 (2019) 第 276823 号

书　　名	偏微分方程数值解 PIANWEIFEN FANGCHENG SHUZHIJIE
著作责任者	黄建国　编著
责任编辑	潘丽娜
标准书号	ISBN 978-7-301-30966-7
出版发行	北京大学出版社
地　　址	北京市海淀区成府路 205 号　100871
网　　址	http://www.pup.cn
电子信箱	zpup@pup.cn
新浪微博	@ 北京大学出版社
电　　话	邮购部010-62752015　发行部010-62750672　编辑部010-62752021
印 刷 者	大厂回族自治县彩虹印刷有限公司
经 销 者	新华书店
	880 毫米 ×1230 毫米　32 开本　10.375 印张　308 千字
	2023 年 1 月第 1 版　2024 年 3 月第 2 次印刷
定　　价	48.00 元

内 容 简 介

本书主要介绍了求解偏微分方程定解问题的两大类基本方法: 有限差分方法和有限元方法. 全书共分九章, 第一章为绪论, 第二章至第五章先后介绍了求解椭圆型、双曲型和抛物型方程定解问题的基本有限差分方法, 以及稳定性、收敛性分析的相关理论知识, 后面四章依次为变分方法、有限元方法的构造与理论基础、椭圆型方程有限元方法的 MATLAB 编程, 以及二维问题有限元方法的误差分析等.

本书强调通过数学建模、算法设计、理论分析和上机实算 “四位一体” 的讲解模式, 从直观和理论两方面解读如何合理构造求解偏微分方程定解问题的数值方法, 同时也介绍了如何利用 MATLAB 软件实现网格剖分和有限元编程, 从而达到学之能用, 甚或开拓创新的目的.

本书可供高年级本科生和研究生作为相关课程的教材使用, 也是从事科学与工程计算的研究人员的一本有价值的参考读物.

作 者 简 介

黄建国 上海交通大学数学科学学院教授、博士生导师. 主要研究方向为: 有限元方法与应用、快速算法设计与分析, 以及机器学习算法设计与应用, 发表学术论文100余篇. 主要讲授“微分方程的高性能计算”“微分方程数值解”“科学计算”和“中国传统文化中的数学算法”等课程. 2006 年获教育部新世纪优秀人才称号, 2016 年获上海市育才奖, 2017 年获上海市教学成果一等奖 (排名第 4), 两次受邀在世界华人数学家大会做 45 分钟邀请报告. 先后主持或承担国家自然科学基金面上项目和其他国家与省部级项目多项.

前　言

科学与工程领域的大量数学模型都可归结为由微分方程刻画的定解问题, 用于描述、解释或预见各种自然现象, 推进人类文明的进步. 但这些问题大多没有显式解, 因此伴随着高性能计算机的飞速发展, 微分方程数值解业已成为当代应用与计算数学领域的核心研究方向, 具有重要的理论意义和应用前景.

在中外学者的不懈努力下, 现已有不少很好的有关微分方程数值解的教材和专著. 本书结合作者多年的教学和科研经验, 重点讲授了求解偏微分方程定解问题的两大类基本方法: 有限差分方法和有限元方法. 在教材内容编写方面, 本书强调通过数学建模、算法设计、理论分析和上机实算 "四位一体" 的讲解模式, 从直观和理论两方面解读如何合理构造求解偏微分方程定解问题的数值方法, 同时也介绍了如何利用 MATLAB 软件实现网格剖分和有限元编程, 从而达到学之能用, 甚或开拓创新的目的. 此外, 本书在以下方面做了一些尝试:

(1) 介绍了要研究的核心偏微分方程的物理背景, 从而使读者能伴随物理直观, 产生算法设计的合理构想. 同时, 在某些地方也补充了若干必要的偏微分方程知识, 将模型理论与算法设计融会贯通.

(2) 借鉴诸多专家成果, 在新的观点下重点介绍了一些关键算法, 包括内蕴导出求解 Poisson 方程五点差分格式的离散快速正弦方法, 以便高维推广; 利用算符演算自然推出紧致差分格式, 给出了求解发展方程分数步方法的直观思想, 以掌握方法精髓并付诸应用; 等等.

(3) 对教学内容进行了模块化处理, 把较复杂的拓展内容放在附录部分, 从而便于教师通过选用不同的模块, 完成不同的教学目的.

全书共分九章, 第一章为绪论, 第二章至第五章先后介绍了求解椭圆型、双曲型和抛物型方程定解问题的基本有限差分方法, 以及稳定性、收敛性分析的相关理论知识, 后面四章依次为: 变分方法、有限元方法的构造与理论基础、椭圆型方程有限元方法的 MATLAB 编程, 以及二维问题有限元方法的误差分析等.

本书可供高年级本科生和研究生作为相关课程的教材使用, 也是从事科学与工程计算的研究人员的一本有价值参考读物.

作者首先感谢上海交通大学数学科学学院, 是院领导和教务老师对自己的信任, 使得自己有机会长期讲授微分方程数值解方面的课程, 形成教材素材. 在本书的撰写过程中, 得到了作者已毕业的博士研究生赖军将教授和余跃博士后的大力帮助, 使本书增色不少. 在本书的校样审读过程中, 作者的博士后彭辉和博士生陈明卿等出力颇多. 在此对以上各位表示衷心的感谢. 同时要感谢国家自然科学基金对本书出版的部分资助 (国家自然科学基金面上项目, 基金号: 11571237). 还要非常感谢本书的责任编辑潘丽娜女士, 她仔细审阅了原稿, 提出了许多宝贵的修改意见, 为本书的出版付出了艰辛的劳动.

最后, 谨以此书献给作者的妻子谢国娥和女儿黄雨静, 感谢她们长期以来对自己工作的理解与支持和生活方面的照顾与帮助.

限于作者的学识水平, 书中的不当乃至错误之处在所难免, 恳请读者批评指正.

作者谨志

2022 年 11 月于上海

目　　录

第一章　绪　论

1.1　解方程是数学应用于实践的魅力所在

大量实际问题的数学模型都可以归结为一定的微分方程 (组) 的初、边值问题. 大科学家 Newton (牛顿)[①] 曾经用拉丁语将他的一个基本发现写成密语, 用现代数学语言描述就是: “解微分方程是有用的.” 当代著名数学家 Arnold (阿诺德) 在本章文献 [1] 中说: “把抽象的数学模型理论和应用连接起来, 大部分借助于微分方程, 微分方程是自然科学数学观的基础.” 因此, 求解微分方程具有重要的理论意义和应用价值.

为了对微分方程有具体明确的了解, 下面我们通过数学建模来获得描述均匀杆的稳态温度场分布的微分方程边值问题. 后文也将以数值求解该方程为典型示例导出求解一般偏微分方程的基本数值方法: 有限差分法和有限元方法. 为此, 我们先来回忆数学建模的基本步骤:

步骤 1　弄清楚实际问题的背景, 获得有用的数据资料;

步骤 2　抓住主要矛盾, 提出若干合理的简化性假设 (实验规律或科学定律);

步骤 3　利用合适的数学工具, 结合简化性假设, 建立数学模型 (很多模型为微分方程);

步骤 4　检验数学模型的合理性, 如果不符合实际, 则对模型进行修正, 直到符合为止.

[①] Newton (牛顿, 1642–1727 (儒略历)) 是英国伟大的数学家、物理学家、天文学家和自然哲学家, 微积分和经典力学的创立者, 人类有史以来最伟大的科学家之一. 代表作为《自然哲学的数学原理》(*Mathematical Principles of Natural Philosophy*). 为了表达对 Newton 科学成就的崇高敬仰, 英国诗人 Alexander Pope (亚历山大 · 蒲柏) 为他写有如下诗句: “自然和自然定律都隐藏在黑暗中, 上帝说, 让牛顿降生吧, 于是, 一切成为光明.” 其英语原文为: “Nature and nature’s laws lay hid in night; God said ‘Let Newton be’ and all was light.”

本书主要讨论步骤 2 和步骤 3, 因此后面将分别称之为步骤 1 和步骤 2.

例 1.1 确定均匀杆的稳态温度场分布. 考察各向同性的均匀金属杆在稳态下的温度分布, 设杆的侧表面是绝热的, 如图 1.1 所示.

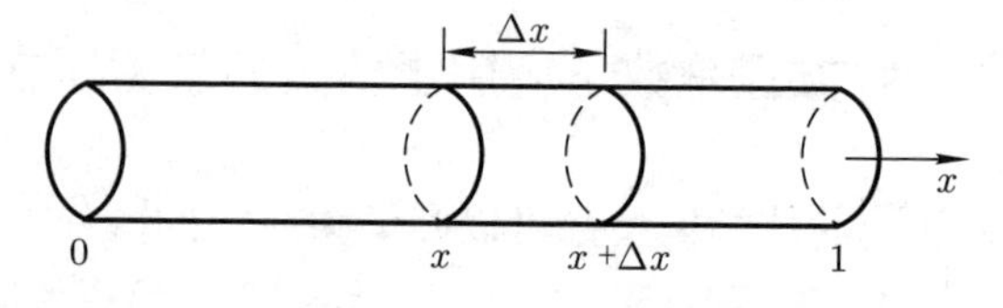

图 1.1 一维传热杆模型

解 模型建立的步骤:

步骤 1 模型的简化性假设. 如图 1.2 所示, 假设热量传递服从 Fourier (傅里叶) 热传导定律:

$$\mathrm{d}Q = -k\partial_{\boldsymbol{n}}u\mathrm{d}S\mathrm{d}t,$$

式中, $\mathrm{d}Q$ 为在时间段 $\mathrm{d}t$ 从曲面 $\mathrm{d}S$ 左侧传向右侧的热量, k 为热传导系数, $\boldsymbol{n}$ 为传热面的单位外法线方向, u 为稳态温度场, 而 $\partial_{\boldsymbol{n}}u$ 为方向导数.

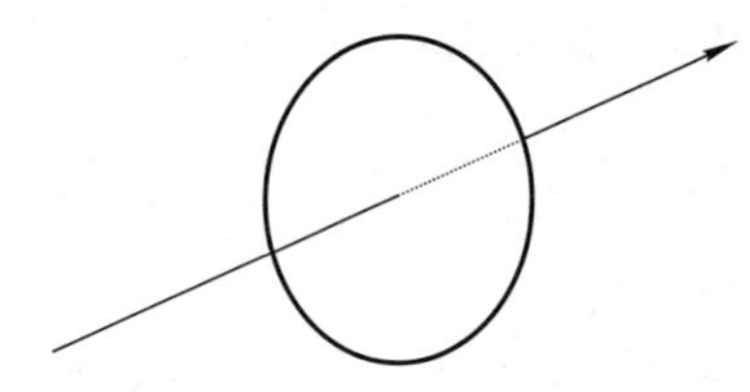

图 1.2 热传导图示

步骤 2 数学模型的建立 (微元法). 首先引进如下记号:

- $u(x)$: 位置 x 处的温度;
- $f(x)$: 位置 x 处的热源密度 (单位体积产生的热量);
- k : 热传导系数;
- S : 圆杆截面的面积.

然后, 考虑杆上微元 $[x, x+\Delta x]$ 在单位时间内热量的变化, 即

- 热源产生的热量: $\Delta Q = f(x)S\Delta x$;
- 微元沿两侧流出的热量: $\Delta Q' = -ku'(x+\Delta x)S + ku'(x)S$.

因为温度不随时间变化, 故由能量守恒定律知 $\Delta Q = \Delta Q'$, 即

$$f(x)S\Delta x = -ku'(x+\Delta x)S + ku'(x)S,$$

整理得

$$f(x) = -\frac{ku'(x+\Delta x) - ku'(x)}{\Delta x}.$$

令 $\Delta x \to 0$, 则有

$$-(ku'(x))' = f(x), \quad 0 < x < 1.$$

设杆两端的温度是给定的 (不妨设取零值), 则最终的定解问题为

$$\begin{cases} -(ku'(x))' = f(x), \quad 0 < x < 1, \\ u(0) = u(1) = 0. \end{cases}$$

这是一个微分方程模型.

还有一些典型的微分方程模型如下:

- 弦振动问题: $u_{tt} = a^2 u_{xx} + f(x,t)$.
- 热传导问题: $u_t = k u_{xx} + f(x,t)$.
- 稳态温度场问题: $\Delta u = 0$.
- 对流问题: $u_t + a u_x = 0$.
- 对流扩散问题: $u_t - k\Delta u + \boldsymbol{b}\cdot\nabla u = f$.
- Maxwell (麦克斯韦)[①] 方程组:

$$\begin{cases} \boldsymbol{\nabla} \times \boldsymbol{H} = \dfrac{\partial \boldsymbol{D}}{\partial t}, \quad \text{(Ampere (安培) 定律)} \\ \boldsymbol{\nabla} \times \boldsymbol{E} = -\dfrac{\partial \boldsymbol{B}}{\partial t}, \quad \text{(Faraday (法拉第) 定律)} \\ \boldsymbol{\nabla} \cdot \boldsymbol{B} = 0, \\ \boldsymbol{\nabla} \cdot \boldsymbol{D} = \rho, \quad \text{(Gauss (高斯) 定理)} \end{cases}$$

① 1855—1868 年, Maxwell (麦克斯韦, 1831—1879) 完成了电磁学的场论方程, 完整描述了经典电磁场反电磁波的性质, 并说明光是一种电磁波. 他对气体分子运动论也有很大贡献. 引入 "Maxwell demon (麦克斯韦妖)" 来解释统计热力学 (1871), 并提出了气体分子速率分布律 (1859).

式中, $\boldsymbol{H}$ 是磁场强度, $\boldsymbol{D}$ 是电位移矢量, $\boldsymbol{E}$ 是电场强度, $\boldsymbol{B}$ 是磁感应强度.

- 不可压缩 Navier-Stokes (纳维 – 斯托克斯) 方程 ①:

$$\begin{cases} \boldsymbol{u}_t + (\boldsymbol{u}\cdot\boldsymbol{\nabla})\,\boldsymbol{u} + \boldsymbol{\nabla} p = \boldsymbol{f} + \varepsilon\boldsymbol{\nabla}\boldsymbol{u}, \\ \boldsymbol{\nabla}\cdot\boldsymbol{u} = 0, \end{cases}$$

式中, $\boldsymbol{u}$ 为速度场, p 为压力场.

- 期权定价模型 (Black-Scholes (布莱克 – 斯科尔斯) 方程) ②:

$$\partial_t V + \frac{1}{2}\sigma^2 S^2 \partial_{SS} V + rS\partial_S V - rV = 0.$$

- 孤立波方程 (KdV 方程)③:

$$u_t + uu_x + u_{xxx} = 0. \tag{1.1}$$

读者可参见本章文献 [2–9] 以了解更多的偏微分方程模型、理论与应用.

---

①对该方程的研究属于 Clay Mathematics Institute (克莱数学促进会) 宣布的七大悬而未决的数学难题之一 (悬赏 100 万美元征求解答)[3].

②1973 年, 美国著名金融数学家 Black (布莱克) 和 Scholes (斯科尔斯) 发表了关于期权定价的开创性的论文. 文中在有效市场和股票价格满足几何 Brown 运动等假设条件下, 利用无套利原理和 Itô (伊藤) 公式推出了著名的 Black-Scholes 模型. 该模型是期权定价发展史上的里程碑, 它为期权乃至其他未定权益的定价打下了坚实的基础, 使得原本空洞的期权定价在理论上有了依据. 1997 年 Scholes (Black 已去世) 因此项成果获得诺贝尔经济学奖.

③英国科学家 John Scott Russell (罗素, 1808–1882) 在 1844 年发表的一篇题为《论波动》的报告中, 记述了他在 1834 年观察到的一种奇特的水波 (孤立波) 现象, 但限于当时数学理论和科学水平的限制, 无法从理论上对它给予圆满的解释. 直到 1895 年, 瑞典数学教授 Korteweg (科特韦格) 指导他的学生 De Vries (德弗里斯) 写了一篇博士论文, 提出了流体中单向波传播的数学模型 (KdV 方程). 用行波方法, 加上在无穷远处迅速衰减的条件, 可得出 KdV 方程波形不变的行波解为

$$u(x,t) = 3c\,\mathrm{sech}^2\left[\frac{1}{2}\sqrt{c}(x-ct)\right], \tag{1.2}$$

式中, 常数 c 是波速, $3c$ 是振幅, 显然振幅与波速有关, 当 c 固定时, 波形和速度是不变的. 这就在理论上表明了 Russell 观察到的孤立波的存在性.

1.2 微分方程数值解 (科学计算) 的必要性

大多数的微分方程无法给出显式解, 必须用科学计算获得数值解.

例 1.2 伟大的数学家 Leibniz (莱布尼茨) 于 1685 年向数学界提出求解方程

$$\frac{\mathrm{d}y}{\mathrm{d}x} = x^2 + y^2$$

之通解的挑战性问题. 这个方程虽形式简单, 但经 150 年内几代数学家的全力冲击仍不得其解. 1841 年法国数学家 Liouville (刘维尔) 证明意大利数学家 Riccati (黎卡提) 1724 年提出的 Riccati 方程 $\mathrm{d}y/\mathrm{d}x = p(x)\ y^2 + q(x)\ y + r(x)$ 的解一般不能通过初等函数的积分来表达, 从而让大家明白并不是所有方程的通解都可由积分手段求出.

例 1.3 设 B 是平面中的单位圆, 给定连续函数 $f \in C(\bar{B})$, 考虑如下 Poisson (泊松) 问题:

$$\begin{cases} \Delta u(x,y) = f(x,y), \quad (x,y) \in B, & (1.3) \\ u(x,y) = 0, \quad (x,y) \in \partial B. & (1.4) \end{cases}$$

由 Green (格林) 函数理论知[8], 该问题的解为

$$u(x,y) = \int_B G(x,y;\xi,\eta) f(\xi,\eta) \mathrm{d}\xi \mathrm{d}\eta, \tag{1.5}$$

式中, $G(x,y;\xi,\eta)$ 是算子 Δ 相应于单位圆 B 的格林函数,

$$G(x,y;\xi,\eta) = \frac{1}{2\pi} \ln \frac{r_1}{r_2} - \frac{1}{2\pi} \ln \rho,$$

式中,

$$r_1 = \sqrt{(x-\xi)^2 + (y-\eta)^2}, \quad r_2 = \sqrt{(x-\xi/\rho^2)^2 + (y-\eta/\rho^2)^2},$$
$$\rho = \sqrt{\xi^2 + \eta^2}.$$

显然, 对于一般的函数 f, 无法用公式 (1.5) 求得问题 (1.3) 和 (1.4) 的显式解. 顺便指出, 为使行文简洁, 全书使用单重积分符号表示单重或多重积分, 其具体含义由积分微元决定.

因此, 有必要建立求解这些微分方程定解问题的高效数值求解方法. 其次, 计算机的飞速发展, 为科学计算提供了坚实的硬件基础. 1946 年, 世界上出现了第一台通用电子数字计算机 "ENIAC" (埃尼阿克), 用于弹道计算. 它是由美国宾夕法尼亚大学莫尔电工学院制造的, 体积庞大, 成本很高, 使用不便. 1956 年, 晶体管电子计算机诞生了, 这是第二代电子计算机, 只要几个大一点的柜子就可将它容下, 运算速度也大大地提高了.

1964 年, 美国 IBM 公司 (国际商用机器公司) 推出采用了集成电路的 IBM–360 型计算机, 标志着第三代计算机的问世. 20 世纪 70 年代起, 随着超大规模集成电路的发明与应用, 高性能计算机不断升级换代. 有了这些高性能的计算机系统, 我们就具备了科学计算的强大硬件设备, 数值求解复杂的科学工程问题 (偏微分方程定解问题) 成为可能.

1.3 微分方程数值解 (科学计算) 的广泛应用

科学计算的兴起是 20 世纪最重要的科学进步之一. 著名计算物理学家、诺贝尔奖获得者 Wilson (威尔逊) 教授指出: "当今, 科学活动可分为三种: 理论、实验和计算". 如今, 实验、理论、计算并称为科学研究中不可或缺的三大基本方法, 在国民经济与国防建设的许多重要领域, 计算已经成为不可或缺的重要手段[10]. 科学计算与实验相比, 有诸多优势: 性价比高; 没有伪物理效应, 不需小尺度实验; 可以长期跟踪, 适应恶劣环境; 便于参数测定. 当然, 数值结果的合理性最终还要通过实验加以验证. 根据本章文献 [11] 的介绍, 微分方程数值解 (科学计算) 已在以下领域获得成功应用.

• **石油勘探**: 地震勘探是确定地质构造的重要方法, 在石油地质勘探中占据十分重要的位置. 石油钻井井位的确定很关键, 若定错一个井位, 就达不到勘探目的, 损失将十分惨重. 人们已开发出针对石油勘探的高性能计算机硬件和功能强大的并行计算软件, 具有巨大的经济效益和现实意义.

• **天气预报**: 20 世纪 20 年代初, 天气预报方程已基本建立, 但在计算机出现以后, 数值天气预报才成为可能. 而在使用并行计算系统之前, 由于受处理能力的限制, 只能做到 24 小时天气预报. 高性能计算是解决数值预报中大规模科学计算的必要手段. 采用高性能计算技术, 可以提高分辨率, 从而提高预报精度, 也可以进行中短期天气预报.

• **航空航天**: 航空航天工业中, 高性能计算主要应用在科学计算、实时仿真、图像处理、人工智能、数据库建立和计算机辅助设计等方面. 在当代飞行器的设计中, 高性能计算和风洞试验、自由飞行一起构成了获得飞行器气动力数据的三种手段. 采用计算流体力学和计算气动力学方法可缩短周期、降低费用, 还可以改变参数、重复计算. 对那些目前不能在特定的飞行状态下进行实验的未来飞行器来说, 数值模拟方法可以减少其设计风险, 并在风洞实验前迅速确定出有希望的设计方案.

• **水利水电**: 水利大坝设计、构筑工艺、安全性与延寿等问题都是水利水电部门需要解决的大问题, 这些问题的计算规模主要由计算域决定, 往往比较大, 高性能计算系统是解决这一类问题的必要工具.

• **建筑桥梁**: 城市现代化建设日新月异, 高楼大厦、桥梁隧道等正在改变城市地貌. 楼宇、桥梁、隧道的安全性, 包括抗震性能、抗破坏性能、抗火灾性能等等就成为迫切需要解决的问题. 只有在大量分析计算的基础上, 才能对这类问题作出解答.

• **计算化学**: 计算技术已经使传统化学发生了深刻的变化. 化学已由只实验不计算, 演变为先实验再计算, 也必将逐步演变为先计算再实验. 在计算机辅助结构解析、分子设计和合成路线设计等研究成果的基础上, 通过高性能计算机才有可能对浩如烟海的化学知识进行有效处理, 对结构变化引起的属性变化进行系统搜索, 并进行某种推理, 确定分子的正确结构、预测具备某种性质的化合物分子结构和确定合成路线等.

• **计算物理**: 内容涉及统计物理、量子力学、流体力学、核粒子运动、核物理、天体物理、固体物理、等离子体物理、原子与分子散射、地表波、地球物理、射电天文、受控热核反应和大气环流等方面的物理问题的数值计算. 在基础科学中物理学是利用高性能计算最为广泛的领域.

注 1.1 本书旨在介绍求解偏微分方程定解问题的两类基本数值方法: 有限差分方法和有限元方法. 前者特别适用于规则区域问题求解, 而后者在处理非规则区域问题求解时有优势. 读者在学习本书时可同时参考本章文献 [12–22], 以获得相关知识更全面的了解.

附录 KdV 方程 (1.1) 行波解 (1.2) 的导出

设 $u(x,t)=\Psi(\xi)=\Psi(x-ct)$, 将其代入方程 (1.1) 中, 可得

$$(\Psi-c)\,\frac{\mathrm{d}\Psi}{\mathrm{d}\xi}+\frac{\mathrm{d}^3\Psi}{\mathrm{d}\xi^3}=0.$$

由分部积分并利用解在无穷远处迅速衰减的条件知

$$\frac{1}{2}\Psi^2-c\Psi+\frac{\mathrm{d}^2\Psi}{\mathrm{d}\xi^2}=0. \tag{1.6}$$

在 (1.6) 式两侧同乘以 $\mathrm{d}\Psi/\mathrm{d}\xi$, 再由分部积分并利用解在无穷远处迅速衰减的条件知

$$\frac{1}{6}\Psi^3-\frac{1}{2}c\Psi^2+\frac{1}{2}\left(\frac{\mathrm{d}\Psi}{\mathrm{d}\xi}\right)^2=0. \tag{1.7}$$

用分离变量法求解常微分方程 (1.7) 可得

$$\Psi=\Psi(\xi)=\frac{3c}{\cosh^2\left(\dfrac{1}{2}\sqrt{c}\xi\right)}=3c\,\mathrm{sech}^2\left(\frac{1}{2}\sqrt{c}\xi\right),$$

即 $u(x,t)=3c\,\mathrm{sech}^2\left[\dfrac{1}{2}\sqrt{c}(x-ct)\right]$, 式中,

$$\cosh(x)=\frac{\mathrm{e}^x+\mathrm{e}^{-x}}{2},\quad \mathrm{sech}(x)=\frac{1}{\cosh(x)}.$$

习 题 1

1.1 给定粗细均匀的金属杆 (0,1), 侧表面绝热, 热源的热流量为 $f(x)$, 热传导系数 $k(x)$ 满足

$$k(x)=\begin{cases} k_1, & 0<x<1/2,\\ k_2, & 1/2\leqslant x<1,\end{cases}$$

式中 k_1 与 k_2 是已知正常数. 又设杆的两端温度取定为 $u(0) = u(1) = 0$, 试给出杆的稳态温度场 $u(x)$ 应满足的数学模型.

1.2 一半径为 R 而热传导系数为 1 的半圆形金属平板, 板的上、下两个侧面绝热, 直径边界上的温度为 T_0 (常数), 半圆周的边界的温度始终保持为 0°C. 假设该平板没有受到热源的作用, 试求稳态时板内的温度分布.

1.3 端点固定且初始静止长度为 π 的弦, 受到一个密度为 $A\sin(\omega t)\sin x$ 的垂直力的驱动, 其中 ω 是常数. 此时, 横振动位移 u 满足

$$\begin{cases} u_{tt} = a^2 u_{xx} + A\sin(\omega t)\sin x, & 0 < x < \pi, t > 0, \\ u(x,0) = 0, u_t(x,0) = 0, \\ u(0,t) = 0, u(\pi,t) = 0, \end{cases}$$

式中 $\omega \neq a$. 试利用偏微分方程理论中的 Duhamel (杜阿梅尔) 原理求解该问题, 并考察当 $\omega \to a$ 时, 解在 $t \to +\infty$ 的特性.

1.4 四周绝热均匀金属板的稳恒温度 u 满足如下带齐次 Neumann (诺伊曼) 边界条件的 Poisson 方程:

$$\begin{cases} -\Delta u = -u_{xx} - u_{yy} = q(x,y), & (x,y) \in \Omega, \\ \partial_n u(x,y) = 0, & (x,y) \in \partial\Omega, \end{cases}$$

式中 Ω 为平面上的一单连通区域, 其边界 $\partial\Omega$ 上单位外法线方向记为 $\boldsymbol{n}$. 试用物理直观解释为什么热源密度 q 必须满足如下相容性条件:

$$\int_\Omega q(x,y)\mathrm{d}x\mathrm{d}y = 0.$$

1.5 一长为 l 的匀质细杆, 传热系数为 k, 左端给定恒定的温度 T_0, 而右端有恒定的热流 Q 流出, 试写出该热传导问题的边界条件.

1.6 一长为 l 的柔软匀质轻弦 (即不计重力对弦的作用) 一端固定在与匀角速度 ω 转动的竖直杆上. 由于惯性离心力的作用, 弦的平衡位置是水平的. 试证明: 该弦相对于水平平衡位置的横向位移 u 满足微分方程

$$u_{tt}(x,t) = \frac{\omega^2}{2}\partial_x[(l^2 - x^2)\partial_x u(x,t)].$$

参 考 文 献

[1] Arnold V I. Geometrical methods in the theory of ordinary differential equations [M]. 2nd ed. New York: Springer-Verlag, 1988.

[2] 姜启源, 谢金星, 叶俊. 数学模型 [M]. 5 版. 北京: 高等教育出版社, 2018.

[3] 基思 · 德夫林. 千年难题: 七个悬赏 1000000 美元的数学问题 [M]. 沈崇圣, 译. 上海: 上海科技教育出版社, 2006.

[4] 谷超豪, 李大潜, 陈恕行, 等. 数学物理方程 [M]. 2 版. 北京: 高等教育出版社, 2002.

[5] 李大潜, 秦铁虎. 物理学与偏微分方程: 上册 [M]. 北京: 高等教育出版社, 1997.

[6] 李大潜, 秦铁虎. 物理学与偏微分方程: 下册 [M]. 北京: 高等教育出版社, 2000.

[7] Temam R, Miranville A. Mathematical modeling in continuum mechanics [M]. New York: Cambridge University Press, 2001.

[8] Evans L C. Partial differential equations [M]. New York: American Mathematical Society, 1998.

[9] 史树中. 诺贝尔经济学奖与数学 [M]. 北京: 清华大学出版社, 2002.

[10] 石钟慈, 袁亚湘. 奇效的计算: 大规模科学与工程计算的理论和方法 [M]. 长沙: 湖南科学技术出版社, 1998.

[11] 高性能计算机研究中心. 曙光系列高性能计算机系统应用领域 [EB/OL]. [2019–12–3]. http:/www.ncic.ac.cn.

[12] 陈文斌, 程晋, 吴新明, 等. 微分方程数值解 [M]. 上海: 复旦大学出版社, 2014.

[13] 杜其奎, 陈金如. 有限元方法的数学理论 [M]. 北京: 科学出版社, 2012.

[14] 郭本瑜. 偏微分方程的差分方法 [M]. 北京: 科学出版社, 1988.

[15] 胡健伟, 汤怀民. 微分方程数值方法 [M]. 2 版. 北京: 科学出版社, 2007.

[16] 李荣华, 冯果忱. 微分方程数值解法 [M]. 3 版. 北京: 高等教育出版社, 1996.

[17] 李开泰, 黄艾香, 黄庆怀. 有限元方法及其应用 [M]. 北京: 科学出版社, 2006.

[18] 李治平. 偏微分方程数值解讲义 [M]. 北京: 北京大学出版社, 2010.

[19] 陆金甫, 关治. 偏微分方程数值解法 [M]. 2 版. 北京: 清华大学出版社, 2004.

[20] 王烈衡, 许学军. 有限元方法的数学基础 [M]. 北京: 科学出版社, 2004.

[21] 应隆安. 有限元方法讲义 [M]. 北京: 北京大学出版社, 1988.

[22] 余德浩, 汤华中. 微分方程数值解法 [M]. 北京: 科学出版社, 2003.

第二章　椭圆型方程的差分方法

2.1　从一个简单例子谈起

我们来研究前面导出的一维椭圆型方程的定解问题:

$$\begin{cases} -\dfrac{\mathrm{d}^2u}{\mathrm{d}x^2} = f(x), \qquad 0 < x < 1, \\ u(0) = u(1) = 0. \end{cases} \tag{2.1}$$

我们的问题是: 数值求解问题 (2.1) 是否必要?

利用 (2.1) 式和累次积分 (见图 2.1) 更序技巧知

$$u'(x) = u'(0) - \int_0^x f(t)\mathrm{d}t,$$

$$\begin{aligned} u(x) &= \int_0^x \left(u'(0) - \int_0^t f(s)\mathrm{d}s \right) \mathrm{d}t = u'(0)x - \int_0^x \mathrm{d}t \int_0^t f(s)\mathrm{d}s \\ &= u'(0)x - \int_0^x \mathrm{d}s \int_s^x f(s)\mathrm{d}t = u'(0)x - \int_0^x (x-s)f(s)\mathrm{d}s. \end{aligned} \tag{2.2}$$

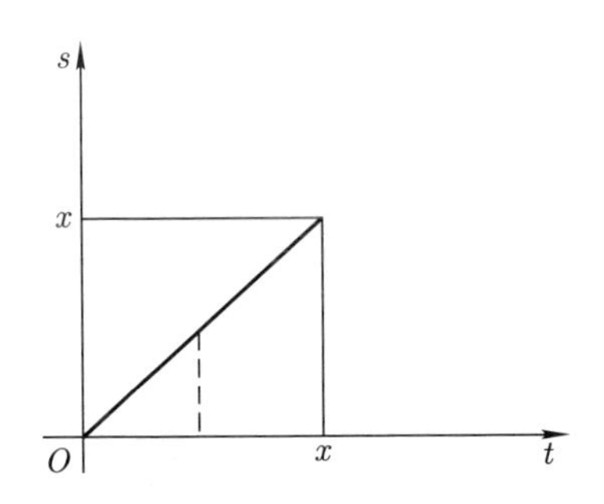

图 2.1　累次积分图示

由 $u(1) = 0$ 有

$$u'(0) = \int_0^1 (1-s)f(s)\mathrm{d}s.$$

将其代入 (2.2) 式得

$$u(x) = \int_0^1 x(1-s)f(s)\mathrm{d}s - \int_0^x (x-s)f(s)\mathrm{d}s.$$

引入特征函数

$$\chi_{[0,x]}(s) = \begin{cases} 1, & 0 \leqslant s \leqslant x, \\ 0, & x < s \leqslant 1, \end{cases}$$

则知

$$u(x) = \int_0^1 K(x,s)f(s)\mathrm{d}s, \tag{2.3}$$

式中

$$K(x,s) = x(1-s) - \chi_{[0,x]}(s)(x-s) = \begin{cases} s(1-x), & 0 \leqslant s \leqslant x, \\ x(1-s), & x < s \leqslant 1. \end{cases}$$

当函数 $f(x)$ 较复杂时, 我们一般无法得到 (2.3) 式中右端被积函数的原函数, 因此无法得到精确解, 所以只能通过数值积分的方法来获得 $u(x)$ 的数值解. 更进一步, 我们希望能直接基于微分方程定解问题 (2.1) 获得 $u(x)$ 的数值解法.

注 2.1 上面给出的 $K(x,s)$ 实际上是问题 (2.1) 对应的 Green 函数.

注 2.2 如果已知 $u(x)$, 欲求 $f(x)$, 则为一反源问题. 这是一个"病态"问题, 数值求解这类问题很重要并极具挑战性, 详见本章文献 [1, 2].

现在来给出数值求解问题 (2.1) 的有限差分方法 (finite difference method, 简称差分方法) 并进行理论分析.

步骤 1 方法的导出.

先将区间 $[0,1]$ 做 N 等分, 步长 $h=1/N$, 节点为

$$x_i = ih, \quad 0 \leqslant i \leqslant N, \, x_0 = 0, \, x_N = 1. \tag{2.4}$$

接着执行以下操作:

(1) 选网格点: $x_i, 0 \leqslant i \leqslant N$.

(2) 在网格点上将连续信息离散化:

$$u(x_0) = u(x_N) = 0.$$

在 x_i 点 $(1 \leqslant i \leqslant N-1)$, 有

$$\left(-\frac{\mathrm{d}^2 u}{\mathrm{d}x^2} - f(x)\right)\bigg|_{x=x_i} = 0.$$

使用二阶中心差商来逼近函数在目标点上的二阶导数值, 有

$$\frac{\mathrm{d}^2 u}{\mathrm{d}x^2}(x_i) = u''(x_i) \approx \frac{u(x_{i+1}) - 2u(x_i) + u(x_{i-1})}{h^2},$$

所以,

$$-\frac{u(x_{i+1}) - 2u(x_i) + u(x_{i-1})}{h^2} \approx f_i = f(x_i), \quad 1 \leqslant i \leqslant N-1.$$

故得如下差分方程:

$$-\frac{u_{i+1} - 2u_i + u_{i-1}}{h^2} = f_i, \quad 1 \leqslant i \leqslant N-1.$$

联立边界条件就获得如下求解 (2.1) 的差分方法 (差分格式):

$$\begin{cases} -\dfrac{u_{i+1} - 2u_i + u_{i-1}}{h^2} = f_i, \quad 1 \leqslant i \leqslant N-1, \\ u_0 = u_N = 0. \end{cases} \tag{2.5}$$

直观上, 由差分格式 (2.5) 决定的 u_i 应为 $u(x_i)$ 的近似值.

步骤 2 数值方法合理性分析.

(1) 离散后问题 (2.5) 的解是否唯一?

差分格式 (2.5) 可等价表示为如下形式的三对角方程组:

$$-\frac{1}{h^2}\begin{bmatrix} -2 & 1 & & \\ 1 & -2 & \ddots & \\ & \ddots & \ddots & 1 \\ & & 1 & -2 \end{bmatrix}\begin{bmatrix} u_1 \\ u_2 \\ \vdots \\ u_{N-1} \end{bmatrix} = \begin{bmatrix} f_1 \\ f_2 \\ \vdots \\ f_{N-1} \end{bmatrix}. \tag{2.6}$$

令

$$A=\begin{bmatrix}-2 & 1 & & \\ 1 & -2 & \ddots & \\ & \ddots & \ddots & 1 \\ & & 1 & -2\end{bmatrix}_{(N-1)\times(N-1)},$$

易知系数矩阵 A 是不可约弱对角占优矩阵, 故其可逆, 所以问题 (2.6) 的解存在且唯一.

(2) 收敛性分析 —— 相容性和截断误差分析.

设 $u(x)$ 是微分方程 (2.1) 的充分光滑解, 取 $u_i=u(x_i)$, 代入差分方程 (2.5) 判断不满足的程度, 即考察量

$$R_i=-\frac{u(x_{i+1})-2u(x_i)+u(x_{i-1})}{h^2}-f(x_i)$$

的大小. 由 Taylor (泰勒) 展开知

$$\begin{aligned}-\frac{u(x_{i+1})-2u(x_i)+u(x_{i-1})}{h^2}&=-u''(x_i)-\frac{1}{12}h^2\cdot\frac{1}{2}\Big[u^{(4)}(\xi_i^1)+u^{(4)}(\xi_i^2)\Big]\\&=-u''(x_i)-\frac{1}{12}h^2u^{(4)}(\xi_i),\end{aligned}$$

式中实数 ξ_i^1, ξ_i^2, ξ_i 均位于开区间 (x_{i-1},x_{i+1}) 内. 因此,

$$\begin{aligned}-\frac{u(x_{i+1})-2u(x_i)+u(x_{i-1})}{h^2}-f(x_i)&=\Big[-u''(x_i)-f(x_i)\Big]-\frac{1}{12}h^2u^{(4)}(\xi_i)\\&=-\frac{1}{12}h^2u^{(4)}(\xi_i).\end{aligned}\tag{2.7}$$

故知, 当 $h\to 0$ 时, $R_i\to 0$, 即该方法是相容的, 且截断误差关于 h 是二阶的. 关于差分方法的相容性和截断误差的定义参见下一章.

步骤 3　稳定性分析.

理论预期结果:

$$\begin{cases}-\dfrac{u_{i+1}-2u_i+u_{i-1}}{h^2}=f_i, & 1\leqslant i\leqslant N-1,\\ u_0=u_N=0.\end{cases}\tag{2.8}$$

实际计算结果:

$$\begin{cases} -\dfrac{u_{i+1}^* - 2u_i^* + u_{i-1}^*}{h^2} = f_i^* = f_i + \varepsilon_i, \quad 1 \leqslant i \leqslant N-1, \\ u_0^* = u_N^* = 0, \end{cases} \tag{2.9}$$

式中 ε_i 为舍入误差或测量误差. 引入误差 $E_i = u_i^* - u_i$, 则由方程 (2.8) 和方程 (2.9) 知

$$\begin{cases} -\dfrac{E_{i+1} - 2E_i + E_{i-1}}{h^2} = \varepsilon_i, \quad 1 \leqslant i \leqslant N-1, \\ E_0 = E_N = 0. \end{cases} \tag{2.10}$$

现在的关键问题是给出 E_i 的估计, 为此先给出如下离散极值原理.

引理 2.1 (离散极值原理) 任给一组实数 $y_i, i = 0,1,2,\cdots,N$, 记

$$l(y_i) = \frac{y_{i+1} - 2y_i + y_{i-1}}{h^2}, \quad 1 \leqslant i \leqslant N-1.$$

若 $l(y_i) \geqslant 0$, $i = 1,2,\cdots,N-1$, 则 y_0 或 y_N 必为 $\{y_i\}_{i=0}^N$ 的最大值; 若 $l(y_i) \leqslant 0$, $i = 1,2,\cdots,N-1$, 则 y_0 或 y_N 必为 $\{y_i\}_{i=0}^N$ 的最小值.

注 2.3 (1) 连续情形: $l(y_i) \geqslant 0$ (或 $\leqslant 0$) 相当于 $y'' \geqslant 0$ (或 $\leqslant 0$), 相应结果的几何意义很直观.

(2) 以上结果可以用反证法简单证得.

构造两个辅助序列:

$$\begin{cases} -\dfrac{E_{i+1}^* - 2E_i^* + E_{i-1}^*}{h^2} = \varepsilon, \quad 1 \leqslant i \leqslant N-1, \\ E_0^* = E_N^* = 0; \end{cases} \tag{2.11}$$

$$\begin{cases} -\dfrac{\widetilde{E}_{i+1} - 2\widetilde{E}_i + \widetilde{E}_{i-1}}{h^2} = -\varepsilon, \quad 1 \leqslant i \leqslant N-1, \\ \widetilde{E}_0 = \widetilde{E}_N = 0, \end{cases} \tag{2.12}$$

式中 $\varepsilon = \max\limits_{1 \leqslant i \leqslant N-1} |\varepsilon_i|$. 设 $y_i = E_i - E_i^*$, $i = 0,1,\cdots,N$, 则由方程 (2.10) 和方程 (2.11) 得

$$l(y_i) \geqslant 0, \quad 1 \leqslant i \leqslant N-1; \quad y_0 = y_N = 0.$$

故由离散极值原理 (引理 2.1) 有 $y_i \leqslant 0$, 即

$$E_i \leqslant E_i^*, \quad i=0,1,\cdots,N.$$

同理由方程 (2.10) 和方程 (2.12) 可知

$$\widetilde{E}_i \leqslant E_i, \quad i=0,1,\cdots,N.$$

而 $\widetilde{E}_i = -E_i^*, i=0,1,\cdots,N$, 所以

$$|E_i| \leqslant E_i^*, \quad i=0,1,\cdots,N.$$

注 2.4 以上结果用物理直观来理解是自然的, 热源密度大 (小) 对应的稳态温度场自然应该更大 (小). 热源密度数值反号, 则相应的温度场也反号.

接着, 将 E_i^* 精确计算出来. 设 $\rho(x)$ 满足

$$\begin{cases} -\rho''(x) = \varepsilon, \\ \rho(0) = \rho(1) = 0, \end{cases}$$

其精确解为 $\rho(x) = \dfrac{\varepsilon}{2}x(1-x)$. 由 (2.7) 式可知, 当精确解为次数不超过三次的多项式时, 差分格式 (2.5) 可获得精确解, 于是

$$E_i^* = \rho(x_i) = \frac{\varepsilon}{2}x_i(1-x_i), \quad i=0,1,\cdots,N.$$

从而有

$$|E_i| \leqslant \frac{\varepsilon}{2}\max_{0\leqslant x\leqslant 1}|x(1-x)| = \frac{\varepsilon}{8},$$

换言之,

$$\max_{1\leqslant i\leqslant N-1}|u_i^* - u_i| \leqslant \frac{1}{8}\max_{1\leqslant i\leqslant N-1}|\varepsilon_i|. \tag{2.13}$$

这说明方法是稳定的, 不会出现 “差之毫厘, 谬以千里” 的现象.

步骤 4 收敛性分析 —— 总体误差分析.

u_i 是 $u(x_i)$ 的近似值, 两者究竟相差多少?

由前面的截断误差分析知

$$-\frac{u(x_{i+1})-2u(x_i)+u(x_{i-1})}{h^2}=f_i-\frac{1}{12}h^2u^{(4)}(\xi_i),$$

再根据稳定性估计 (2.13) 可得

$$\max_{1\leqslant i\leqslant N-1}|u(x_i)-u_i|\leqslant\frac{1}{96}h^2M,$$

式中 $M=\max\limits_{0\leqslant x\leqslant 1}\left|u^{(4)}(x)\right|$.

步骤 5 离散后问题的求解.

可用追赶法或迭代法来求解, 具体见后文.

总结以上推导过程可知, 建立微分方程有限差分方法并进行理论分析的基本要素是:

(1) 网格点的确定;

(2) 方程和边界条件在网格点离散;

(3) 理论分析的关键为离散极值原理.

著名数学家冯康 (1920 — 1993) 曾将物理模型问题数值解归结为以下几步:

$$\textbf{物理定律}\xrightarrow{\text{解析化}}\textbf{数学模型}\xrightarrow{\text{代数化}}\textbf{离散化}\xrightarrow{\text{算术化}}\textbf{上机计算}.$$

这是对偏微分方程数值解核心思想的精辟阐述.

2.2 求解线性代数方程组的几类基本迭代法

由上一节的结果知, 微分方程通过差分离散最终要归结为相应的线性代数方程组的求解. 现在来介绍这方面的一些基本迭代方法. 给定线性代数方程组

$$\boldsymbol{A}\boldsymbol{x}=\boldsymbol{b},\tag{2.14}$$

式中 $\boldsymbol{A}$ 为非奇异矩阵. 将 $\boldsymbol{A}$ 做矩阵分裂:

$$\boldsymbol{A}=\boldsymbol{M}-\boldsymbol{N},$$

式中 $\boldsymbol{M}$ 是非奇异矩阵, 则方程组 (2.14) 为

$$\boldsymbol{M}\boldsymbol{x} = \boldsymbol{N}\boldsymbol{x} + \boldsymbol{b},$$

从而得到如下迭代法:

$$\boldsymbol{M}\boldsymbol{x}_{k+1} = \boldsymbol{N}\boldsymbol{x}_k + \boldsymbol{b},$$

即

$$\boldsymbol{x}_{k+1} = \boldsymbol{M}^{-1}\boldsymbol{N}\boldsymbol{x}_k + \boldsymbol{M}^{-1}\boldsymbol{b} = \boldsymbol{S}\boldsymbol{x}_k + \boldsymbol{M}^{-1}\boldsymbol{b}. \tag{2.15}$$

基于 (2.15) 式还可得阻尼迭代法 (damped iterative method):

$$\begin{cases} \widetilde{\boldsymbol{x}}_{k+1} = \boldsymbol{M}^{-1}\boldsymbol{N}\boldsymbol{x}_k + \boldsymbol{M}^{-1}\boldsymbol{b}, \\ \boldsymbol{x}_{k+1} = \omega\widetilde{\boldsymbol{x}}_{k+1} + (1-\omega)\boldsymbol{x}_k = [\omega\boldsymbol{M}^{-1}\boldsymbol{N} + (1-\omega)\boldsymbol{I}]\boldsymbol{x}_k + \omega\boldsymbol{M}^{-1}\boldsymbol{b}, \end{cases} \tag{2.16}$$

式中, ω 是阻尼参数, $\boldsymbol{I}$ (或有下标) 表示单位矩阵.

(2.15) 式和 (2.16) 式都可视为基于矩阵分裂的迭代法, 在实际应用中应该取 $\boldsymbol{M}$ 使得能够高效求解线性方程组 $\boldsymbol{M}\boldsymbol{y} = \boldsymbol{c}$. 关于 $\boldsymbol{M}$ 的常用选取导出的迭代方法包括:

(1) 在 (2.15) 式中取

$$\boldsymbol{M} = \boldsymbol{D} = \mathrm{diag}(a_{11}, a_{22}, \cdots, a_{nn}),$$

即得 Jacobi (雅可比) 迭代法.

(2) 在 (2.15) 式中取

$$\boldsymbol{M} = \boldsymbol{L} = \begin{bmatrix} a_{11} & & & & \\ a_{21} & a_{22} & & & \\ a_{31} & a_{32} & a_{33} & & \\ \vdots & \vdots & \ddots & \ddots & \\ a_{n1} & a_{n2} & \cdots & a_{n,n-1} & a_{nn} \end{bmatrix},$$

即得 Gauss -Seidel (高斯 – 赛德尔) 迭代法.

(3) 在 (2.16) 式中选取同上 $\boldsymbol{M}$, 即得 SOR 迭代法.

以上这些迭代法的收敛性理论详见本章文献 [3]. 如果在 (2.16) 式中取 $\boldsymbol{M}=\boldsymbol{D}$ 可导出如下阻尼 Jacobi 迭代法:

$$\begin{aligned}\boldsymbol{x}_{k+1} &= [\omega\boldsymbol{D}^{-1}(\boldsymbol{D}-\boldsymbol{A})+(1-\omega)\boldsymbol{I}]\boldsymbol{x}_k+\omega\boldsymbol{D}^{-1}\boldsymbol{b}\\ &= (\boldsymbol{I}-\omega\boldsymbol{D}^{-1}\boldsymbol{A})\boldsymbol{x}_k+\omega\boldsymbol{D}^{-1}\boldsymbol{b}.\end{aligned}$$

该方法的迭代矩阵为

$$\boldsymbol{S}=\boldsymbol{I}-\omega\boldsymbol{D}^{-1}\boldsymbol{A}.$$

现在考察用阻尼 Jacobi 迭代法求解由离散问题 (2.1) 得到的线性方程组 (2.6) 的计算效果. 此时,

$$\boldsymbol{A}=-\frac{1}{h^2}\begin{bmatrix}-2 & 1 & & & \\ 1 & -2 & 1 & & \\ & \ddots & \ddots & \ddots & \\ & & 1 & -2 & 1\\ & & & 1 & -2\end{bmatrix}_{(N-1)\times(N-1)},$$

$$\boldsymbol{D}=\frac{2}{h^2}\boldsymbol{I}_{(N-1)\times(N-1)},$$

故知迭代矩阵为

$$\begin{aligned}\boldsymbol{S}=\boldsymbol{I}-\omega\boldsymbol{D}^{-1}\boldsymbol{A}&=\boldsymbol{I}+\frac{1}{2}\omega\begin{bmatrix}-2 & 1 & & \\ 1 & -2 & \ddots & \\ & \ddots & \ddots & 1\\ & & 1 & -2\end{bmatrix}_{(N-1)\times(N-1)}\\ &=(1-\omega)\boldsymbol{I}+\frac{1}{2}\omega\boldsymbol{H}_{N-1},\end{aligned}$$

式中

$$\boldsymbol{H}_{N-1}=\begin{bmatrix}0 & 1 & & \\ 1 & 0 & \ddots & \\ & \ddots & \ddots & 1\\ & & 1 & 0\end{bmatrix}_{(N-1)\times(N-1)}.$$

为进一步讨论算法的收敛性, 先来计算矩阵 $\boldsymbol{H}_N$ 的特征值和特征向量. 设其特征值为 λ, 相应的非零特征向量为 $\boldsymbol{y}=[y_1,y_2,\cdots,y_N]^{\mathrm{T}}$, 则有

$$\begin{bmatrix} 0 & 1 & & \\ 1 & 0 & \ddots & \\ & \ddots & \ddots & 1 \\ & & 1 & 0 \end{bmatrix} \begin{bmatrix} y_1 \\ y_2 \\ \vdots \\ y_N \end{bmatrix} = \lambda \begin{bmatrix} y_1 \\ y_2 \\ \vdots \\ y_N \end{bmatrix}.$$

如果令 $y_0=y_{N+1}=0$, 可得递推关系:

$$y_{k-1}-\lambda y_k+y_{k+1}=0, \quad 1\leqslant k\leqslant N.$$

相应的特征方程为

$$\tau^2-\lambda\tau+1=0.$$

由性质 $\lambda(\boldsymbol{A})\leqslant\|\boldsymbol{A}\|_\infty$ 知 $|\lambda|\leqslant 2$, 故可设

$$\lambda=2\cos\theta, \quad 0\leqslant\theta<2\pi,$$

而得特征值和特征向量分别为

$$\tau=\frac{\lambda+\sqrt{\lambda^2-4}}{2}=\cos\theta+\mathrm{i}\sin\theta,$$
$$y_k=\alpha\cos(k\theta)+\beta\sin(k\theta), \quad 1\leqslant k\leqslant N.$$

再由 $y_0=0$, 可得

$$\alpha=0,$$

由 $y_{N+1}=0$, 可得

$$\beta\sin(N+1)\theta=0,$$

因此,

$$\sin(N+1)\theta=0,$$

即

$$(N+1)\theta=k\pi, \quad 1\leqslant k\leqslant N.$$

故知特征值为

$$\lambda=\lambda_k=2\cos\theta_k, \quad 1\leqslant k\leqslant N, \tag{2.17}$$

相应的特征向量为

$$\boldsymbol{y}^{(k)} = \left[\sin(\theta_k), \sin(2\theta_k), \cdots, \sin(N\theta_k)\right]^{\mathrm{T}}, \quad 1 \leqslant k \leqslant N, \tag{2.18}$$

式中 $\theta_k = \dfrac{k}{N+1}\pi, 1 \leqslant k \leqslant N$.

由迭代法收敛性的基本理论知, 迭代法 $\boldsymbol{x}_{k+1} = \boldsymbol{S}\boldsymbol{x}_k + \boldsymbol{f}$ 收敛的充要条件是 $\boldsymbol{S}$ 的谱半径

$$\rho(\boldsymbol{S}) = \max_i |\lambda_i(\boldsymbol{S})| < 1,$$

式中 $\lambda_i(\boldsymbol{S})$ 表示 $\boldsymbol{S}$ 的特征值. 所以, 在求解线性方程组 (2.6) 时阻尼 Jacobi 迭代法收敛当且仅当

$$\left|(1-\omega) + \omega\cos\frac{k\pi}{N}\right| < 1, \quad 1 \leqslant k \leqslant N-1,$$

或

$$\begin{cases} -1 < (1-\omega) + \omega\cos\dfrac{\pi}{N} < 1 \Rightarrow 0 < \omega < \dfrac{2}{1-\cos\dfrac{\pi}{N}}, \\ -1 < (1-\omega) - \omega\cos\dfrac{\pi}{N} < 1 \Rightarrow 0 < \omega < \dfrac{2}{1+\cos\dfrac{\pi}{N}}. \end{cases}$$

最终知收敛的充要条件为

$$0 < \omega < \frac{2}{1+\cos\dfrac{\pi}{N}}.$$

而使该迭代法收敛最快的参数 ω_{opt} 应满足

$$\begin{aligned} \omega_{\mathrm{opt}} &= \arg\min_{\omega} \rho(\boldsymbol{S}) \\ &= \arg\min_{\omega} \max\left(\left|1-\omega+\omega\cos\frac{\pi}{N}\right|, \left|1-\omega-\omega\cos\frac{\pi}{N}\right|\right), \end{aligned}$$

于是

$$1-\omega_{\mathrm{opt}}+\omega_{\mathrm{opt}}\cos\frac{\pi}{N} = -\left(1-\omega_{\mathrm{opt}}-\omega_{\mathrm{opt}}\cos\frac{\pi}{N}\right),$$

故知 $\omega_{\mathrm{opt}} = 1$. 换言之, 在阻尼 Jacobi 迭代法中, Jacobi 迭代法收敛最快.

从数值结果可以看出, 该迭代方法对于高频分量计算效果好, 对于低频分量计算效果差, 称为“光顺”过程. 此时

$$\rho\left(\omega_{\mathrm{opt}}\right)=\cos\frac{\pi}{N}=1-\frac{1}{2}\left(\frac{\pi}{N}\right)^{2}+\cdots,$$

如果 N 充分大, 则收敛速度变得非常慢. 基于细致的分析, 可导出求解由微分方程离散后所得线性方程组的最优求解方法——多重网格法 (the multigrid method). 关于多重网格法的介绍参见本章文献 [4–6], 在此不做详述.

2.3 求解矩形域上 Poisson 方程的五点差分格式

2.3.1 五点差分格式

考虑如下带 Dirichlet (狄利克雷) 边界条件的 Poisson 方程:

$$\begin{cases}\Delta u(x,y)=f(x,y), & (x,y)\in\Omega,\\ u(x,y)=\alpha(x,y), & (x,y)\in\partial\Omega,\end{cases}\tag{2.19}$$

式中 $\Omega=(0,a)\times(0,b)$, f 是定义在 Ω 上的某一函数, 而 α 是定义在 Ω 边界 $\partial\Omega$ 上的某一函数.

先来导出求解上述 Poisson 方程的五点差分格式. 将区域 Ω 在 x 方向和 y 方向分别进行 $I+1$ 和 $J+1$ 等分 (如图 2.2 所示), 则 x 方向和 y 方向的网格步长分别为

$$h=a/(I+1),\quad k=b/(J+1).$$

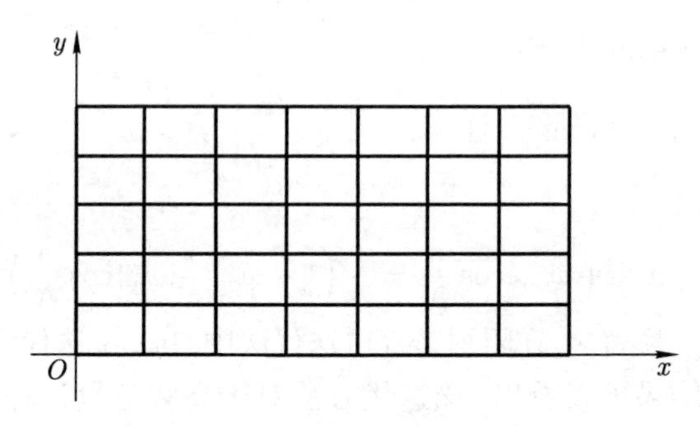

图 2.2 矩形区域网格剖分

所得网格点为 (x_i, y_j), 式中 $x_i = ih$, $y_j = jk$, $0 \leqslant i \leqslant I+1, 0 \leqslant j \leqslant J+1$. 将相应的内点集和边界点集分别记为

$$\Omega_h = \{(x_i, y_j):\ 1 \leqslant i \leqslant I,\ 1 \leqslant j \leqslant J\},$$
$$\partial\Omega_h = \{(x_i, y_j):\ i = 0 \text{ 或 } I+1,\ j = 0 \text{ 或 } J+1\}.$$

现在将网格点上的连续信息离散化. 当 $(x_i, y_j) \in \partial\Omega_h$ 时, 有 $u_{ij} = \alpha(x_i, y_j) = \alpha_{ij}$; 当 $(x_i, y_j) \in \Omega_h$ 时, 如图 2.3 所示, 对二阶偏导均用二阶中心差商离散, 有

$$\begin{aligned}\Delta_h u_{ij} :&= \frac{u_{i+1,j} - 2u_{ij} + u_{i-1,j}}{h^2} + \frac{u_{i,j+1} - 2u_{ij} + u_{i,j-1}}{k^2} \\ &= f(x_i, y_j) = f_{ij}.\end{aligned}$$

故得求解 Poisson 方程 (2.19) 的五点差分格式如下:

$$\begin{cases}\Delta_h u_{ij} = f_{ij}, & (x_i, y_j) \in \Omega_h, \\ u_{ij} = \alpha_{ij}, & (x_i, y_j) \in \partial\Omega_h.\end{cases} \tag{2.20}$$

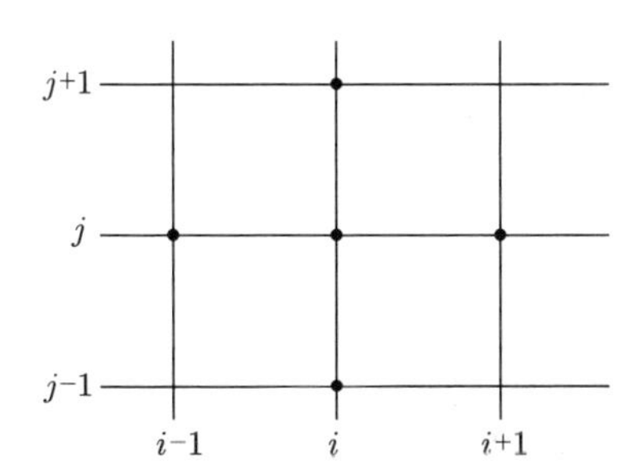

图 2.3 五点差分格式格点示意图

2.3.2 理论分析

设 u 为问题 (2.19) 的充分光滑解, 由 Taylor 展开知

$$\begin{aligned}u(x_i \pm h, y_j) = &\ u(x_i, y_j) \pm h\partial_x u(x_i, y_j) + \frac{1}{2}h^2\partial_{xx}u(x_i, y_j) \\ &\pm \frac{1}{3!}h^3\partial_{xxx}u(x_i, y_j) + \frac{1}{4!}h^4\partial_{xxxx}u(x_i + \xi_\pm h, y_j),\end{aligned}$$

$$u(x_i, y_j \pm k) = u(x_i, y_j) \pm k\partial_y u(x_i, y_j) + \frac{1}{2}k^2\partial_{yy}u(x_i, y_j) \\ \pm \frac{1}{3!}k^3\partial_{yyy}u(x_i, y_j) + \frac{1}{4!}k^4\partial_{yyyy}u(x_i + \eta_\pm h, y_j),$$

式中, $|\xi_\pm| < 1, |\eta_\pm| < 1$.

然后, 取 $u_{ij} = u(x_i, y_j)$, 可得差分格式 (2.20) 的截断误差为

$$\begin{aligned} R_h u_{ij} = \Delta_h u_{ij} - f_{ij} &= \frac{u_{i+1,j} - 2u_{ij} + u_{i-1,j}}{h^2} \\ &\quad + \frac{u_{i,j+1} - 2u_{ij} + u_{i,j-1}}{k^2} - \Delta u(x_i, y_j) \\ &= \frac{u(x_i + h, y_j) - 2u(x_i, y_j) + u(x_i - h, y_j)}{h^2} \\ &\quad + \frac{u(x_i, y_j + k) - 2u(x_i, y_j) + u(x_i, y_j - k)}{k^2} - \Delta u(x_i, y_j) \\ &= \frac{1}{12}\left(h^2\partial_{xxxx}u(x_i + \xi h, y_j) + k^2\partial_{yyyy}u(x_i, y_j + \eta k)\right), \end{aligned} \tag{2.21}$$

式中 $|\xi|, |\eta| < 1$.

现在来给出差分格式 (2.20) 解的存在性、唯一性和误差估计, 这要用到差分算子 Δ_h 所满足的如下离散极值原理.

引理 2.2 (离散极值原理) 设 u_{ij} 是定义在 $\Omega_h \cup \partial\Omega_h$ 上的格点函数.

(1) 如果当 $(x_i, y_j) \in \Omega_h$ 时 $\Delta_h u_{ij} \geqslant 0$, 则有

$$\max_{\Omega_h} u_{ij} \leqslant \max_{\partial\Omega_h} u_{ij}; \tag{2.22}$$

(2) 如果当 $(x_i, y_j) \in \Omega_h$ 时 $\Delta_h u_{ij} \leqslant 0$, 则有

$$\min_{\partial\Omega_h} u_{ij} \leqslant \min_{\Omega_h} u_{ij}. \tag{2.23}$$

注 2.5 为对估计有更直观的认识, 先来类比连续情形结果[7]. 事实上, 若在区域 Ω 上有 $\Delta u \geqslant 0$, 可知

$$\max_{\overline{\Omega}} u \leqslant \max_{\partial\Omega} u. \tag{2.24}$$

证明如下: 若在区域 Ω 上有 $\Delta u > 0$, 可用反证法直接证得结果; 若仅有 $\Delta u \geqslant 0$, 可使用扰动方法处理. 对任意 $\varepsilon > 0$, 在区域 Ω 上有 $\Delta(u+\varepsilon x^2) > 0$, 所以

$$\max_{\overline{\Omega}}(u+\varepsilon x^2) \leqslant \max_{\partial\Omega}(u+\varepsilon x^2).$$

再令 $\varepsilon \to 0+$, 即得 (2.24) 式.

证明 只须用反证法证明 (2.22) 式, (2.23) 式可由 (2.22) 式直接推出. 假设 (2.22) 式不成立, 则存在 $(x_{i_0}, y_{j_0}) \in \Omega_h$, 使得

$$M = \max_{\Omega_h} u_{ij} = u_{i_0 j_0} > \max_{\partial\Omega_h} u_{ij}. \tag{2.25}$$

在点 (x_{i_0}, y_{j_0}) 处考察差分方程 (2.20), 有

$$\begin{aligned}\Delta_h u_{i_0 j_0} = & \frac{1}{h^2}\left(u_{i_0+1,j_0} - 2u_{i_0 j_0} + u_{i_0-1,j_0}\right) \\ & + \frac{1}{k^2}\left(u_{i_0,j_0+1} - 2u_{i_0 j_0} + u_{i_0,j_0-1}\right) \geqslant 0,\end{aligned}$$

即

$$2\left(\frac{1}{h^2}+\frac{1}{k^2}\right)M \leqslant \frac{1}{h^2}\left(u_{i_0+1,j_0} + u_{i_0-1,j_0}\right) + \frac{1}{k^2}\left(u_{i_0,j_0+1} + u_{i_0,j_0-1}\right).$$

若格点函数 u_{ij} 在点 (x_{i_0}, y_{j_0}) 的某一相邻格点的函数值小于 M, 则与上一不等式矛盾, 故有

$$u_{i_0,j_0+1} = u_{i_0,j_0-1} = u_{i_0+1,j_0} = u_{i_0-1,j_0} = M.$$

对以上 4 个邻点 (如仍为 Ω_h 中的格点) 进行同样推理, 反复进行该过程, 最后必能找到某边界格点 $(x_{i_1}, y_{j_1}) \in \partial\Omega_h$ 使得 $u_{i_1 j_1} = M$, 这与假设 (2.25) 相矛盾. □

定理 2.1 差分格式 (2.20) 之解存在且唯一.

证明 由线性代数知识可知, 只须证明: 若格点函数 u_{ij} 满足

$$\begin{cases}\Delta_h u_{ij} = 0, & (x_i, y_j) \in \Omega_h, \\ u_{ij} = 0, & (x_i, y_j) \in \partial\Omega_h,\end{cases}$$

则 $u_{ij} \equiv 0$. 而这可由离散极值原理 (引理 2.2) 立得. □

定理 2.2 (离散最大模估计) 设 u_{ij} 为定义在 $\Omega_h \cup \partial\Omega_h$ 上的格点函数, 则

$$\max_{\Omega_h} |u_{ij}| \leqslant \max_{\partial\Omega_h} |u_{ij}| + \frac{1}{2}a^2 \max_{\Omega_h} |\Delta_h u_{ij}|,$$

式中 a 为区域 Ω 关于 x 方向的直径.

注 2.6 先来获得连续情形的结果, 即当 $\Delta u = f$ 时, 对 u 有何估计, 这样有利于了解以上结果的获得和证明. 设 $f_1 = \max\limits_{\overline{\Omega}} |f|$, $w = u + \dfrac{1}{2}x^2 f_1$, 则 $\Delta w = \Delta u + f_1 = f + f_1 \geqslant 0$, 利用 (2.24) 式可知,

$$\max_{\overline{\Omega}} u \leqslant \max_{\partial\Omega} u + \frac{1}{2}a^2 \max_{\overline{\Omega}} |f|.$$

证明 设 $A = \max\limits_{\Omega_h} |\Delta_h u_{ij}|$. 构造辅助格点函数

$$w_{ij}^{\pm} = \pm u_{ij} + \frac{1}{2}x_i^2 A, \tag{2.26}$$

则有

$$\Delta_h w_{i,j}^{\pm} = \pm \Delta_h u_{ij} + A \geqslant 0.$$

由离散极值原理 (引理 2.2) 即知

$$\max_{\Omega_h} w_{ij}^{\pm} \leqslant \max_{\partial\Omega_h} w_{ij}^{\pm} \leqslant \max_{\partial\Omega_h} \left(\pm u_{ij} + \frac{Aa^2}{2} \right) \leqslant \max_{\partial\Omega_h} |u_{ij}| + \frac{Aa^2}{2},$$

所以

$$\max_{\Omega_h} (\pm u_{ij}) \leqslant \max_{\partial\Omega_h} |u_{ij}| + \frac{1}{2}a^2 A,$$

即

$$\max_{\Omega_h} |u_{ij}| \leqslant \max_{\partial\Omega_h} |u_{ij}| + \frac{1}{2}a^2 A.$$

结果得证. □

注 2.7 可以通过待定系数方法来给出辅助格点函数的其他构造. 类似以上证明, 定义格点函数

$$w_{ij}^{\pm} = \pm u_{ij} + \phi_{ij} A,$$

其中 $\phi = \phi(x, y)$ 是待定函数. 我们希望选取合适的 ϕ 使得 $w_{ij}^{\pm}$ 满足离散最大值原理, 即 $\Delta_h w_{ij}^{\pm} \geqslant 0$. 直接计算有

$$\Delta_h w_{ij}^{\pm} = \pm \Delta_h u_{ij} + (\Delta_h \phi_{ij}) A.$$

注意到 $\pm \Delta_h u_{ij} + A \geqslant 0$, 若要求

$$\Delta_h \phi_{ij} \geqslant 1, \tag{2.27}$$

则

$$\Delta_h w_{ij}^{\pm} = \pm \Delta_h u_{ij} + (\Delta_h \phi_{ij}) A \geqslant 0.$$

在此情形下, 有

$$\max_{\Omega_h} w_{ij}^{\pm} \leqslant \max_{\partial\Omega_h} w_{ij}^{\pm} = \max_{\partial\Omega_h} (\pm u_{ij} + \phi_{ij} A) \leqslant \max_{\partial\Omega_h} |u_{ij}| + \left(\max_{\partial\Omega_h} |\phi_{ij}| \right) A,$$

从而得

$$\begin{aligned}
\max_{\Omega_h} |u_{ij}| &= \max_{\Omega_h} (\pm u_{ij}) = \max_{\Omega_h} (w_{ij}^{\pm} - \phi_{ij} A) \\
&\leqslant \max_{\Omega_h} w_{ij}^{\pm} + \left(\max_{\Omega_h} |\phi_{ij}| \right) A \\
&\leqslant \max_{\partial\Omega_h} |u_{ij}| + \left(\max_{\Omega_h \cup \partial\Omega_h} |\phi_{ij}| \right) A \\
&= \max_{\partial\Omega_h} |u_{ij}| + \left(\max_{\Omega_h \cup \partial\Omega_h} |\phi_{ij}| \right) \max_{\Omega_h} |\Delta_h u_{ij}|.
\end{aligned}$$

显然, 在 (2.26) 式中取的是

$$\phi(x, y) = \frac{1}{2} x^2, \quad (x, y) \in \overline{\Omega}.$$

事实上, 二阶中心差商对次数不超过三次的多项式是精确的, 所以 $\Delta_h \phi_{ij} = 1$, 满足条件 (2.27), 且有

$$\max_{\Omega_h} |u_{ij}| \leqslant \max_{\partial\Omega_h} |u_{ij}| + \frac{1}{2} a^2 \max_{\Omega_h} |\Delta_h u_{ij}| .$$

若选取

$$\phi(x, y) = \frac{1}{4}(x^2 + y^2 - x - y), \quad (x, y) \in \overline{\Omega} = [0, 1] \times [0, 1],$$

则有 $\Delta_h \phi_{ij} = 1$, 并有

$$\max_{\Omega_h} |u_{ij}| \leqslant \max_{\partial\Omega_h} |u_{ij}| + \frac{1}{8} \max_{\Omega_h} |\Delta_h u_{ij}| .$$

定理 2.3 如果 u 为 Poisson 方程 Dirichlet 边值问题

$$\begin{cases} \Delta u = f, & (x, y) \in \Omega, \\ u = \alpha, & (x, y) \in \partial\Omega \end{cases}$$

的解, 满足 $u \in C^4(\overline{\Omega})$, 则五点差分格式 (2.20) 收敛并有误差估计

$$\max_{\Omega_h} |u_{ij} - u(x_i, y_j)| \leqslant \frac{1}{24} a^2 \|u\|_{C^4(\overline{\Omega})} (h^2 + k^2).$$

证明 令 $w_{ij} = u_{ij} - u(x_i, y_j)$. 由差分格式 (2.20) 和 (2.21) 式知

$$\begin{aligned} \Delta_h w_{ij} &= \Delta_h u_{ij} - \Delta_h u(x_i, y_j) = f_{ij} - \Delta_h u(x_i, y_j) \\ &= (\Delta u)(x_i, y_j) - \Delta_h u(x_i, y_j), \end{aligned}$$

$$\begin{cases} |\Delta_h w_{ij}| \leqslant \dfrac{1}{12} \|u\|_{C^4(\overline{\Omega})} (h^2 + k^2), & (x_i, y_j) \in \Omega_h, \\ w_{ij} = 0, \quad (x_i, y_j) \in \partial\Omega_h. \end{cases}$$

故由离散最大模估计 (定理 2.2) 知,

$$\max_{\Omega_h} |w_{ij}| \leqslant \max_{\partial\Omega_h} |w_{ij}| + \frac{1}{2} a^2 \max_{\Omega_h} |\Delta_h w_{ij}| \leqslant \frac{1}{24} a^2 \|u\|_{C^4(\overline{\Omega})} (h^2 + k^2).$$

结果得证. □

2.3.3 离散后线性方程组的基本求解方法

现在来介绍差分格式 (2.20) 导出的线性方程组的基本求解方法. 为讨论方便, 不妨设 $h = k$. 一种方案是, 先写出差分格式相应的线性方程组, 然后利用 2.2 节介绍的方法进行求解; 另一种方案是, 依据算法的思想直接获得求解方法. 我们在此采用第二种方案来得到结果. 为此, 先改写原差分方程为

$$\begin{cases} u_{ij} = \dfrac{1}{4}\left(u_{i+1,j} + u_{i-1,j} + u_{i,j+1} + u_{i,j-1}\right) - \dfrac{1}{4}h^2 f_{ij}, \\ u_{ij} = \alpha_{ij}, \quad (x_i, y_j) \in \partial\Omega_h. \end{cases}$$

由此可得求解差分格式 (2.20) 的下述迭代方法:

(1) Jacobi 迭代法.

$$\begin{cases} u_{ij}^{\text{new}} = \dfrac{1}{4}\left(u_{i+1,j}^{\text{old}} + u_{i-1,j}^{\text{old}} + u_{i,j+1}^{\text{old}} + u_{i,j-1}^{\text{old}}\right) - \dfrac{1}{4}h^2 f_{ij}, \quad (x_i, y_j) \in \Omega_h, \\ u_{ij}^{\text{new}} = u_{ij}^{\text{old}} = \alpha_{ij}, \quad (x_i, y_j) \in \partial\Omega_h. \end{cases}$$

(2) Guass-Seidel 迭代法.

计算顺序: 从左到右, 从下到上.

$$\begin{cases} u_{ij}^{\text{new}} = \dfrac{1}{4}\left(u_{i-1,j}^{\text{new}} + u_{i,j-1}^{\text{new}} + u_{i+1,j}^{\text{old}} + u_{i,j+1}^{\text{old}}\right) - \dfrac{1}{4}h^2 f_{ij}, \quad (x_i, y_j) \in \Omega_h, \\ u_{ij}^{\text{new}} = u_{ij}^{\text{old}} = \alpha_{ij}, \quad (x_i, y_j) \in \partial\Omega_h. \end{cases}$$

(3) SOR 迭代法.

$$u_{ij}^{\text{new}} = \omega \widetilde{u}_{ij}^{\text{new}} + (1-\omega) u_{ij}^{\text{old}},$$

式中, $\widetilde{u}_{ij}^{\text{new}}$ 由 Gauss-Seidel 迭代法给出, 而 ω 为松弛参数.

2.4 求解五点差分格式的快速 DST 方法

2.4.1 矩阵方程

不失一般性, 设 Poisson 方程 (2.19) 满足齐次 Dirichlet 边界条件, 即 $\alpha \equiv 0$, 且设 $a = b = 1$, 则求解它的五点差分格式可写成如下矩阵

方程:

$$\boldsymbol{AU}+\boldsymbol{UB}=\boldsymbol{F}, \tag{2.28}$$

式中,

$$\boldsymbol{A}=\frac{1}{h^2}\begin{bmatrix} 2 & -1 & & \\ -1 & 2 & \ddots & \\ & \ddots & \ddots & -1 \\ & & -1 & 2 \end{bmatrix}_{I\times I},$$

$$\boldsymbol{B}=\frac{1}{k^2}\begin{bmatrix} 2 & -1 & & \\ -1 & 2 & \ddots & \\ & \ddots & \ddots & -1 \\ & & -1 & 2 \end{bmatrix}_{J\times J},$$

$$\boldsymbol{U}=\begin{bmatrix} u_{11} & u_{12} & \cdots & u_{1J} \\ u_{21} & u_{22} & \cdots & u_{2J} \\ \vdots & \vdots & & \vdots \\ u_{I1} & u_{I2} & \cdots & u_{IJ} \end{bmatrix}, \quad \boldsymbol{F}=-\begin{bmatrix} f_{11} & f_{12} & \cdots & f_{1J} \\ f_{21} & f_{22} & \cdots & f_{2J} \\ \vdots & \vdots & & \vdots \\ f_{I1} & f_{I2} & \cdots & f_{IJ} \end{bmatrix}.$$

求解矩阵方程 (2.28) 的标准方法是通过 Kronecker (克罗内克) 积和拉直运算, 将其等价转化为线性方程组进行数值求解. 这里我们要直接基于矩阵方程 (2.28) 寻找求解方法.

2.4.2 矩阵方程的求解

先给出以下结论, 其证明由定义立知.

引理 2.3 给定矩阵 $\boldsymbol{A}\in\mathbb{R}^{m\times m}$, $\boldsymbol{B}\in\mathbb{R}^{n\times n}$, 定义 $\mathbb{R}^{m\times n}$ 上的线性算子

$$\boldsymbol{T}(\boldsymbol{X})=\boldsymbol{AX}+\boldsymbol{XB}.$$

如果记 λ 为 $\boldsymbol{A}$ 的一个特征值, 对应的特征向量为 $\boldsymbol{u}$, 而 μ 为 $\boldsymbol{B}^{\mathrm{T}}$ 的一

个特征值, 对应的特征向量为 $\boldsymbol{v}$. 那么 $\lambda+\mu$ 是算子 $\boldsymbol{T}$ 的一个特征值, 并且 $\boldsymbol{u}\boldsymbol{v}^{\mathrm{T}}$ 是对应的特征向量.

证明 根据引理条件知 $\boldsymbol{A}\boldsymbol{u}=\lambda\boldsymbol{u}$, $\boldsymbol{B}^{\mathrm{T}}\boldsymbol{v}=\mu\boldsymbol{v}$, 通过直接计算就有

$$\begin{aligned}\boldsymbol{A}(\boldsymbol{u}\boldsymbol{v}^{\mathrm{T}})+(\boldsymbol{u}\boldsymbol{v}^{\mathrm{T}})\boldsymbol{B}&=(\boldsymbol{A}\boldsymbol{u})\boldsymbol{v}^{\mathrm{T}}+\boldsymbol{u}(\boldsymbol{B}^{\mathrm{T}}\boldsymbol{v})^{\mathrm{T}}\\&=\lambda\boldsymbol{u}\boldsymbol{v}^{\mathrm{T}}+\mu\boldsymbol{u}\boldsymbol{v}^{\mathrm{T}}\\&=(\lambda+\mu)\boldsymbol{u}\boldsymbol{v}^{\mathrm{T}}.\end{aligned}$$

结果得证. □

对于矩阵方程 (2.28) 而言, 如果引入空间 $\mathbb{R}^{I\times J}$ 上的线性算子 $\boldsymbol{T}$:

$$\boldsymbol{T}(\boldsymbol{X})=\boldsymbol{A}\boldsymbol{X}+\boldsymbol{X}\boldsymbol{B},\quad \boldsymbol{X}\in\mathbb{R}^{I\times J},$$

则求问题 (2.28) 的解 $\boldsymbol{U}$, 就是要求解算子方程 $\boldsymbol{T}(\boldsymbol{U})=\boldsymbol{F}$. 以下用正交基表示法 (Picard (皮卡) 方法) 来获得 $\boldsymbol{U}$ 的显式表达式.

显然, 矩阵 $\boldsymbol{A}$ 和 $\boldsymbol{B}$ 都是对称的, 且由 2.2 节中的结果 (2.17) 式和 (2.18) 式可知 $\boldsymbol{A}$ 的特征值为

$$\lambda_i=\frac{4}{h^2}\sin^2\frac{i\pi}{2(I+1)},\quad 1\leqslant i\leqslant I,$$

对应的特征向量为

$$\boldsymbol{p}_i=\left[\sin\frac{i\pi}{I+1},\sin\frac{2i\pi}{I+1},\cdots,\sin\frac{Ii\pi}{I+1}\right]^{\mathrm{T}},\quad 1\leqslant i\leqslant I;$$

而 $\boldsymbol{B}$ 的特征值为

$$\mu_j=\frac{4}{k^2}\sin^2\frac{j\pi}{2(J+1)},\quad 1\leqslant j\leqslant J,$$

对应的特征向量为

$$\boldsymbol{q}_j=\left[\sin\frac{j\pi}{J+1},\sin\frac{2j\pi}{J+1},\cdots,\sin\frac{Jj\pi}{J+1}\right]^{\mathrm{T}},\quad 1\leqslant j\leqslant J.$$

利用引理 2.3 的结论可知算子 $\boldsymbol{T}$ 包含以下特征值:

$$\lambda_i + \mu_j, \quad 1 \leqslant i \leqslant I, 1 \leqslant j \leqslant J, \tag{2.29}$$

且 $\lambda_i + \mu_j$ 对应的特征向量为 $\boldsymbol{p}_i \boldsymbol{q}_j^{\mathrm{T}}$.

进一步, 我们可以证明矩阵组 $\{\boldsymbol{p}_i \boldsymbol{q}_j^{\mathrm{T}}, 1 \leqslant i \leqslant I, 1 \leqslant j \leqslant J\}$ 中任意两个不同编号的矩阵是相互正交的. 为此在矩阵空间 $\mathbb{R}^{I \times J}$ 上定义内积 $\langle \cdot, \cdot \rangle$ 如下:

$$\langle \boldsymbol{A}, \boldsymbol{B} \rangle = \mathrm{trace}(\boldsymbol{B}^{\mathrm{T}} \boldsymbol{A}), \quad \boldsymbol{A}, \boldsymbol{B} \in \mathbb{R}^{I \times J},$$

式中 trace 表示矩阵的迹. 将以上内积诱导的范数定义为 $\|\cdot\| = \langle \cdot, \cdot \rangle^{1/2}$, 它恰为矩阵论中常用的 Frobenius (弗罗贝尼乌斯) 范数. 经直接计算可得如下关系式:

$$\boldsymbol{p}_i^{\mathrm{T}} \boldsymbol{p}_j = \frac{I+1}{2} \delta_{ij}, \quad \boldsymbol{q}_i^{\mathrm{T}} \boldsymbol{q}_j = \frac{J+1}{2} \delta_{ij},$$

式中 δ_{ij} 为 Kronecker 记号, 即若 $i = j$, $\delta_{ij} = 1$, 否则 $\delta_{ij} = 0$.

现在在矩阵组 $\{\boldsymbol{p}_i \boldsymbol{q}_j^{\mathrm{T}}, 1 \leqslant i \leqslant I,\ 1 \leqslant j \leqslant J\}$ 中任取两个矩阵 $\boldsymbol{p}_{i_1} \boldsymbol{q}_{j_1}^{\mathrm{T}}$, $\boldsymbol{p}_{i_2} \boldsymbol{q}_{j_2}^{\mathrm{T}}$, 直接计算有

$$\begin{aligned}
\langle \boldsymbol{p}_{i_1} \boldsymbol{q}_{j_1}^{\mathrm{T}}, \boldsymbol{p}_{i_2} \boldsymbol{q}_{j_2}^{\mathrm{T}} \rangle &= \mathrm{trace}((\boldsymbol{p}_{i_2} \boldsymbol{q}_{j_2}^{\mathrm{T}})^{\mathrm{T}} \boldsymbol{p}_{i_1} \boldsymbol{q}_{j_1}^{\mathrm{T}}) \\
&= \mathrm{trace}(\boldsymbol{q}_{j_2} \boldsymbol{p}_{i_2}^{\mathrm{T}} \boldsymbol{p}_{i_1} \boldsymbol{q}_{j_1}^{\mathrm{T}}) \ = \mathrm{trace}(\boldsymbol{q}_{j_2} (\boldsymbol{p}_{i_2}^{\mathrm{T}} \boldsymbol{p}_{i_1})\ \boldsymbol{q}_{j_1}^{\mathrm{T}}) \\
&= \frac{I+1}{2} \delta_{i_1 i_2} \mathrm{trace}(\boldsymbol{q}_{j_2} \boldsymbol{q}_{j_1}^{\mathrm{T}}) = \frac{I+1}{2} \delta_{i_1 i_2} \mathrm{trace}(\boldsymbol{q}_{j_1}^{\mathrm{T}} \boldsymbol{q}_{j_2}) \\
&= \frac{(I+1)(J+1)}{4} \delta_{i_1 i_2} \delta_{j_1 j_2}.
\end{aligned}$$

因此, 矩阵组 $\{\boldsymbol{p}_i \boldsymbol{q}_j^{\mathrm{T}} : 1 \leqslant i \leqslant I, 1 \leqslant j \leqslant J\}$ 中任意两个不同编号的矩阵的确是相互正交的, 且如果是编号相同的两个矩阵, 经计算可知它们的内积是 $(I+1)(J+1)/4$. 换言之, 矩阵组 $\{\boldsymbol{p}_i \boldsymbol{q}_j^{\mathrm{T}}, 1 \leqslant i \leqslant I, 1 \leqslant j \leqslant J\}$ 形成 $\mathbb{R}^{I \times J}$ 的一组正交基. 于是, (2.29) 式恰为线性算子 $\boldsymbol{T}$ 的所有特征值.

假设在基 $\{\boldsymbol{p}_i\boldsymbol{q}_j^{\mathrm{T}}, 1 \leqslant i \leqslant I, 1 \leqslant j \leqslant J\}$ 下, 方程 (2.28) 的解 $\boldsymbol{U}$ 可表示为

$$\boldsymbol{U} = \sum_{i=1}^{I}\sum_{j=1}^{J} w_{ij}\boldsymbol{p}_i\boldsymbol{q}_j^{\mathrm{T}}.$$

为确定系数 w_{ij}, 将上式代入方程 (2.28) 并注意到前面述及的特征值和特征向量关系, 并将下标 i 代之以 l, 下标 j 代之以 m, 得

$$\sum_{l=1}^{I}\sum_{m=1}^{J} w_{lm}(\lambda_l + \mu_m)\boldsymbol{p}_l\boldsymbol{q}_m^{\mathrm{T}} = \boldsymbol{F}.$$

上式两边与基 $\boldsymbol{p}_i\boldsymbol{q}_j^{\mathrm{T}}$ 做内积有

$$\left\langle \sum_{l=1}^{I}\sum_{m=1}^{J} w_{lm}(\lambda_l + \mu_m)\boldsymbol{p}_l\boldsymbol{q}_m^{\mathrm{T}}, \boldsymbol{p}_i\boldsymbol{q}_j^{\mathrm{T}} \right\rangle = \langle \boldsymbol{F}, \boldsymbol{p}_i\boldsymbol{q}_j^{\mathrm{T}} \rangle,$$

即

$$w_{ij}(\lambda_i + \mu_j) = \frac{4}{(I+1)(J+1)}\langle \boldsymbol{F}, \boldsymbol{p}_i\boldsymbol{q}_j^{\mathrm{T}} \rangle.$$

显然, 特征值 $\lambda_i + \mu_j$ 不为零, 所以

$$w_{ij} = \frac{4\langle \boldsymbol{F}, \boldsymbol{p}_i\boldsymbol{q}_j^{\mathrm{T}} \rangle}{(\lambda_i + \mu_j)(I+1)(J+1)} = \frac{4}{(\lambda_i + \mu_j)(I+1)(J+1)}\boldsymbol{p}_i^{\mathrm{T}}\boldsymbol{F}\boldsymbol{q}_j,$$

进而得到解 $\boldsymbol{U}$ 的显式表达式如下:

$$\boldsymbol{U} = \sum_{i=1}^{I}\sum_{j=1}^{J} \frac{4\boldsymbol{p}_i^{\mathrm{T}}\boldsymbol{F}\boldsymbol{q}_j}{(\lambda_i + \mu_j)(I+1)(J+1)}\boldsymbol{p}_i\boldsymbol{q}_j^{\mathrm{T}}. \tag{2.30}$$

如果将矩阵 $\boldsymbol{A}$ 的特征向量 $\boldsymbol{p}_i, 1 \leqslant i \leqslant I$ 按列排列形成矩阵 $[\boldsymbol{p}_1, \boldsymbol{p}_2, \cdots, \boldsymbol{p}_I]$, 记为 $\boldsymbol{P}$; 将矩阵 $\boldsymbol{B}$ 的特征向量 $\boldsymbol{q}_j, 1 \leqslant j \leqslant J$ 按列排列形成矩阵 $[\boldsymbol{q}_1, \boldsymbol{q}_2, \cdots, \boldsymbol{q}_J]$, 记为 $\boldsymbol{Q}$, 那么 $\boldsymbol{P}$ 的第 (i,j) 元素为 $\sin\dfrac{ij\pi}{I+1}$, $\boldsymbol{Q}$ 的第 (i,j) 元素为 $\sin\dfrac{ij\pi}{J+1}$, 表达式都关于 i,j 对称, 因此 $\boldsymbol{P},\boldsymbol{Q}$ 都是对称矩阵. 由于矩阵 $\boldsymbol{P}^{\mathrm{T}}\boldsymbol{F}\boldsymbol{Q}$ 的第 (i,j) 位置的元素恰是

$\boldsymbol{p}_i^{\mathrm{T}}\boldsymbol{F}\boldsymbol{q}_j$, 在计算 w_{ij} 时要用到它, 因此要算出 $\boldsymbol{PFQ}$ (其中 $\boldsymbol{P}$ 对称). 若记 $\boldsymbol{W}=[w_{ij}]$, 则由 (2.30) 式可得

$$\begin{aligned}\boldsymbol{U} &= \sum_{i=1}^{I}\sum_{j=1}^{J} w_{ij}\boldsymbol{p}_i\boldsymbol{q}_j^{\mathrm{T}} = \sum_{i=1}^{I}\sum_{j=1}^{J} \boldsymbol{p}_i w_{ij}\boldsymbol{q}_j^{\mathrm{T}} \\ &= \begin{bmatrix}\boldsymbol{p}_1,\cdots,\boldsymbol{p}_I\end{bmatrix}\begin{bmatrix} w_{11} & \cdots & w_{1J} \\ \vdots & \ddots & \vdots \\ w_{I1} & \cdots & w_{IJ}\end{bmatrix}\begin{bmatrix}\boldsymbol{q}_1^{\mathrm{T}} \\ \vdots \\ \boldsymbol{q}_J^{\mathrm{T}}\end{bmatrix} \\ &= \boldsymbol{PWQ}^{\mathrm{T}} = \boldsymbol{PWQ}.\end{aligned}$$

综上所述, 我们得到求解矩阵方程 (2.28) 的如下算法.

步骤 1 给出划分数 $I+1, J+1$, 得步长 $h=\dfrac{1}{I+1}, k=\dfrac{1}{J+1}$. 形成向量 $\boldsymbol{\lambda}$, 其第 i 位置的元素 λ_i 为

$$\lambda_i=\frac{4}{h^2}\sin^2\frac{i\pi}{2(I+1)}, \quad 1\leqslant i\leqslant I.$$

形成向量 $\boldsymbol{\mu}$, 其第 j 位置的元素 μ_j 为

$$\mu_j=\frac{4}{k^2}\sin^2\frac{j\pi}{2(J+1)}, \quad 1\leqslant j\leqslant J.$$

形成矩阵 $\boldsymbol{P}$, 其第 (i,j) 位置的元素为

$$\sin\frac{ij\pi}{I+1}, \quad 1\leqslant i,j\leqslant I.$$

形成矩阵 $\boldsymbol{Q}$, 其第 (i,j) 位置的元素为

$$\sin\frac{ij\pi}{J+1}, \quad 1\leqslant i,j\leqslant I.$$

计算矩阵 $\boldsymbol{F}$, 其第 (i,j) 位置的元素为

$$-f(ih,jk), \quad 1\leqslant i\leqslant I, 1\leqslant j\leqslant J.$$

步骤 2 计算矩阵 $\boldsymbol{V}=[v_{ij}], \boldsymbol{V}=\boldsymbol{PFQ}$.

步骤 3　计算矩阵 $\boldsymbol{W}=[w_{ij}]$,

$$w_{ij}=\frac{4v_{ij}}{(\lambda_i+\mu_j)(I+1)(J+1)}.$$

步骤 4　计算矩阵 $\boldsymbol{U}=\boldsymbol{PWQ}$.

在执行以上算法时, 关键是如何在步骤 2 和步骤 4 中快速实现矩阵乘积$\boldsymbol{PFQ}$和$\boldsymbol{PWQ}$的计算. 事实上, 这和离散正弦变换有密切联系.

2.4.3　离散正弦变换及应用

为介绍离散正弦变换计算的过程, 先说明离散正弦变换的定义, 仿照离散 Fourier 变换给出类似的定义.

定义 2.1　给定一个 $\mathbb{R}^m$ 中的向量 $\boldsymbol{v}=[v_1,v_2,\cdots,v_m]^{\mathrm{T}}$, 通过

$$w_j=\sum_{k=1}^{m}v_k\sin\frac{jk\pi}{m+1},\quad 1\leqslant j\leqslant m$$

得到向量 $\boldsymbol{w}=[w_1,w_2,\cdots,w_m]^{\mathrm{T}}$, 称 $\boldsymbol{w}$ 是 $\boldsymbol{v}$ 的离散正弦变换 (discrete Sine transform, 简记为 DST).

可将 DST 写成矩阵形式:

$$\boldsymbol{w}=\boldsymbol{S}\boldsymbol{v},$$

式中 $\boldsymbol{S}=[s_{jk}], s_{jk}=\sin\dfrac{jk\pi}{m+1}, 1\leqslant j,k\leqslant m$.

很自然地, 可以将 DST 的定义由向量推广到矩阵上: 若给出矩阵 $\boldsymbol{A}\in\mathbb{R}^{m\times n}$, 将

$$\boldsymbol{B}=\boldsymbol{S}\boldsymbol{A}$$

作为矩阵 $\boldsymbol{A}$ 的 DST, 也就是说将矩阵 $\boldsymbol{A}$ 按列做 DST.

上述推广的定义是将矩阵 $\boldsymbol{S}$ 左乘 $\boldsymbol{A}$, 如果是 $\boldsymbol{S}$ 右乘 $\boldsymbol{A}$ 的话, 也可以当成是 DST, 这是由于 $\boldsymbol{S}$ 是对称矩阵, 那么

$$\boldsymbol{A}\boldsymbol{S}=(\boldsymbol{S}\boldsymbol{A}^{\mathrm{T}})^{\mathrm{T}},$$

可以认为将 $\boldsymbol{A}$ 按行 DST 后取转置.

这样, 我们之前提到的矩阵乘积 $\boldsymbol{PFQ}$ 和 $\boldsymbol{PWQ}$ 可以视作对矩阵 $\boldsymbol{F}$ 和 $\boldsymbol{W}$ 分别做两次 DST.

DST 和 DFT (discrete Fourier transfer, 离散 Fourier 变换[3]) 之间有密切联系.

如果有 $\mathbb{R}^m$ 中的一个向量 $\boldsymbol{x} = [x_1, x_2, \cdots, x_m]^{\mathrm{T}}$, 利用下式可以定义它的 DFT $\boldsymbol{y} = [y_1, y_2, \cdots, y_m]^{\mathrm{T}}$:

$$y_k = \sum_{j=1}^{m} \omega_m^{(k-1)(j-1)} x_j, \quad 1 \leqslant k \leqslant m,$$

式中

$$\omega_m = \exp\left(-\frac{2\pi \mathrm{i}}{m}\right) = \cos\frac{2\pi}{m} - \mathrm{i}\sin\frac{2\pi}{m}.$$

该变换可以写成矩阵的形式:

$$\boldsymbol{y} = \boldsymbol{F}_m \boldsymbol{x},$$

式中 $\boldsymbol{F}_m$ 是一个 m 阶方阵, 其第 (j,k) 位置的元素为 $\omega_m^{(j-1)(k-1)}, 1 \leqslant j,k \leqslant m$, 称 $\boldsymbol{F}_m$ 为 Fourier 矩阵.

例如, 若 $m=4$, 则 $\omega_4 = \exp\left(-\frac{2\pi \mathrm{i}}{4}\right) = -\mathrm{i}$, 进而

$$\boldsymbol{F}_4 = \begin{bmatrix} \omega_4^0 & \omega_4^0 & \omega_4^0 & \omega_4^0 \\ \omega_4^0 & \omega_4^1 & \omega_4^2 & \omega_4^3 \\ \omega_4^0 & \omega_4^2 & \omega_4^4 & \omega_4^6 \\ \omega_4^0 & \omega_4^3 & \omega_4^6 & \omega_4^9 \end{bmatrix} = \begin{bmatrix} 1 & 1 & 1 & 1 \\ 1 & -\mathrm{i} & -1 & \mathrm{i} \\ 1 & -1 & 1 & -1 \\ 1 & \mathrm{i} & -1 & -\mathrm{i} \end{bmatrix}.$$

引入矩阵 $\boldsymbol{S}_n$, 其第 (j,k) 位置的元素为

$$\sin\frac{2\pi(j-1)(k-1)}{n}, \quad 1 \leqslant j,k \leqslant n,$$

再引入矩阵 $\boldsymbol{C}_n$, 其第 (j,k) 位置的元素为

$$\cos\frac{2\pi(j-1)(k-1)}{n}, \quad 1 \leqslant j,k \leqslant n,$$

那么

$$\boldsymbol{F}_n = \boldsymbol{C}_n - \mathrm{i}\boldsymbol{S}_n.$$

也就是说, $-\boldsymbol{S}_n$ 是 $\boldsymbol{F}_n$ 的虚部.

如果对于一个 m 维向量 $\boldsymbol{v} = [v_1, v_2, \cdots, v_m]^{\mathrm{T}}$, 其 DST $\boldsymbol{w} = [w_1, w_2, \cdots, w_m]^{\mathrm{T}}$ 由下式给出:

$$w_k = \sum_{j=1}^{m} \sin \frac{jk\pi}{m+1} v_j, \quad 1 \leqslant k \leqslant m.$$

那么

$$\boldsymbol{w} = \boldsymbol{S}_{2m+2}(2:m+1, 2:m+1)\, \boldsymbol{v},$$

记号 $\boldsymbol{S}_{2m+2}(2:m+1, 2:m+1)$ 表示矩阵 $\boldsymbol{S}_{2m+2}$ 的第 2 至 $m+1$ 行和列形成的子阵. 因此, 可以先进行快速 Fourier 变换 (FFT), 然后取其虚部的相反数来实现 DST 的快速计算.

在 MATLAB 中, 可以调用 dst 命令来快速实现 DST. 语句 “Y = dst (X)” 表示对 $\boldsymbol{X}$ 进行快速离散正弦变换得到 $\boldsymbol{Y}$, 这里 $\boldsymbol{X}$ 可以是向量或矩阵. 有了快速正弦变换以后, 结合上一节中提出的算法, 并记 $\boldsymbol{P} = [\sin(ij\pi/(I+1))] \in \mathbb{R}^{I\times I}$ 和 $\boldsymbol{Q} = [\sin(ij\pi/(J+1))] \in \mathbb{R}^{J\times J}$, 就可以得到如上描述的求解五点差分格式的快速求解算法.

算法 1 求解 Poisson 方程五点差分格式的快速 DST 方法.

步骤 1 给出划分数 $I+1, J+1$, 得步长 $h = \dfrac{1}{I+1}, k = \dfrac{1}{J+1}$.
形成向量 $\boldsymbol{\lambda}$, 其第 i 位置的元素 λ_i 为 $\dfrac{4}{h^2}\sin^2\dfrac{i\pi}{2(I+1)}, 1 \leqslant i \leqslant I$.
形成向量 $\boldsymbol{\mu}$, 其第 j 位置的元素 μ_j 为 $\dfrac{4}{k^2}\sin^2\dfrac{j\pi}{2(J+1)}, 1 \leqslant j \leqslant J$.
计算矩阵 $\boldsymbol{F}$, 其第 (i,j) 位置的元素为 $-f(ih, jk), 1 \leqslant i \leqslant I, 1 \leqslant j \leqslant J$.

步骤 2 使用快速 DST 计算矩阵 $\boldsymbol{V} = \boldsymbol{PFQ}$. 在 MATLAB 中可写成

```
V = dst(dst(F)')';
```

步骤 3 计算矩阵 $\boldsymbol{W} = [w_{ij}]$,

$$w_{ij} = \frac{4v_{ij}}{(\lambda_i + \mu_j)(I+1)(J+1)}.$$

步骤 4 使用快速 DST 计算矩阵 $\boldsymbol{U} = \boldsymbol{PWQ}$. 在 MATLAB 中可写成

```
U = dst(dst(W)')';
```

2.4.4 求解五点差分格式的快速 DST 方法和其他方法的计算效果

在问题 (2.19) 中选取

$$f(x,y) = -2\pi^2 \sin(\pi x)\sin(\pi y),$$

则它的精确解为

$$u(x,y) = \sin(\pi x)\sin(\pi y).$$

在 x 和 y 两个方向取相同的步长, 均将区间 $(0,1)$ 进行 N 等分. 使用相对误差 $\|\boldsymbol{U}-\overline{\boldsymbol{u}}\|/\|\overline{\boldsymbol{u}}\|$ 考察五点差分方法的计算精度, 这里 $\overline{\boldsymbol{u}}$ 表示精确解对应的格点函数矩阵, 而 $\|\cdot\|$ 为矩阵的 Frobenius 范数. 所有计算都在 CPU (中央处理器) 主频为 1.3 GHz 的笔记本电脑执行, 基于 MATLAB 软件编写程序. 计算结果见表 2.1. 从表 2.1 可见快速 DST 方法求解五点差分格式的计算速度非常快.

表 2.1 快速 DST 计算结果

划分数 N	相对误差	计算时间/s
10	0.083	0.001
20	0.021	0.002
40	5.1420E-4	0.008
80	1.2852E-4	0.012
160	3.2128E-5	0.048
320	8.0319E-6	0.18
640	2.0080E-6	0.74
1280	5.0199E-7	3.5
2560	1.2550E-7	15.0

再将该方法和另外两类计算方法共同求解前面的问题, 用以考察数值计算效果. 第一类就是前面介绍的 Jacobi 和 Gauss-Seidel 迭代法. 第二类方法是传统的用块 LU 分解求解方程 (2.28), 将 $\boldsymbol{U}$ 拉直后得到线性代数方程组. 此时, 系数矩阵是块三对角矩阵, 可以采用块 LU 分解, 之后使用追赶法求解. 具体而言, 相应的线性代数方程组为

$$
\begin{bmatrix}
\boldsymbol{B} & -\boldsymbol{I} & & \\
-\boldsymbol{I} & \boldsymbol{B} & \ddots & \\
& \ddots & \ddots & -\boldsymbol{I} \\
& & -\boldsymbol{I} & \boldsymbol{B}
\end{bmatrix} \operatorname{vec}(\boldsymbol{U}) = \operatorname{vec}(\boldsymbol{F}), \tag{2.31}
$$

式中, $\operatorname{vec}(\boldsymbol{U})$ 表示 $\boldsymbol{U}$ 的按列拉直列向量, $\operatorname{vec}(\boldsymbol{F})$ 定义类似, 而 $\boldsymbol{B}$ 为 $N-1$ 阶方阵

$$
\boldsymbol{B} = \begin{bmatrix}
4 & -1 & & \\
-1 & 4 & \ddots & \\
& \ddots & \ddots & -1 \\
& & -1 & 4
\end{bmatrix}.
$$

仿照三对角矩阵的 LU 分解, 对于一般的 $m \times m$ 块三对角矩阵, 假设

$$
\begin{aligned}
&\begin{bmatrix}
\boldsymbol{D}_1 & \boldsymbol{B}_1 & & \\
\boldsymbol{A}_2 & \boldsymbol{D}_2 & \ddots & \\
& \ddots & \ddots & \boldsymbol{B}_{m-1} \\
& & \boldsymbol{A}_m & \boldsymbol{D}_m
\end{bmatrix} \\
&= \begin{bmatrix}
\boldsymbol{I} & & & \\
\boldsymbol{L}_2 & \boldsymbol{I} & & \\
& \ddots & \ddots & \\
& & \boldsymbol{L}_m & \boldsymbol{I}
\end{bmatrix}
\begin{bmatrix}
\boldsymbol{U}_1 & \boldsymbol{B}_1 & & \\
& \ddots & \ddots & \\
& & \boldsymbol{U}_{m-1} & \boldsymbol{B}_{m-1} \\
& & & \boldsymbol{U}_m
\end{bmatrix},
\end{aligned}
$$

那么

$$
\begin{aligned}
&\boldsymbol{U}_1 = \boldsymbol{D}_1, \\
&\boldsymbol{L}_k = \boldsymbol{A}_k \boldsymbol{U}_{k-1}^{-1}, \quad k = 2, 3, \cdots, m, \\
&\boldsymbol{U}_k = \boldsymbol{D}_k - \boldsymbol{L}_k \boldsymbol{B}_{k-1}, \quad k = 2, 3, \cdots, m.
\end{aligned}
$$

对于现在求解的方程组, 有 $m = N - 1$. 将 $\boldsymbol{b} = \text{vec}(\boldsymbol{F})$ 划分成相应的 m 份: $\boldsymbol{b} = [\boldsymbol{b}_1^{\mathrm{T}}, \boldsymbol{b}_2^{\mathrm{T}}, \cdots, \boldsymbol{b}_m^{\mathrm{T}}]^{\mathrm{T}}$. 又记

$$\boldsymbol{x} = \text{vec}(\boldsymbol{F}) = [\boldsymbol{x}_1^{\mathrm{T}}, \boldsymbol{x}_2^{\mathrm{T}}, \cdots, \boldsymbol{x}_m^{\mathrm{T}}]^{\mathrm{T}}.$$

那么, 问题 (2.31) 转化为求解 $\boldsymbol{L}\boldsymbol{y} = \boldsymbol{b}$ 和 $\boldsymbol{U}\boldsymbol{x} = \boldsymbol{y}$. 具体算法如下:

$$\begin{aligned}
\boldsymbol{y}_1 &= \boldsymbol{b}_1, \\
\boldsymbol{y}_k &= \boldsymbol{b}_k - \boldsymbol{L}_k \boldsymbol{y}_{k-1}, \quad k = 2, 3, \cdots, m, \\
\boldsymbol{x}_m &= \boldsymbol{U}_m^{-1} \boldsymbol{y}_m, \\
\boldsymbol{x}_k &= \boldsymbol{U}_k^{-1} (\boldsymbol{y}_k - \boldsymbol{B}_k \boldsymbol{x}_{k+1}), \quad k = m-1, \cdots, 2, 1.
\end{aligned}$$

表 2.2 中列出了各算法的计算时间, 其中迭代法终止条件是前后两步矩阵的 Frobenius 范数小于 10^{-6}. 容易看出快速 DST 方法优势明显.

表 2.2 各类算法计算时间的比较

划分数 N	DST/s	分块 LU 分解/s	Jacobi 迭代/s	Gauss-Seidel 迭代/s
10	0.001	0.002	0.006	0.002
20	0.002	0.008	0.05	0.02
40	0.008	0.04	1.0	0.6
80	0.012	0.14	7.5	4.3
160	0.048	1.3	111.6	62.5

下面来分析分块 LU 分解和基于 FFT 的快速 DST 这两个方法求解 Poisson 方程的工作量. 由于线性方程组 (2.31) 的阶数为 $n = m^2 = (N-1)^2$, 如果直接进行 LU 分解, 工作量大约是 $\dfrac{1}{3}n^3$[8,9]. 如果采用分块分解, 将 $\boldsymbol{A}$ 分解成一些 $m \times m$ 的块, 每一块是 $m \times m$ 矩阵. 分解过程中, 每一步计算 $\boldsymbol{L}_k, \boldsymbol{U}_k$ 涉及求矩阵的逆以及矩阵乘积, 工作量均是 $O(m^3)$, 要进行 $2(m-1)$ 步, 于是总的工作量是 $O(m^4) = O(n^2) = O(N^4)$. 如果采用快速 DST 方法, 主要的计算量是执行四次 DST 运算. 由于这四次 DST 可以借助 FFT 实现快速计算, 我们总共要对 $4m$ 个向量进

行 FFT. 由前面介绍的 DST 和 DFT 的关系, 可知这些向量的维数应为 $2(m+1)$. 那么, 对这样一个向量的工作量是

$$O(2(m+1)\ \log_2(2(m+1))) = O(m\log_2 m).$$

$4m$ 个向量的工作量是

$$4mO(m\log_2 m) = O(m^2\log_2 m) = O(n\log_2 n) = O(N^2\log_2 N).$$

如果 $m=1000$, $n=10^6$, 则求解一个规模为 10^6 阶的线性方程组, 假设有一台可以每秒计算 10 亿次基本算术运算的计算机, 采用 Gauss 消元法, 所需时间大约为

$$\left(\frac{1}{3}n^3\right)\Big/10^9 = \left(\frac{1}{3}10^{18}\right)\Big/10^9 = \frac{1}{3}\times 10^9\ \text{s}.$$

而 10^9 s 大约是 30 年, 因此所需时间大约为 10 年. 如果用分块 LU 分解, 那么所需时间为

$$O(n^2)/10^9 = O(10^{12})/10^9 = O(10^3)\ \text{s}.$$

而 10^3 s 约是 $\dfrac{1}{4}$ h. 如果利用快速 DST 求解方法, 那么所需时间为

$$O(n\log_2 n)/10^9 = O(10^6)/10^9 = O(10^{-3})\ \text{s}.$$

2.5 求解矩形域上 Poisson 方程的紧致差分格式

2.5.1 两点边值问题 (2.1) 的紧致差分格式

基于三个网格点 x_{i-1}, x_i, x_{i+1} 的格点函数值建立的中心差分格式 $-\dfrac{u_{i-1}-2u_i+u_{i+1}}{h^2} = f(x_i)$ 具有二阶精度 $O(h^2)$, 现在来根据这三个网格点上的格点函数值构造出求解问题 (2.1) 最高精度为 $O(h^4)$ 的差分格式, 称为**紧致差分格式**.

设 $u(x)\in C^6[0,1], v(x)\in C^4[0,1]$, 记

$$\delta_x^2 u_i = \frac{u_{i-1}-2u_i+u_{i+1}}{h^2}, \quad u_i = u(x_i).$$

则由 Taylor 展开知, 存在常数 $\xi_i, \eta_i \in (x_{i-1}, x_{i+1})$, 使得

$$\delta_x^2 u_i = u''(x_i) + \frac{1}{12}h^2 u^{(4)}(x_i) + \frac{2}{6!}h^4 u^{(6)}(\xi_i), \tag{2.32}$$

$$\delta_x^2 v_i = v''(x_i) + \frac{1}{12}h^2 v^{(4)}(\eta_i). \tag{2.33}$$

在 (2.33) 式中令 $v = u''$, 并代入 (2.32) 式, 可得

$$\begin{aligned} \delta_x^2 u_i &= u''(x_i) + \frac{1}{12}h^2 \left(\delta_x^2 u''(x_i) - \frac{1}{12}h^2 u^{(6)}(\eta_i) \right) + \frac{2}{6!}h^4 u^{(6)}(\xi_i) \\ &= \left(I + \frac{1}{12}h^2 \delta_x^2 \right) u''(x_i) - \frac{1}{144}h^4 u^{(6)}(\eta_i) + \frac{1}{360}h^4 u^{(6)}(\xi_i). \end{aligned}$$

定义算子

$$\mathcal{W}_x = I + \frac{1}{12}h^2 \delta_x^2,$$

即

$$\mathcal{W}_x v_i = \frac{1}{12}(v_{i-1} + 10v_i + v_{i+1}), \tag{2.34}$$

则

$$\mathcal{W}_x u''(x_i) = \delta_x^2 u_i + \rho_i(h), \tag{2.35}$$

式中

$$\rho_i(h) = h^4 \left(\frac{1}{144}u^{(6)}(\eta_i) - \frac{1}{360}u^{(6)}(\xi_i) \right) = O(h^4).$$

如果使用带积分型余项的 Taylor 展开, 那么可以证明[10]

$$\rho_i(h) = \frac{h^4}{360} \int_0^1 \left(u^{(6)}(x_i - sh) + u^{(6)}(x_i + sh) \right) \zeta(s) \mathrm{d}s,$$

式中 $\zeta(s) = 5(1-s)^3 - 3(1-s)^5, 0 \leqslant s \leqslant 1$. 易知 ζ 是减函数, 因而非负, 这样利用中值定理可得

$$\rho_i(h) = \frac{h^4}{240}u^{(6)}(\omega_i), \quad \omega_i \in (x_{i-1}, x_{i+1}).$$

上面的结果表明, $\mathcal{W}_x u''(x_i)$ 可用中心差商 $\delta_x^2 u_i$ 近似, 且具有精度 $O(h^4)$. 正因为如此, 我们可在问题 (2.1) 的方程中用算子 $\mathcal{W}_x$ 作用, 从而由 (2.35) 式获得四阶精度的差分方法.

现在考虑问题 (2.1) 的数值求解, 此时, 考虑非齐次边值条件, 即 $u(0)=\beta$, $u(1)=\gamma$. 先将区域等分为 $N+1$ 份. 对 $1\leqslant i\leqslant N$, 在方程两边用算子 $\mathcal{W}_x$ 作用, 有

$$-\mathcal{W}_x u''(x_i)=\mathcal{W}_x f(x_i).$$

将 (2.35) 式代入上式, 有

$$-(\delta_x^2 u_i+\rho_i(h))=\mathcal{W}_x f(x_i).$$

忽略高次项, 得如下差分方法:

$$\begin{cases}-\dfrac{u_{i-1}-2u_i+u_{i+1}}{h^2}=\dfrac{1}{12}(f_{i-1}+10f_i+f_{i+1}), \quad 1\leqslant k\leqslant N,\\ u_0=\beta,\ u_{N+1}=\gamma,\end{cases}$$

写成矩阵形式为

$$\boldsymbol{AU}=\boldsymbol{BF}+\boldsymbol{G}, \tag{2.36}$$

式中 $\boldsymbol{A},\boldsymbol{B}$ 为 $N\times N$ 矩阵, 具体形式分别为

$$\boldsymbol{A}=-\frac{1}{h^2}\begin{bmatrix}-2 & 1 & & \\ 1 & -2 & \ddots & \\ & \ddots & \ddots & 1\\ & & 1 & -2\end{bmatrix}, \quad \boldsymbol{B}=\frac{1}{12}\begin{bmatrix}10 & 1 & & \\ 1 & 10 & \ddots & \\ & \ddots & \ddots & 1\\ & & 1 & 10\end{bmatrix},$$

$$\boldsymbol{U}=[u_1,u_2,\cdots,u_N]^{\mathrm{T}}, \quad \boldsymbol{F}=[f_1,f_2,\cdots,f_N]^{\mathrm{T}},$$

$$\boldsymbol{G}=\left[\frac{1}{12}f_0+\frac{1}{h^2}u_0,0,\cdots,0,\frac{1}{12}f_{N+1}+\frac{1}{h^2}u_{N+1}\right]^{\mathrm{T}}.$$

注 2.8 显然 $\mathcal{W}_x=I+\dfrac{1}{12}h^2\delta_x^2$ 是可逆算子, 于是由 (2.35) 式可得

$$u''(x_i)=\left(I+\frac{1}{12}h^2\delta_x^2\right)^{-1}\delta_x^2 u_i+\left(I+\frac{1}{12}h^2\delta_x^2\right)^{-1}\rho_i(h).$$

注意到

$$\left(I+\frac{1}{12}h^2\delta_x^2\right)\left(I-\frac{1}{12}h^2\delta_x^2\right)=I-\frac{1}{144}h^4\delta_x^2\delta_x^2,$$
$$\left(I-\frac{1}{12}h^2\delta_x^2\right)\left(I+\frac{1}{12}h^2\delta_x^2\right)=I-\frac{1}{144}h^4\delta_x^2\delta_x^2,$$

我们有

$$\left(I+\frac{1}{12}h^2\delta_x^2\right)^{-1}=I-\frac{1}{12}h^2\delta_x^2+O(h^4).$$

由此可得

$$u''(x_i)=\left(I+\frac{1}{12}h^2\delta_x^2\right)^{-1}\delta_x^2u_i+O(h^4),$$

从而得 $u''(x_i)$ 的四阶差分近似

$$u''(x_i)\approx\left(I+\frac{1}{12}h^2\delta_x^2\right)^{-1}\delta_x^2u_i.$$

易知, 方程 (2.36) 中 $\boldsymbol{B}^{-1}\boldsymbol{A}$ 对应上式中差分算子的矩阵描述. 相关推导亦可见本章文献 [11].

根据 2.2 节的讨论, 由

$$\boldsymbol{A}=-\frac{1}{h^2}(-2\boldsymbol{I}+\boldsymbol{H}_N),\quad \boldsymbol{B}=\frac{1}{12}(10\boldsymbol{I}+\boldsymbol{H}_N)$$

知, $\boldsymbol{A}$ 和 $\boldsymbol{B}$ 的特征值分别为

$$\lambda_i=\frac{4}{h^2}\sin^2\frac{\theta_i}{2},\quad \mu_i=\frac{1}{6}(5+\cos\theta_i),$$

式中 $\theta_i=i\pi/(N+1)$, 相应的特征向量均为

$$\boldsymbol{p}_i=\left[\sin(\theta_i),\sin(2\theta_i),\cdots,\sin(N\theta_i)\right]^{\mathrm{T}},\quad 1\leqslant i\leqslant N.$$

设 $\boldsymbol{U},\boldsymbol{F}$ 在基 $\{\boldsymbol{p}_i:1\leqslant i\leqslant N\}$ 下分别表示为

$$\boldsymbol{U}=\sum_{i=1}^{N}w_i\boldsymbol{p}_i,\quad \boldsymbol{F}=\sum_{i=1}^{N}v_i\boldsymbol{p}_i.$$

在 MATLAB 中当知道 $\boldsymbol{w}=[w_1,w_2,\cdots,w_N]^{\mathrm{T}}$ 时, 可用 DST 获得 $\boldsymbol{U}$, 而 $\boldsymbol{v}=[v_1,v_2,\cdots,v_N]^{\mathrm{T}}$ 可用 DST 的逆变换 (IDST) 获得. 把以上表示代入方程 (2.36) 中可知

$$\sum_{i=1}^{N} w_i\lambda_i\boldsymbol{p}_i=\sum_{i=1}^{N} v_i\mu_i\boldsymbol{p}_i+\boldsymbol{G},$$

对上式两边用 $\boldsymbol{p}_j$ 做内积, 并注意到 $\langle\boldsymbol{p}_i,\boldsymbol{p}_j\rangle=\dfrac{N+1}{2}\delta_{ij}$, 可知

$$w_j=\frac{1}{\lambda_j}\left(v_j\mu_j+\frac{2}{N+1}\langle\boldsymbol{G},\boldsymbol{p}_j\rangle\right),\quad j=1,2,\cdots,N.$$

注意到 $\boldsymbol{G}$ 的表达式, 可推得

$$\langle\boldsymbol{G},\boldsymbol{p}_j\rangle=G_1\sin\theta_j+G_N\sin(N\theta_j),\tag{2.37}$$

式中 G_1 和 G_N 分别为向量 $\boldsymbol{G}$ 的第 1 和第 N 个分量, 进而获得解 $\boldsymbol{U}$.

综上所述, 我们获得求解问题 (2.36) 的如下快速算法.

算法 2 求解两点边值问题的快速算法.

步骤 1 给定划分数 $N+1$, 得步长 $h=1/(N+1)$.

形成向量 $\boldsymbol{\theta}$, 其第 i 位置的元素 θ_i 为 $i\pi/(N+1), 1\leqslant i\leqslant N$, 进而形成 $\boldsymbol{\lambda}$ 和 $\boldsymbol{\mu}$.

形成向量 $\boldsymbol{G_p}$, 它的分量如 (2.37) 式所示.

形成向量 $\boldsymbol{F}$.

步骤 2 用离散正弦变换的逆变换计算向量 $\boldsymbol{v}$, 在 MATLAB 中执行:

```
v = idst(F);
```

步骤 3 计算系数向量 $\boldsymbol{w}$, 在 MATLAB 中执行:

```
w = 1./lambda.*(v.*mu+2/(N+1)*Gp);
```

步骤 4 对 $\boldsymbol{w}$ 求离散正弦变换, 获得解 $\boldsymbol{U}$:

```
U = dst(w);
```

例 2.1 考虑问题:

$$\begin{cases} -u''(x) = 6\mathrm{e}^{-x^2}(1-2x^2), \quad -1 < x < 1, \\ u(-1) = 3\mathrm{e}^{-1},\ u(1) = 3\mathrm{e}^{-1}, \end{cases}$$

其精确解为 $u(x) = 3\mathrm{e}^{-x^2}$. 定义离散 L^2 误差为

$$\text{error} = \sqrt{h\sum_{i=1}^{N}|u_i - u(x_i)|^2}.$$

计算结果如表 2.3 所示.

表 2.3 一维问题紧致差分格式的误差分析

N	8	16	32	64	128
误差	4.9431E-4	3.8358E-5	2.6921E-6	1.7868E-7	1.1515E-8
收敛阶	—	3.6878	3.8327	3.9132	3.9558

2.5.2 Poisson 方程紧致差分格式的构造

考虑问题 (2.19), 以下把相应微分方程改写为 $-\Delta u = f$, 并设其解 $u \in C^6(\overline{\Omega})$, 我们将建立求解该问题具有精度 $O(h^4 + k^4)$ 的紧致差分格式.

当 $(x_i, y_j) \in \partial\Omega_h$ 时, $u_{ij} = \alpha(x_i, y_j) = \alpha_{ij}$. 当 $(x_i, y_j) \in \Omega_h$ 时, 类似一维问题的讨论, 定义

$$\mathcal{W}_x u_{ij} = \frac{1}{12}(u_{i-1,j} + 10u_{ij} + u_{i+1,j}),$$
$$\mathcal{W}_y u_{ij} = \frac{1}{12}(u_{i,j-1} + 10u_{ij} + u_{i,j+1}).$$

在 $(x_i, y_j) \in \Omega_h$ 处, 将 $\mathcal{W}_x\mathcal{W}_y$ 作用于方程 (2.19) 第一式, 可得

$$-\mathcal{W}_x\mathcal{W}_y\frac{\partial^2 u}{\partial x^2}(x_i, y_i) - \mathcal{W}_x\mathcal{W}_y\frac{\partial^2 u}{\partial y^2}(x_i, y_i) = \mathcal{W}_x\mathcal{W}_y f_{ij},$$

即有

$$-\mathcal{W}_y\left(\mathcal{W}_x\frac{\partial^2 u}{\partial x^2}(x_i, y_i)\right) - \mathcal{W}_x\left(\mathcal{W}_y\frac{\partial^2 u}{\partial y^2}(x_i, y_i)\right) = \mathcal{W}_x\mathcal{W}_y f_{ij}. \quad (2.38)$$

根据 (2.35) 式,

$$\mathcal{W}_x \frac{\partial^2 u}{\partial x^2}(x_i, y_i) = \frac{u_{i+1,j} - 2u_{ij} + u_{i-1,j}}{h^2} + O(h^4), \tag{2.39}$$

$$\mathcal{W}_y \frac{\partial^2 u}{\partial y^2}(x_i, y_i) = \frac{u_{i,j+1} - 2u_{ij} + u_{i,j-1}}{k^4} + O(k^4). \tag{2.40}$$

将 (2.39) 式和 (2.40) 式代入 (2.38) 式, 得

$$\begin{aligned} &-\mathcal{W}_y \frac{u_{i+1,j} - 2u_{ij} + u_{i-1,j}}{h^2} - \mathcal{W}_x \frac{u_{i,j+1} - 2u_{ij} + u_{i,j-1}}{k^2} \\ &= \mathcal{W}_x \mathcal{W}_y f_{ij} + O(h^4 + k^4). \end{aligned}$$

在上式中略去高阶项, 即获得紧致差分格式

$$\begin{cases} -\mathcal{W}_y \dfrac{u_{i+1,j} - 2u_{ij} + u_{i-1,j}}{h^2} - \mathcal{W}_x \dfrac{u_{i,j+1} - 2u_{ij} + u_{i,j-1}}{k^2} \\ = \mathcal{W}_x \mathcal{W}_y f_{ij}, \quad (x_i, y_j) \in \Omega_h, \\ u_{ij} = \alpha_{ij}, \quad (x_i, y_j) \in \partial\Omega_h. \end{cases} \tag{2.41}$$

可证明紧致差分格式 (2.41) 存在唯一解, 并且具有精度 $O(h^4 + k^4)$, 详见本章文献 [10].

注 2.9 紧致差分格式 (2.41) 利用图 2.4 中点 $0, 1, 2, \cdots, 8$ 处的函数值, 构造点 0 处的差分格式, 因而可称为九点紧致差分格式.

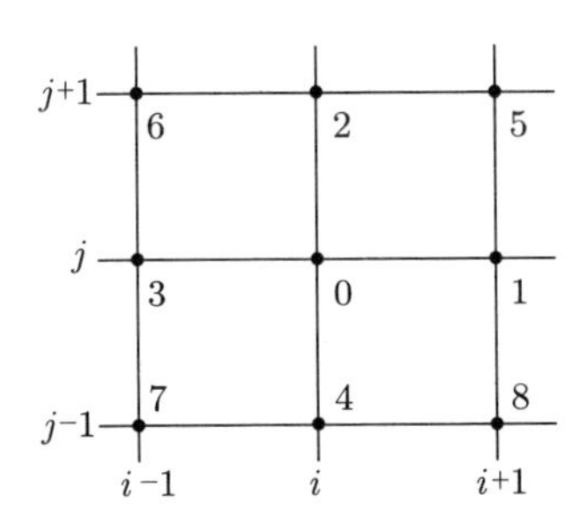

图 2.4 紧致差分格式格点示意图

注意到紧致差分格式 (2.41) 中的未知量为 $\{u_{ij} : (i, j) \in \Omega_h\}$, 将

差分格式 (2.41) 的第一式重写为

$$
\begin{aligned}
&-\frac{1}{12}\left(\frac{1}{h^2}+\frac{1}{k^2}\right)u_{i-1,j-1}-\frac{1}{6}\left(\frac{5}{k^2}-\frac{1}{h^2}\right)u_{i,j-1}-\frac{1}{12}\left(\frac{1}{h^2}+\frac{1}{k^2}\right)u_{i+1,j-1}\\
&-\frac{1}{6}\left(\frac{5}{h^2}-\frac{1}{k^2}\right)u_{i-1,j}+\frac{5}{3}\left(\frac{1}{h^2}+\frac{1}{k^2}\right)u_{ij}-\frac{1}{6}\left(\frac{5}{h^2}-\frac{1}{k^2}\right)u_{i+1,j}\\
&-\frac{1}{12}\left(\frac{1}{h^2}+\frac{1}{k^2}\right)u_{i-1,j+1}-\frac{1}{6}\left(\frac{5}{k^2}-\frac{1}{h^2}\right)u_{i,j+1}-\frac{1}{12}\left(\frac{1}{h^2}+\frac{1}{k^2}\right)u_{i+1,j+1}\\
&=\mathcal{W}_x\mathcal{W}_y f_{ij}.
\end{aligned}
\tag{2.42}
$$

令

$$
\boldsymbol{U}_j=[u_{1j},u_{2j},\cdots,u_{Ij}]^{\mathrm{T}},\quad 0\leqslant j\leqslant J+1,
$$

(2.42) 式可写成矩阵形式

$$
\boldsymbol{A}\boldsymbol{U}_{j-1}+\boldsymbol{B}\boldsymbol{U}_j+\boldsymbol{A}\boldsymbol{U}_{j+1}=\boldsymbol{F}_j,\quad 1\leqslant j\leqslant J,
\tag{2.43}
$$

式中,

$$
\boldsymbol{A}=\begin{bmatrix} a_1 & a_2 & & \\ a_2 & a_1 & \ddots & \\ & \ddots & \ddots & a_2 \\ & & a_2 & a_1 \end{bmatrix},\quad
\boldsymbol{B}=\begin{bmatrix} b_1 & b_2 & & \\ b_2 & b_1 & \ddots & \\ & \ddots & \ddots & b_2 \\ & & b_2 & b_1 \end{bmatrix},
$$

$$
\boldsymbol{F}_j=\begin{bmatrix} \mathcal{W}_x\mathcal{W}_y f_{1j}+a_2u_{0,j-1}+b_2u_{0j}+a_2u_{0,j+1} \\ \mathcal{W}_x\mathcal{W}_y f_{2j} \\ \vdots \\ \mathcal{W}_x\mathcal{W}_y f_{I-1,j} \\ \mathcal{W}_x\mathcal{W}_y f_{Ij}+a_2u_{I+1,j-1}+b_2u_{I+1,j}+a_2u_{I+1,j+1} \end{bmatrix},
$$

这里,

$$
\begin{aligned}
a_1&=-\frac{1}{6}\left(\frac{5}{k^2}-\frac{1}{h^2}\right),\quad & a_2&=-\frac{1}{12}\left(\frac{1}{h^2}+\frac{1}{k^2}\right),\\
b_1&=\frac{5}{3}\left(\frac{1}{h^2}+\frac{1}{k^2}\right),\quad & b_2&=-\frac{1}{6}\left(\frac{5}{h^2}-\frac{1}{k^2}\right).
\end{aligned}
$$

由此得最终需求解的线性方程组为

$$\begin{bmatrix} \boldsymbol{B} & \boldsymbol{A} & & \\ \boldsymbol{A} & \boldsymbol{B} & \ddots & \\ & \ddots & \ddots & \boldsymbol{A} \\ & & \boldsymbol{A} & \boldsymbol{B} \end{bmatrix} \begin{bmatrix} \boldsymbol{U}_1 \\ \boldsymbol{U}_2 \\ \vdots \\ \boldsymbol{U}_{J-1} \\ \boldsymbol{U}_J \end{bmatrix} = \begin{bmatrix} \boldsymbol{F}_1 - \boldsymbol{A}\boldsymbol{U}_0 \\ \boldsymbol{F}_2 \\ \vdots \\ \boldsymbol{F}_{J-1} \\ \boldsymbol{F}_J - \boldsymbol{A}\boldsymbol{U}_{J+1} \end{bmatrix}.$$

此方程组的系数矩阵为大型稀疏矩阵, 常利用迭代法来进行求解.

2.5.3 求解 Poisson 方程紧致差分格式的快速算法

以下分步说明.

步骤 1 获得紧致差分格式对应的算子方程.

令

$$v_{ij} = \mathcal{W}_y u_{ij}, \quad w_{ij} = \mathcal{W}_x u_{ij}, \quad r_{ij} = \mathcal{W}_x \mathcal{W}_y f_{ij},$$

则差分格式 (2.41) 中的第一式可写为

$$-\frac{v_{i-1,j} - 2v_{ij} + v_{i+1,j}}{h^2} - \frac{w_{i,j-1} - 2w_{ij} + w_{i,j+1}}{k^2} = r_{ij}, \quad (x_i, y_j) \in \Omega_h.$$

类似五点差分格式的快速算法, 上式可写为

$$\boldsymbol{A}_1 \boldsymbol{V} + \boldsymbol{W} \boldsymbol{A}_2 = \boldsymbol{R} + \boldsymbol{G}_1 + \boldsymbol{G}_2, \tag{2.44}$$

式中,

$$\boldsymbol{A}_1 = \frac{1}{h^2} \begin{bmatrix} 2 & -1 & & \\ -1 & 2 & \ddots & \\ & \ddots & \ddots & -1 \\ & & -1 & 2 \end{bmatrix}_{I \times I},$$

$$\boldsymbol{A}_2 = \frac{1}{k^2}\begin{bmatrix} 2 & -1 & & \\ -1 & 2 & \ddots & \\ & \ddots & \ddots & -1 \\ & & -1 & 2 \end{bmatrix}_{J\times J},$$

$$\boldsymbol{V} = \begin{bmatrix} v_{11} & v_{12} & \cdots & v_{1J} \\ v_{21} & v_{22} & \cdots & v_{2J} \\ \vdots & \vdots & & \vdots \\ v_{I1} & v_{I2} & \cdots & v_{IJ} \end{bmatrix}, \quad \boldsymbol{W} = \begin{bmatrix} w_{11} & w_{12} & \cdots & w_{1J} \\ w_{21} & w_{22} & \cdots & w_{2J} \\ \vdots & \vdots & & \vdots \\ w_{I1} & w_{I2} & \cdots & w_{IJ} \end{bmatrix},$$

$$\boldsymbol{R} = \begin{bmatrix} r_{11} & r_{12} & \cdots & r_{1J} \\ r_{21} & r_{22} & \cdots & r_{2J} \\ \vdots & \vdots & & \vdots \\ r_{I1} & r_{I2} & \cdots & r_{IJ} \end{bmatrix},$$

$$\boldsymbol{G}_1 = \frac{1}{h^2}\begin{bmatrix} v_{01} & v_{02} & \cdots & v_{0J} \\ 0 & 0 & \cdots & 0 \\ \vdots & \vdots & & \vdots \\ 0 & 0 & \cdots & 0 \\ v_{I+1,1} & v_{I+1,2} & \cdots & v_{I+1,J} \end{bmatrix}_{I\times J},$$

$$\boldsymbol{G}_2 = \frac{1}{k^2}\begin{bmatrix} w_{10} & 0 & \cdots & 0 & w_{1,J+1} \\ w_{20} & 0 & \cdots & 0 & w_{2,J+1} \\ \vdots & \vdots & & \vdots & \vdots \\ w_{I0} & 0 & \cdots & 0 & w_{I,J+1} \end{bmatrix}_{I\times J}.$$

易知

$$\boldsymbol{W} = \boldsymbol{B}_1\boldsymbol{U} + \boldsymbol{L}_1, \quad \boldsymbol{V} = \boldsymbol{U}\boldsymbol{B}_2 + \boldsymbol{L}_2,$$

式中,

$$\boldsymbol{U} = \begin{bmatrix} u_{11} & u_{12} & \cdots & u_{1J} \\ u_{21} & u_{22} & \cdots & u_{2J} \\ \vdots & \vdots & & \vdots \\ u_{I1} & u_{I2} & \cdots & u_{IJ} \end{bmatrix},$$

$$\boldsymbol{B}_1=\frac{1}{12}\begin{bmatrix}10 & 1 & & \\ 1 & 10 & \ddots & \\ & \ddots & \ddots & 1 \\ & & 1 & 10\end{bmatrix}_{I\times I},\quad \boldsymbol{B}_2=\frac{1}{12}\begin{bmatrix}10 & 1 & & \\ 1 & 10 & \ddots & \\ & \ddots & \ddots & 1 \\ & & 1 & 10\end{bmatrix}_{J\times J},$$

$$\boldsymbol{L}_1=\frac{1}{12}\begin{bmatrix}u_{01} & u_{02} & \cdots & u_{0J} \\ 0 & 0 & \cdots & 0 \\ \vdots & \vdots & & \vdots \\ u_{I+1,1} & u_{I+1,2} & \cdots & u_{I+1,J}\end{bmatrix}_{I\times J},$$

$$\boldsymbol{L}_2=\frac{1}{12}\begin{bmatrix}u_{10} & 0 & \cdots & u_{1,J+1} \\ u_{20} & 0 & \cdots & u_{2,J+1} \\ \vdots & \vdots & & \vdots \\ u_{I0} & 0 & \cdots & u_{I,J+1}\end{bmatrix}_{I\times J}.$$

依据上面的记号和等式, 方程 (2.44) 可写为

$$\boldsymbol{A}_1\boldsymbol{U}\boldsymbol{B}_2+\boldsymbol{B}_1\boldsymbol{U}\boldsymbol{A}_2=\boldsymbol{R}+\boldsymbol{G}_1+\boldsymbol{G}_2-\boldsymbol{A}_1\boldsymbol{L}_2-\boldsymbol{L}_1\boldsymbol{A}_2,$$

或

$$\boldsymbol{A}\boldsymbol{U}+\boldsymbol{U}\boldsymbol{B}=\boldsymbol{M}, \tag{2.45}$$

式中,

$$\begin{aligned}&\boldsymbol{A}=\boldsymbol{B}_1^{-1}\boldsymbol{A}_1,\quad \boldsymbol{B}=\boldsymbol{A}_2\boldsymbol{B}_2^{-1},\quad \boldsymbol{M}=\boldsymbol{B}_1^{-1}\widetilde{\boldsymbol{R}}\boldsymbol{B}_2^{-1},\\ &\widetilde{\boldsymbol{R}}=\boldsymbol{R}+\boldsymbol{G}_1+\boldsymbol{G}_2-\boldsymbol{A}_1\boldsymbol{L}_2-\boldsymbol{L}_1\boldsymbol{A}_2.\end{aligned} \tag{2.46}$$

步骤 2 获得算子方程 (2.45) 中线性算子的特征系统分解.

根据前文的推导可知, $\boldsymbol{A}_1$ 和 $\boldsymbol{B}_1$ 的特征值分别为

$$(\lambda_I)_i=\frac{4}{h^2}\sin^2\frac{i\pi}{2(I+1)},\quad (\mu_I)_i=\frac{1}{6}\left(5+\cos\frac{i\pi}{I+1}\right),\quad 1\leqslant i\leqslant I,$$

对应的特征向量为

$$\boldsymbol{p}_i=\left[\sin\frac{i\pi}{I+1},\sin\frac{2i\pi}{I+1},\cdots,\sin\frac{Ii\pi}{I+1}\right]^{\mathrm{T}},\quad 1\leqslant i\leqslant I.$$

$\boldsymbol{A}_2$ 和 $\boldsymbol{B}_2$ 的特征值分别为

$$(\lambda_J)_j = \frac{4}{k^2}\sin^2\frac{j\pi}{2(J+1)}, \quad (\mu_J)_j = \frac{1}{6}\left(5+\cos\frac{j\pi}{J+1}\right), \quad 1 \leqslant j \leqslant J,$$

对应的特征向量为

$$\boldsymbol{q}_j = \left[\sin\frac{j\pi}{J+1}, \sin\frac{2j\pi}{J+1}, \cdots, \sin\frac{Jj\pi}{J+1}\right]^{\mathrm{T}}, \quad 1 \leqslant j \leqslant J.$$

于是 $\boldsymbol{A} = \boldsymbol{B}_1^{-1}\boldsymbol{A}_1$ 的特征值为

$$\lambda_i = \frac{(\lambda_I)_i}{(\mu_I)_i}, \quad 1 \leqslant i \leqslant I,$$

且相应特征向量仍为 $\boldsymbol{p}_i, 1 \leqslant i \leqslant I$. 同理, $\boldsymbol{B}^{\mathrm{T}}$ 的特征值为

$$\mu_j = \frac{(\lambda_J)_j}{(\mu_J)_j}, \quad 1 \leqslant j \leqslant J,$$

且相应特征向量仍为 $\boldsymbol{q}_j, 1 \leqslant j \leqslant J$. 所以算子 $\boldsymbol{T}(\boldsymbol{X}) = \boldsymbol{A}\boldsymbol{X} + \boldsymbol{X}\boldsymbol{B}$ 的特征值为

$$\lambda_i + \mu_j, \quad 1 \leqslant i \leqslant I, 1 \leqslant j \leqslant J,$$

对应的特征向量为 $\boldsymbol{p}_i\boldsymbol{q}_j^{\mathrm{T}}, 1 \leqslant i \leqslant I, 1 \leqslant j \leqslant J$.

步骤 3 获得解的显式表达式.

令

$$\boldsymbol{U} = \sum_{i=1}^{I}\sum_{j=1}^{J}\widehat{u}_{ij}\boldsymbol{p}_i\boldsymbol{q}_j^{\mathrm{T}}.$$

类似五点差分格式的快速算法, 我们有

$$\widehat{u}_{ij} = \frac{4}{(\lambda_i+\mu_j)(I+1)(J+1)}\boldsymbol{p}_i^{\mathrm{T}}\boldsymbol{M}\boldsymbol{q}_j \quad 1 \leqslant i \leqslant I, 1 \leqslant j \leqslant J, \tag{2.47}$$

且

$$\boldsymbol{U} = \sum_{i=1}^{I}\sum_{j=1}^{J}\widehat{u}_{ij}\boldsymbol{p}_i\boldsymbol{q}_j^{\mathrm{T}} = \boldsymbol{P}\widehat{\boldsymbol{U}}\boldsymbol{Q}.$$

步骤 4 展开系数 $\widehat{u}_{ij}$ 的高效计算.

设

$$\widetilde{\boldsymbol{R}}=\sum_{i=1}^{I}\sum_{j=1}^{J}\widehat{r}_{ij}\boldsymbol{p}_i\boldsymbol{q}_j^{\mathrm{T}}, \tag{2.48}$$

则

$$\begin{aligned}\boldsymbol{M}=\boldsymbol{B}_1^{-1}\widetilde{\boldsymbol{R}}\boldsymbol{B}_2^{-1}&=\sum_{l=1}^{I}\sum_{m=1}^{J}\widehat{r}_{lm}\boldsymbol{B}_1^{-1}\boldsymbol{p}_l\boldsymbol{q}_m^{\mathrm{T}}\boldsymbol{B}_2^{-1}\\&=\sum_{l=1}^{I}\sum_{m=1}^{J}\frac{\widehat{r}_{lm}}{(\mu_I)_l(\mu_J)_m}\boldsymbol{p}_l\boldsymbol{q}_m^{\mathrm{T}}.\end{aligned}$$

因此

$$\begin{aligned}\widehat{u}_{ij}&=\frac{4}{(\lambda_i+\mu_j)(I+1)(J+1)}\sum_{l=1}^{I}\sum_{m=1}^{J}\frac{\widehat{r}_{lm}}{(\mu_I)_l(\mu_J)_m}\boldsymbol{p}_i^{\mathrm{T}}\boldsymbol{p}_l\boldsymbol{q}_m^{\mathrm{T}}\boldsymbol{q}_j\\&=\frac{4}{(\lambda_i+\mu_j)(I+1)(J+1)}\sum_{l=1}^{I}\sum_{m=1}^{J}\frac{\widehat{r}_{lm}}{(\mu_I)_l(\mu_J)_m}\frac{I+1}{2}\delta_{il}\frac{J+1}{2}\delta_{mj}\\&=\frac{\widehat{r}_{ij}}{(\lambda_i+\mu_j)(\mu_I)_i(\mu_J)_j},\quad 1\leqslant i\leqslant I,1\leqslant i\leqslant J.\end{aligned} \tag{2.49}$$

下面使用 MATLAB 语言实现以上求解算法, 这里只给出主要的步骤.

算法 3 求解 Poisson 方程的紧致差分格式的快速算法.

步骤 1 根据 (2.46) 式计算出 $\widetilde{\boldsymbol{R}}$, 从而由 (2.48) 式可求出展开系数. 若在 MATLAB 中用 Rt 表示 $\widetilde{\boldsymbol{R}}$, 用 Rc 表示相应的系数矩阵, 则

```
Rc = idst(idst(Rt)')';
```

步骤 2 利用 (2.49) 式求出 (2.47) 式的系数矩阵, 在 MATLAB 中记为 Uc, 则数值解可如下计算:

```
U = dst(dst(Uc)')';
```

例 2.2 仍然考虑 2.4.4 小节中五点差分格式快速算法的例子, 表

2.4 给出的是五点差分格式和九点差分格式快速算法的离散 L_2 相对误差结果, 其中 $\Omega=(0,1)\times(0,1)$. 可以看出, 九点差分格式的数值精度明显高于五点差分格式.

表 2.4 快速 DST 计算结果

划分数 N	五点差分格式/s	九点差分格式/s
10	0.083	2.7812E-5
20	0.021	2.0888E-6
40	5.1420E-4	1.4367E-7
80	1.2852E-4	9.4292E-9
160	3.2128E-5	6.0408E-10
320	8.0319E-6	3.8226E-11
640	2.0080E-6	2.4040E-12

这里, 离散 L^2 误差定义为

$$\text{error}=\sqrt{hk\sum_{i=1}^{I}\sum_{j=1}^{J}|u_{ij}-u(x_i,y_j)|^2},$$

对应误差阶的图像如图 2.5 所示.

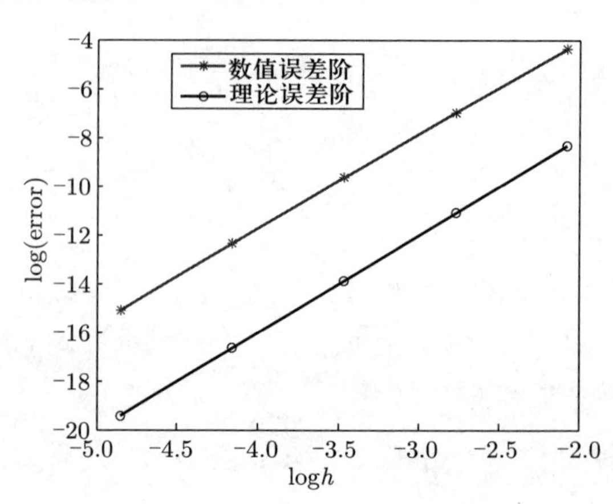

图 2.5 数值与理论误差阶曲线 (斜率是误差阶, $I=J$)

注 2.10 有限差分法在求解非规则区域时, 对边界条件的处理较为烦琐, 有很强的技巧性, 在此从略, 详见本章文献 [6, 12, 13]. 在本书后文中, 将着重介绍有限元方法求解非规则区域上的偏微分方程定解问题.

2.6 求解椭圆型方程一般差分格式的极值原理

2.6.1 椭圆型差分格式的一般形式

为了方便, 我们仅考虑二阶椭圆型方程的 Dirichlet 问题. 设 Ω_h 表示网格剖分的内格点集合, $\partial\Omega_h$ 表示边界格点集合, 全部格点的集合记为 $\overline{\Omega}_h = \Omega_h \cup \partial\Omega_h$, 并用统一编号加以表示. 本文总假设网格区域 $\overline{\Omega}_h$ 是连通的, 即对任意两个格点 i 和 j, 总能通过网格间的路径联结起来.

假设在第 i 个节点处的差分格式为

$$\mathcal{L}_h u_i := a_{ii}u_i - \sum_{j\in U(i)} a_{ij}u_j = f_i, \quad i \in \Omega_h, \tag{2.50}$$

式中, 系数 a_{ij} 和 f_i 已知; 点 i 所在的邻域记为 $U(i)$, 它是格点集合 $\overline{\Omega}_h$ 的子集, 但不包含点 i, 只包含在点 i 处差分格式中出现的网格点. 我们把所有这样的邻域及点 i 构成的集合称为算子 $\mathcal{L}_h$ 能够达到的网格点.

若差分格式 (2.50) 的系数满足

$$\begin{aligned} &a_{ii} > 0, \quad a_{ij} > 0, \quad i \in \Omega_h,\ j \in U(i), \\ &d_{ii} = a_{ii} - \sum_{j\in U(i)} a_{ij} \geqslant 0, \end{aligned}$$

则称 (2.50) 式为**椭圆型差分格式**, 相应的算子 $\mathcal{L}_h$ 称为**椭圆型差分算子**.

例如, 对 Poisson 方程的 Dirichlet 问题:

$$\begin{cases} -\Delta u(x,y) = f(x,y), \quad (x,y) \in \Omega, \\ u(x,y) = \alpha(x,y), \quad (x,y) \in \partial\Omega, \end{cases}$$

相应的五点差分格式为

$$\begin{cases} -\dfrac{u_{l+1,m}-2u_{lm}+u_{l-1,m}}{h^2}-\dfrac{u_{l,m+1}-2u_{lm}+u_{l,m-1}}{k^2}=f_{lm}, \\ (x_l,y_m)\in\Omega_h, \\ u_{lm}=\alpha_{lm}, \quad (x_l,y_m)\in\partial\Omega_h. \end{cases}$$

设内格点 (x_l,y_m) 编号为 i, 相邻格点 $(x_{l-1},y_m),(x_l,y_{m-1}),(x_{l+1},y_m)$ 和 (x_l,y_{m+1}) 分别编号为 j_1,j_2,j_3 和 j_4, 则 $U(i)=\{j_1,j_2,j_3,j_4\}$, 系数分别为

$$a_{ii}=\frac{2}{h^2}+\frac{2}{k^2}, \quad a_{ij_1}=\frac{1}{h^2}, \quad a_{ij_2}=\frac{1}{k^2}, \quad a_{ij_3}=\frac{1}{h^2}, \quad a_{ij_4}=\frac{1}{k^2},$$

且 $d_{ii}=0$.

需要注意的是, $d_{ii}=0$ 和 $d_{ii}>0$ 是两种不同的情形, 我们将分别建立两种不同的极值原理, 并获得相应的最大模估计. 如无特别说明, 我们总假设 $\mathcal{L}_h$ 是椭圆型差分算子.

2.6.2 极值原理 I 与最大模估计

我们先来获得 $d_{ii}=0$ 情形的结果, 其中获得 Poisson 方程五点差分格式极值原理等估计的技巧可资借鉴.

引理 2.4 (极值原理 I) 设 u_i 是定义在 $\overline{\Omega}_h$ 上的格点函数, 且 $d_{ii}=0$.

(1) 若 $\mathcal{L}_h u_i \leqslant 0, i\in\Omega_h$, 则其最大值一定在边界上取到, 即

$$\max_{\Omega_h} u_i \leqslant \max_{\partial\Omega_h} u_i;$$

(2) 若 $\mathcal{L}_h u_i \geqslant 0, i\in\Omega_h$, 则其最小值一定在边界上取到, 即

$$\min_{\Omega_h} u_i \geqslant \min_{\partial\Omega_h} u_i.$$

证明 只证明 (1), 结论 (2) 类似可得. 假设最大值不在边界上取到, 则存在 $i_0\in\Omega_h$, 使得

$$M=\max_{\Omega_h} u_i = u_{i_0} > \max_{\partial\Omega_h} u_i.$$

在 i_0 处考察差分方程, 有

$$\mathcal{L}_h u_{i_0} = a_{i_0 i_0} u_{i_0} - \sum_{j \in U(i_0)} a_{i_0 j} u_j \leqslant 0,$$

即

$$M = u_{i_0} \leqslant \frac{1}{a_{i_0 i_0}} \sum_{j \in U(i_0)} a_{i_0 j} u_j.$$

若在 $U(i_0)$ 中存在某一点的函数值小于 M, 则

$$M = u_{i_0} \leqslant \frac{1}{a_{i_0 i_0}} \sum_{j \in U(i_0)} a_{i_0 j} u_j < M \frac{1}{a_{i_0 i_0}} \sum_{j \in U(i_0)} a_{i_0 j} = M,$$

这就产生了矛盾. 所以 u_i 在 $U(i_0)$ 的每一点都取到最大值. 这样利用区域的连通性, 必存在边界上的点取到最大值, 与假设矛盾. 结果得证. □

定理 2.4 差分格式

$$\begin{cases} \mathcal{L}_h u_i = f_i, & i \in \Omega_h, \\ u_i = \alpha_i, & i \in \partial\Omega_h \end{cases} \tag{2.51}$$

存在唯一解.

证明 与 Poisson 方程的五点差分格式情形类似, 这里从略. □

定理 2.5 (最大模估计) 设 u_i 是差分格式 (2.51) 的解, 且当 $i \in \Omega_h$ 时, $d_{ii} = 0$. 若存在格点函数 ϕ_i, 使得 $\mathcal{L}_h \phi_i \leqslant -1$ 且 $\phi_i \geqslant 0$, 则估计

$$\max_{\Omega_h} |u_i| \leqslant \max_{\partial\Omega_h} |u_i| + \left(\max_{\overline{\Omega}_h} \phi_i \right) \max_{\Omega_h} |\mathcal{L}_h u_i|$$

成立.

证明 定义格点函数

$$w_i^{\pm} = \pm u_i + \phi_i A, \tag{2.52}$$

式中 $A = \max\limits_{\Omega_h} |\mathcal{L}_h u_i|$. 直接计算有

$$\mathcal{L}_h w_i^{\pm} = \pm \mathcal{L}_h u_i + (\mathcal{L}_h \phi_i) A.$$

注意到 $\pm \mathcal{L}_h u_i \leqslant A$ 且 $\mathcal{L}_h \phi_i \leqslant -1$, 则

$$\mathcal{L}_h w_i^{\pm} = \pm \mathcal{L}_h u_i + (\mathcal{L}_h \phi_i) A \leqslant 0. \tag{2.53}$$

此时利用弱极值原理有

$$\max_{\Omega_h} w_i^{\pm} \leqslant \max_{\partial\Omega_h} w_i^{\pm} = \max_{\partial\Omega_h} (\pm u_i + \phi_i A) \leqslant \max_{\partial\Omega_h} |u_i| + \left(\max_{\partial\Omega_h} \phi_i \right) A,$$

从而

$$\begin{aligned} \max_{\Omega_h} |u_i| &= \max_{\Omega_h} (\pm u_i) = \max_{\Omega_h} (w_i^{\pm} - \phi_i A) \\ &\leqslant \max_{\Omega_h} w_i^{\pm} \leqslant \max_{\partial\Omega_h} |u_i| + \left(\max_{\overline{\Omega}_h} \phi_i \right) \max_{\Omega_h} |\mathcal{L}_h u_i|. \end{aligned}$$ □

2.6.3 极值原理 II 与最大模估计

以下假设 $d_{ii} > 0$, 此时将建立如下的极值原理.

引理 2.5 (极值原理 II) 设定义在 $\overline{\Omega}_h$ 上的格点函数 u_i 在 $\mathcal{L}_h$ 能够达到的点处不恒为常数. 若当 $i \in \Omega_h$ 时, 有 $\mathcal{L}_h u_i \leqslant 0$ (或 $\mathcal{L}_h u_i \geqslant 0$), 则 u_i 不能在内点处取到正的最大值 (或负的最小值).

证明 设 $\mathcal{L}_h u_i \leqslant 0$, 假设 u_i 在某个内点 $i_0 \in \Omega_h$ 处取到正的最大值, 即

$$u_{i_0} = \max_{\overline{\Omega}_h} u_i = M > 0.$$

注意到 (2.50) 式也可以写为

$$\mathcal{L}_h u_i = d_{ii} u_i + \sum_{j \in U(i)} a_{ij} (u_i - u_j).$$

根据椭圆型差分算子的定义, 有

$$\mathcal{L}_h u_{i_0} = d_{i_0 i_0} u_{i_0} + \sum_{j \in U(i_0)} a_{i_0 j}(u_{i_0} - u_j) \geqslant d_{i_0 i_0} u_{i_0} \geqslant 0.$$

若上面的不等式严格成立, 则与假设 $\mathcal{L}_h u_i \leqslant 0$ 矛盾. 为此, 只须考虑 $\mathcal{L}_h u_{i_0} = 0$ 的情形. 显然此时有 $d_{i_0 i_0} u_{i_0} = 0$ 和 $a_{i_0 j}(u_{i_0} - u_j) = 0$, 即 $d_{i_0 i_0} = 0$ 和 $u_{i_0} = u_j, j \in U(i_0)$, 于是编号在 $U(i_0)$ 中的任一格点函数值也都取到正的最大值. 这样, 对 $U(i_0)$ 重复上面的推导, 由连通性知, $\mathcal{L}_h$ 能够达到的点处的格点函数值都取最大值, 与假设矛盾.

用 $-u_i$ 替代 u_i 可得另一论断. □

注 2.11 当 $d_{ii} > 0$ 时, 极值原理 II 保证了正的最大值在边界上取到, 但不能得出最大值一定在边界上取到. 例如, 考虑问题

$$\begin{cases} -u'' + u = 0, & x \in (-1, 1), \\ u(-1) = u(1) = -(\mathrm{e} + \mathrm{e}^{-1}), \end{cases}$$

它的唯一解为 $u(x) = -(\mathrm{e}^x + \mathrm{e}^{-x})$. 用中心差商近似, 易知它是满足 $d_{ii} > 0$ 的格式, 且极值原理 II 成立, 但不在边界上取最大值.

推论 2.1 若格点函数 u_i 在边界格点 $\partial\Omega_h$ 处非负, 且在内部点处 $\mathcal{L}_h u_i \geqslant 0$, 则 u_i 在整个网格点 $\overline{\Omega}_h$ 上非负.

证明 若存在内部点 $i_0 \in \Omega_h$, 使得 $u_{i_0} < 0$, 则由边界值非负知负的最小值在内部取到. 此时 u_i 也满足不恒为常数的条件, 由极值原理 II, u_i 不能在内部取到负的最小值, 因而产生矛盾. □

推论 2.2 若 u_i 是差分格式 (2.51) 的解, v_i 是如下差分格式

$$\begin{cases} \mathcal{L}_h v_i = g_i, & i \in \Omega_h, \\ v_i = \beta_i, & i \in \partial\Omega_h \end{cases}$$

的解, 满足

$$|f_i| \leqslant g_i, \quad i \in \Omega_h; \quad |\alpha_i| \leqslant \beta_i, \quad i \in \partial\Omega_h,$$

则

$$|u_i| \leqslant v_i, \quad i \in \overline{\Omega}_h.$$

称 v_i 是 u_i 的**优函数**.

证明 注意到 v_i 在边界上非负, 且 $\mathcal{L}_h v_i \geqslant 0$, 由推论 2.1 知, $v_i \geqslant 0$, $i \in \overline{\Omega}_h$. 令 $w_i^{\pm} = v_i \pm u_i$, 则

$$\begin{cases} \mathcal{L}_h w_i^{\pm} = g_i \pm f_i \geqslant 0, & i \in \Omega_h, \\ w_i^{\pm} = \beta_i \pm \alpha_i \geqslant 0, & i \in \partial\Omega_h. \end{cases}$$

再次利用推论 2.1, 有 $w_i^{\pm} \geqslant 0$, 即 $v_i \pm u_i \geqslant 0$, 或 $|u_i| \leqslant v_i, i \in \overline{\Omega}_h$. □

定理 2.6 差分格式 (2.51) 存在唯一解.

证明 设 v_i, w_i 都是差分格式 (2.51) 的解, 令 $u_i = v_i - w_i$, 则

$$\begin{cases} \mathcal{L}_h u_i = 0, & i \in \Omega_h, \\ u_i = 0, & i \in \partial\Omega_h. \end{cases}$$

根据推论 2.1, $u_i \geqslant 0$. 注意到 $-u_i$ 也满足上面的问题, 于是 $-u_i \geqslant 0$. 这表明 $u_i \equiv 0$, 换言之, $v_i \equiv w_i$. □

定理 2.7 (最大模估计) 设 u_i 是差分格式 (2.51) 的解, 且当 $i \in \Omega_h$ 时, $d_{ii} > 0$, 则估计

$$\max_{\overline{\Omega}_h} |u_i| \leqslant \max_{\partial\Omega_h} |\alpha_i| + \max_{\Omega_h} |f_i/d_{ii}|$$

成立.

证明 注意到差分格式 (2.51) 对任意的右端和边界值都存在唯一解, 因此可把问题如下分解:

$$u_i = v_i + w_i,$$

式中 v_i 和 w_i 分别满足

$$\begin{cases} \mathcal{L}_h v_i = 0, & i \in \Omega_h, \\ v_i = \alpha_i, & i \in \partial\Omega_h \end{cases} \quad \text{和} \quad \begin{cases} \mathcal{L}_h w_i = f_i, & i \in \Omega_h, \\ w_i = 0, & i \in \partial\Omega_h. \end{cases}$$

先考虑 v_i 的估计. 考虑问题

$$\begin{cases} \mathcal{L}_h V_i = 0, & i \in \Omega_h, \\ V_i = \max\limits_{\partial\Omega_h} |\alpha_i|, & i \in \partial\Omega_h, \end{cases}$$

则由比较定理 (推论 2.2) 知 $|v_i| \leqslant V_i, i \in \overline{\Omega}_h$. 利用极值原理 II 易知 $\max\limits_{\overline{\Omega}_h} |V_i| \leqslant \max\limits_{\partial\Omega_h} |\alpha_i|$, 故

$$\max_{\overline{\Omega}_h} |v_i| \leqslant \max_{\overline{\Omega}_h} |V_i| \leqslant \max_{\partial\Omega_h} |\alpha_i|.$$

再考虑 w_i 的估计. 设 W_i 是问题

$$\begin{cases} \mathcal{L}_h W_i = |f_i|, & i \in \Omega_h, \\ W_i = 0, & i \in \partial\Omega_h \end{cases}$$

的解. 由推论 2.1 知 $W_i \geqslant 0, i \in \Omega_h$, 再由推论 2.2 知 $|w_i| \leqslant W_i, i \in \Omega_h$. 因边界处恒为零, 我们只须考虑内部取最大值的情形. 设 W_i 在内部 i_0 处取到最大值, 则

$$d_{i_0 i_0} W_{i_0} + \sum_{j \in U(i_0)} a_{i_0 j} (W_{i_0} - W_j) = |f_{i_0}|,$$

于是 $d_{i_0 i_0} W_{i_0} \leqslant |f_{i_0}|$. 因而

$$\max_{\Omega_h} |w_i| = \max_{\overline{\Omega}_h} |w_i| \leqslant \max_{\overline{\Omega}_h} |W_i| = W_{i_0} \leqslant |f_{i_0}| / d_{i_0 i_0} \leqslant \max_{\Omega_h} |f_i / d_{ii}|.$$

综合以上结果, 有

$$\begin{aligned} \max_{\overline{\Omega}_h} |u_i| &\leqslant \max_{\overline{\Omega}_h} |v_i| + \max_{\overline{\Omega}_h} |w_i| = \max_{\overline{\Omega}_h} |v_i| + \max_{\Omega_h} |w_i| \\ &\leqslant \max_{\partial\Omega_h} |\alpha_i| + \max_{\Omega_h} |f_i / d_{ii}|. \end{aligned}$$

□

注 2.12 在构造 (2.52) 式时, 我们不能保证 $w_i^{\pm}$ 一定能取到正值, 从而无法使用极值原理 II.

习 题 2

2.1 使用五点差分格式求解如下椭圆型方程边值问题:

$$\begin{cases} -\Delta u + q(x,y)u = f, & (x,y) \in \Omega, \\ u = 0, & (x,y) \in \partial\Omega, \end{cases}$$

式中 $\Omega = (0,1) \times (0,1)$, 而函数 $q(x,y) \geqslant 0$.

(1) 证明此时极值原理 II 成立.

(2) 利用结果 (1), 求证差分格式的解是存在且唯一的.

2.2 设系数矩阵 $\boldsymbol{A}$ 对称正定, 证明求解线性方程组 $\boldsymbol{Ax} = \boldsymbol{b}$ 的 Gauss-Seidel 迭代法是收敛的.

2.3 设 N 为任一自然数, $\boldsymbol{p}_l = [\sin(l\pi h), \sin(2l\pi h), \cdots, \sin(Nl\pi h)]^{\mathrm{T}}, 1 \leqslant l \leqslant N$, 式中 $h = \dfrac{1}{N+1}$, 证明:

$$\boldsymbol{p}_l^{\mathrm{T}} \boldsymbol{p}_l = \frac{1}{2h}, \quad l = 1, 2, \cdots, N.$$

2.4 在矩阵空间 $\mathbb{R}^{m\times n}$ 上定义内积 $\langle \cdot, \cdot \rangle$ 如下:

$$\langle \boldsymbol{A}, \boldsymbol{B} \rangle = \mathrm{trace}(\boldsymbol{B}^{\mathrm{T}} \boldsymbol{A}), \quad \boldsymbol{A}, \boldsymbol{B} \in \mathbb{R}^{m\times n}.$$

证明: 对任意的 $\boldsymbol{p} \in \mathbb{R}^m$, $\boldsymbol{q} \in \mathbb{R}^n$ 和 $\boldsymbol{F} \in \mathbb{R}^{m\times n}$, 有 $\langle \boldsymbol{F}, \boldsymbol{p}\boldsymbol{q}^{\mathrm{T}} \rangle = \boldsymbol{p}^{\mathrm{T}} \boldsymbol{F} \boldsymbol{q}$.

2.5 考虑五点差分格式的快速算法. 在 2.4.2 小节中给出了矩阵 $\boldsymbol{A}$ 和 $\boldsymbol{B}$ 的特征值和特征向量, 据此我们可以获得 $\boldsymbol{A}$ 和 $\boldsymbol{B}$ 的正交分解. 请尝试使用正交分解的方法给出快速算法中解的显式表达.

2.6 考虑 Poisson 方程的 Dirichlet 问题:

$$\begin{cases} -\Delta u(x,y) = f(x,y), & (x,y) \in \Omega, \\ u(x,y) = \alpha(x,y), & (x,y) \in \partial\Omega. \end{cases}$$

证明: 当 $1/\sqrt{5} < h/k < \sqrt{5}$ 时, 2.5.2 小节中建立的 Poisson 方程的紧致差分格式是椭圆型的, 并讨论相关的极值原理.

2.7 (格点函数空间与相关范数参见本章文献 [10, 14]) 设 $\Omega = (a,b)$, 将区间进行 M 等分, 记 $h = (b-a)/M$, $x_i = a+ih, 0 \leqslant i \leqslant M$, $\Omega_h = \{x_i : 0 \leqslant i \leqslant M\}$. 若 $v = \{v_i : 0 \leqslant i \leqslant M\}$ 为 Ω_h 上的格点函数 (这里不加区别地用小写符号表示连续或离散的函数), 则可分别定义 x_i 处的一阶向前和向后差商如下:

$$D_+ v_i = \frac{1}{h}(v_{i+1} - v_i), \quad D_- v_i = \frac{1}{h}(v_i - v_{i-1}).$$

而 $x_{i+\frac{1}{2}} = \dfrac{x_i + x_{i+1}}{2}$ 和 $x_{i-\frac{1}{2}} = \dfrac{x_{i-1} + x_i}{2}$ 处的一阶中心差商分别为

$$\delta_x v_{i+\frac{1}{2}} = \frac{1}{h}(v_{i+1} - v_i), \quad \delta_x v_{i-\frac{1}{2}} = \frac{1}{h}(v_i - v_{i-1}).$$

由一阶中心差商可给出如下二阶中心差商:

$$\delta_x^2 v_i = \frac{1}{h}\left(\delta_x v_{i+\frac{1}{2}} - \delta_x v_{i-\frac{1}{2}}\right).$$

(1) 给出以上差商近似的截断误差.

(2) 定义格点函数空间

$$V_h = \{v : v = (v_0, v_1, \cdots, v_M)\}.$$

对 $v, w \in V_h$, 定义

$$(v, w) = h\left(\frac{1}{2}v_0 w_0 + \sum_{i=1}^{M-1} v_i w_i + \frac{1}{2}v_M w_M\right).$$

证明它是 V_h 上的内积, 称为离散 L^2 内积. 由此诱导出离散 L^2 范数

$$\|v\| = (v, v)^{1/2} = \sqrt{h\left(\frac{1}{2}v_0 w_0 + \sum_{i=1}^{M-1} v_i w_i + \frac{1}{2}v_M w_M\right)}.$$

类似地, 可定义 (v', w') 的离散化为

$$(v, w)_h = h\sum_{i=1}^{M}\left(\delta_x v_{i-\frac{1}{2}}\right)\left(\delta_x w_{i-\frac{1}{2}}\right),$$

由此给出离散 H^1 半范数和范数分别为

$$|v|_1 = \sqrt{(v, v)_h} = \sqrt{h\sum_{i=1}^{M}\left(\delta_x v_{i-\frac{1}{2}}\right)^2}, \quad \|v\|_1 = \sqrt{\|v\|^2 + |v|_1^2},$$

然后证明它们是 V_h 上的半范数和范数. 特别地, 当

$$v \in \mathring{V}_h = \{v \in V_h : v_0 = v_M = 0\}$$

时, 证明 $\|\cdot\|$, $|\cdot|_1$ 和 $\|\cdot\|_1$ 均是 $\mathring{V}_h$ 上的范数.

(3) 设 $u, v \in V_h$ 为格点函数, 证明如下的离散分部积分等式:

$$-h\sum_{i=1}^{M-1}(\delta_x^2 u_i)v_i = h\sum_{i=1}^{M}\left(\delta_x u_{i-\frac{1}{2}}\right)\left(\delta_x v_{i-\frac{1}{2}}\right) + (D_+ u_0)v_0 - (D_- u_M)v_M.$$

并由此证明:

$$-(\delta_x^2 u, v) = (u, v)_h + (D_+ u_0)v_0 - (D_- u_M)v_M.$$

特别地, 当 $v \in \overset{\circ}{V}_h$ 时,

$$-h\sum_{i=1}^{M-1}(\delta_x^2 v_i)v_i = |v|_1^2.$$

(4) 求证: 当 $v \in \overset{\circ}{V}_h$ 时,

$$\|v\|_\infty \leqslant \frac{\sqrt{b-a}}{2}|v|_1, \quad \|v\| \leqslant \frac{b-a}{\sqrt{6}}|v|_1,$$

这里 $\|v\|_\infty = \max\limits_{0\leqslant i\leqslant M}|v_i|$ 为离散最大模范数.

2.8 (误差估计的能量方法) 给定定解问题

$$\begin{cases} -u'' + q(x)u = f(x), \quad a < x < b, \\ u(a) = u_a, \quad u(b) = u_b, \end{cases}$$

其中 $q(x) \geqslant 0$ 为有界函数, $f(x)$ 为已知函数, u_a, u_b 为已知常数. 考虑如下中心差分格式:

$$\begin{cases} -\delta_x^2 u_i + q(x_i)u_i = f_i = f(x_i), \quad 1 \leqslant i \leqslant M-1, \\ u_0 = u_a,\ u_M = u_b. \end{cases} \tag{2.54}$$

(1) 设 $v = (v_0, v_1, \cdots, v_M)$ 为 (2.54) 中差分格式在齐次边界条件下的解, 即 $v \in \overset{\circ}{V}_h$, 证明:

$$|v|_1 \leqslant \frac{b-a}{\sqrt{6}}\|f\|.$$

(2) 给出差分格式 (2.54) 在 $\|\cdot\|_\infty$ 和 $\|\cdot\|$ 范数下的收敛性结果.

(3) 证明差分格式 (2.54) 在 $\|\cdot\|_\infty$ 和 $\|\cdot\|$ 范数下关于右端是稳定的.

(4) 证明差分格式 (2.54) 在 $\|\cdot\|_\infty$ 和 $\|\cdot\|$ 范数下关于边界值是稳定的 (提示: 边界条件齐次化).

2.9 考虑 Newton 方程的边值问题

$$\begin{cases} -\dfrac{\mathrm{d}^2 x(t)}{\mathrm{d}t^2} = f(t), \quad t \in (a, b), \\ x(a) = \alpha,\ x(b) = \beta. \end{cases}$$

(1) 对 Newton 方程进行有限差分离散, 建立相应的线性代数方程组.

(2) 编写基于阻尼 Jacobi 迭代法求解由 (1) 导出的线性方程组的程序.

(3) 选取不同的参数进行数值计算, 通过数值结果找出最优松弛参数, 并从理论上加以探讨.

2.10 考虑一维双调和方程的边值问题

$$\begin{cases} u^{(4)}(x) = f(x), \quad a < x < b, \\ u(a) = \alpha,\ u(b) = \beta,\ u'(a) = \alpha_1,\ u'(b) = \beta_1. \end{cases} \tag{2.55}$$

网格划分为 $a = x_0 < x_1 < \cdots < x_N < x_{N+1} = b$, 步长 $h = 1/(N+1)$.

(1) 给定三点 x_{i-1}, x_i, x_{i+1} 处的函数值 u_{i-1}, u_i, u_{i+1} 和两端的导数值 u'_{i-1}, u'_{i+1}, 我们可构造 Hermite (埃尔米特) 插值. 据此求出函数 u 在格点处的一至四阶导数的近似值.

(2) 根据 (1) 的结果建立求解问题 (2.54) 的一个差分格式, 并据此获得精确解为

$$u_\varepsilon(x) = p(x)\sin q_\varepsilon(x)$$

时该问题的数值解, 式中

$$p(x) = 16x^2(1-x)^2, \quad q_\varepsilon(x) = \frac{1}{(x-0.5)^2+\varepsilon}, \quad \varepsilon > 0.$$

2.11 尝试自己给出算例, 编程实现 Poisson 方程五点差分格式的快速 DST 方法, 通过图表方式给出数值方法在不同剖分下的求解时间和计算精度, 并与其他算法进行数值比较, 验证该方法的高效性.

参 考 文 献

[1] Isakov V. Inverse problems for partial differential equations [M]. 2nd ed. New York: Springer-Verlag, 2006.

[2] 刘继军. 不适定问题的正则化方法及应用 [M]. 北京: 科学出版社, 2005.

[3] 李庆杨, 王能超, 易大义. 数值分析 [M]. 5 版. 北京: 清华大学出版社, 2008.

[4] Bramble J H. Multigrid methods [M]. New York: Taylor & Francis Group, Inc., 1993.

[5] Hackbusch W. Multigrid methods and applications [M]. Berlin: Springer-Verlag, 1985.

[6] 陆金甫, 关治. 偏微分方程数值解法 [M]. 2 版. 北京: 清华大学出版社, 2004.

[7] 谷超豪, 李大潜, 陈恕行, 等. 数学物理方程 [M]. 2 版. 北京: 高等教育出版社, 2002.

[8] Atkinson K, Han W. Elementary numerical analysis [M]. 3 rd ed. New York: Wiley, 2003.

[9] 徐树芳. 矩阵计算的理论与方法 [M]. 北京: 北京大学出版社, 1995.

[10] 孙志忠. 偏微分方程数值解法 [M]. 北京: 科学出版社, 2005.

[11] Li M, Tang T, Fornberg B. A compact fourth-order finite difference scheme for the steady incompressible Navier-Stokes equations [J]. International Journal of Numerical Methods in Fluids, 1995, 20(10): 1137-1151.

[12] 郭本瑜. 偏微分方程的差分方法 [M]. 北京: 科学出版社, 1988.

[13] 张文生. 科学计算中的偏微分方程有限差分法 [M]. 北京: 高等教育出版社, 2006.

[14] Jovanović B S, Süli E. Analysis of finite difference schemes [M]. London: Springer-Verlag, 2014.

第三章　发展方程有限差分法的基本概念和理论

3.1　有限差分法的构造

和时间有关的微分方程, 包括双曲型方程和抛物型方程, 称为**发展方程**. 由椭圆型方程有限差分方法的构造思想可知, 为得到一个有限差分方法, 要先对解域进行网格剖分, 得到网格点 (节点), 然后在网格点上离散化微分方程和定解条件, 从而建立以网格点上的值为未知数的代数方程组, 最后通过求解该代数方程组来获得微分方程数值解. 对于发展方程, 相应有限差分方法的构造思路是完全类似的. 由于有限差分方法是一种直接将微分方程定解问题转化为代数问题的数值求解方法, 因此算法思想直观、构造步骤规范、列式简明清晰, 特别适用于规则区域问题数值模拟与计算. 在后文中, 有限差分方法常简称为差分方法或差分法.

3.1.1　解域的离散

以下通过两个典型的例子说明如何对解域进行网格剖分 (解域的离散).

例 3.1　对于初值问题

$$\begin{cases} u_t = u_{xx}, \\ t = 0,\ u = u_0(x), \end{cases}$$

其解域为 $\Omega = \{(x, t) :\ -\infty < x < +\infty, t \geqslant 0\}$. 在 x 方向做步长为 $h = \Delta x$ 的等距剖分, 得格点集: $x_j = jh$, $j = 0, \pm 1, \pm 2, \cdots$; 在 t 方向做步长为 $\tau = \Delta t$ 的等距剖分, 得格点集: $t_n = n\tau$, $n = 0, 1, 2, \cdots$. 对

这两格点集做 Cartesian (笛卡儿) 积, 得 Ω 的网格剖分格点集:

$$\Omega_{h,\tau} = \{(x_j, t_n):\ x_j = jh, t_n = n\tau, j = 0, \pm 1, \pm 2, \cdots; n = 0, 1, 2, \cdots\}.$$

例 3.2 对于初边值问题:

$$\begin{cases} u_t = u_{xx}, \quad t > 0, 0 < x < 1, \\ t = 0,\ u = u_0(x), \\ x = 0,\ u = u_1(t);\ x = 1,\ u = u_1(t), \end{cases} \tag{3.1}$$

其解域为 $\Omega = \{(x,\, t) : 0 \leqslant x \leqslant 1, t \geqslant 0\}$. 与例 3.1 类似, 可得网格剖分格点集 $\Omega_{h,\tau}$, 但此时要求存在某一正整数 J, 使得 $Jh = 1$, 换言之, 网格剖分应保证边值线为网格线.

对于其他发展方程的初 (边) 值问题, 可按照类似上面两个例子的作法获得网格剖分格点集. 为方便计, 后文简记 (x_j, t_n) 为 (j, n).

3.1.2 用数值微分法建立差分格式

我们以对流方程的初值问题

$$\begin{cases} u_t + au_x = 0, \\ t = 0,\ u = u_0(x) \end{cases} \tag{3.2}$$

为例 ($a > 0$ 为常数), 说明如何用数值微分法建立差分格式. 为了清晰阐述问题 (3.2) 的物理背景, 以下从流体力学的角度进行数学建模, 导出该模型.

设流体在某一均匀直管中流动, 以直管方向为 x 方向建立坐标系. 又该流体在 t 时刻 x 位置的流速为 $a = a(x, t)$, 相应的质量线密度为 $\rho(x,\, t)$. 如图 3.1 所示, 考虑空间微元 $[x,\, x + \Delta x]$ 中的流体在时间微元 $[t,\, t + \Delta t]$ 处的质量变化情况.

流体质量的增量为

$$\Delta m = \rho(x,\, t + \Delta t)\Delta x - \rho(x,\, t)\Delta x;$$

流体质量的流入为

$$\Delta m' = \rho(x,\, t)a(x,t)\Delta t - \rho(x+\Delta x,\, t)a(x+\Delta x,t)\Delta t.$$

故由质量守恒定律知 $\Delta m = \Delta m'$, 可得

$$\rho(x,\, t+\Delta t)\Delta x - \rho(x,\, t)\Delta x = \rho(x,\, t)a(x,t)\Delta t - \rho(x+\Delta x,\, t)a(x+\Delta x,t)\Delta t,$$

即

$$\frac{\rho\,(x,\, t+\Delta t) - \rho\,(x,\, t)}{\Delta t} + \frac{(a\rho)(x+\Delta x,t) - (a\rho)(x,\, t)}{\Delta x} = 0.$$

令 $\Delta x \to 0$, $\Delta t \to 0$, 有

$$\rho_t + (a\rho)_x = 0.$$

设初始时刻质量分布为 $\rho\,(x,0) = \rho_0(x)$, 则得定解问题

$$\begin{cases} \rho_t + (a\rho)\;_x = 0, \quad t > 0, -\infty < x < +\infty, \\ t = 0,\; \rho = \rho_0(x). \end{cases} \tag{3.3}$$

如果流体向右做匀速运动, 即 $a > 0$ 为一常数, 问题 (3.3) 恰为问题 (3.2).

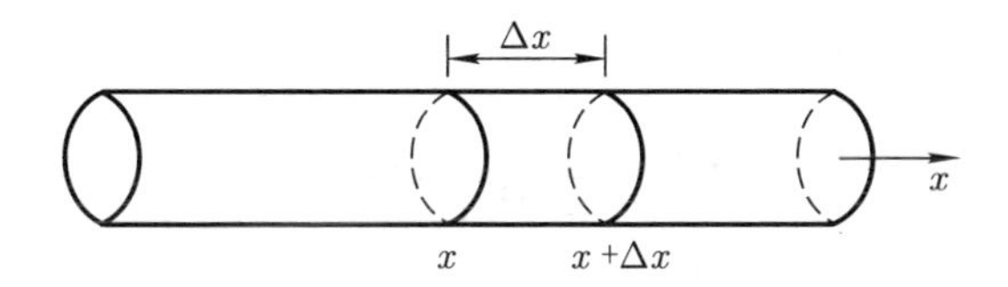

图 3.1 一维流体流动示意图

对于问题 (3.2), 可以用两个方法得到它的精确解.

方法 1 特征线方法.

设在时空曲线 $x = x(t)$ 上质量守恒 (该曲线称之为特征线), 则由

$$\frac{\mathrm{d}}{\mathrm{d}t}u\,(x,t) = u_t + u_x\frac{\mathrm{d}x}{\mathrm{d}t} = 0$$

知, 它应满足

$$\frac{\mathrm{d}x}{\mathrm{d}t}=a,$$

即

$$x=at+x_0,$$

式中 x_0 为特征线和 x 轴交点的横坐标. 所以,

$$u\left(x,\,t\right)=u\left(x_0,\,0\right)=u_0\left(x_0\right)=u_0\left(x-at\right). \tag{3.4}$$

这是一个行波解.

方法 2 物理直观求解.

由问题 (3.2) 的物理意义知, t 时刻 x 处的物质是由 0 时刻 $x-at$ 处的物质, 经时间 t 流动过来的, 故立知结果 (3.4).

现在来建立求解问题 (3.2) 的差分方法. 设解域已按 3.1.1 小节的方法剖分好, 网格点为 (x_j,t_n). 在内部网格点 $(x_j,t_n)(n>0)$ 上, 解满足对流方程

$$(u_t+au_x)(x_j,t_n)=0,\quad j=0,\pm1,\pm2,\cdots. \tag{3.5}$$

用数值微分代替 u 在网格点的偏导数值[1], 可有

u_t 的近似:

$$\begin{cases} t_{-1}: \dfrac{u(x_j,t_{n+1})-u(x_j,t_n)}{\tau}, \\ t_{-2}: \dfrac{u(x_j,t_n)-u(x_j,t_{n-1})}{\tau}, \\ t_{-3}: \dfrac{u(x_j,t_{n+1})-u(x_j,t_{n-1})}{2\tau}; \end{cases}$$

u_x 的近似:

$$\begin{cases} x_{-1}: \dfrac{u(x_{j+1},t_n)-u(x_j,t_n)}{h}, \\ x_{-2}: \dfrac{u(x_j,t_n)-u(x_{j-1},t_n)}{h}, \\ x_{-3}: \dfrac{u(x_{j+1},t_n)-u(x_{j-1},t_n)}{2h}. \end{cases}$$

将 u_t 和 u_x 的以上任一近似代入方程 (3.5), 都可以得到一个近似等式, 进而得到一个约束方程 (差分方程), 这就是构造差分格式的数值微分方法. 该方法的优点是简单直观、便于掌握, 但要注意的是究竟是否能构成一个有效的数值求解方法, 还要进行深入的理论分析和数值模拟验证. 如果了解微分方程的物理背景, 将有助于构造合理的差分格式.

例 3.3 由 t_{-1} 和 x_{-1} 的组合, 可从 (3.5) 式导出

$$\frac{u(x_j,t_{n+1})-u(x_j,t_n)}{\tau}+a\frac{u(x_{j+1},t_n)-u(x_j,t_n)}{h}\approx 0,$$
$$j=0,\pm1,\pm2,\cdots,$$

故得约束方程

$$\frac{u_j^{n+1}-u_j^n}{\tau}+a\frac{u_{j+1}^n-u_j^n}{h}=0,\quad j=0,\pm1,\pm2,\cdots. \tag{3.6}$$

直观上, u_j^n 应该为 $u(x_j,t_n)$ 的近似值. (3.6) 式称为逼近对流方程

$$u_t+au_x=0 \tag{3.7}$$

的**有限差分方程**, 或简称为**差分方程**. 差分方程 (3.6) 可重写为

$$u_j^{n+1}=u_j^n-a\lambda(u_{j+1}^n-u_j^n), \tag{3.8}$$

式中 $\lambda=\tau/h$ 称为**网格比**. 差分方程 (3.8) 再加上问题 (3.2) 的初始条件的离散形式

$$u_j^0=u_0(x_j),\quad j=0,\pm1,\pm2,\cdots, \tag{3.9}$$

就可以按时间方向逐层推进, 算出各层的值. (3.8) 式和 (3.9) 式合在一起构成求解问题 (3.2) 的一个**差分格式**.

注 3.1 为了行文方便, 以后不强调差分格式和差分方程之间的区别, 在构造出差分方程后, 就认为已经对定解条件做了合适的离散, 获得了一个差分格式. 另外, 一个差分格式就是求解相应问题的一个有限差分方法.

例 3.4 由 u_t 和 u_x 的不同近似, 也可以得到求解问题 (3.2) 的如下差分格式:

$$\frac{u_j^{n+1}-u_j^n}{\tau}+a\frac{u_j^n-u_{j-1}^n}{h}=0, \quad j=0,\pm1,\pm2,\cdots, \tag{3.10}$$

$$\frac{u_j^{n}-u_j^{n-1}}{\tau}+a\frac{u_{j+1}^n-u_{j}^n}{h}=0, \quad j=0,\pm1,\pm2,\cdots, \tag{3.11}$$

$$\frac{u_j^{n}-u_j^{n-1}}{\tau}+a\frac{u_j^n-u_{j-1}^n}{h}=0, \quad j=0,\pm1,\pm2,\cdots. \tag{3.12}$$

注 3.2 如果知道对流方程 (3.2) 是描述从左往右流动的流体的密度变化规律, 那么从物理直观来讲很自然会选择一阶向后差商 x_{-2} 而非一阶向前差商 x_{-1} 来近似 u_x. 换言之, 格式 (3.10) 应该优于格式 (3.6). 后面给出的收敛性分析和稳定性分析也将印证这一点.

注 3.3 前面给出的差分方程都恰好依赖相邻两个时间层的格点函数值, 称这样的格式为**两层格式**. 如果一个差分方程恰好依赖相邻 m 个时间层的格点函数值, 则称该差分格式是 m **层格式**.

注 3.4 对于差分格式 (3.6) (也即 (3.8) 式), 已知 n 时间层格点函数值, 可经简单代数运算逐点求出 $n+1$ 时间层上各格点函数值, 称这种差分格式为**显式格式**. 反之, 如果已知 n(和以前) 时间层格点函数值, 需要通过求解差分方程导出的方程组方可获得 $n+1$ 时间层的格点函数值, 则称这样的差分格式为**隐式格式**. 例如, 差分格式 (3.11) 和 (3.12) 是隐式格式.

使用前面类似的方法, 对于扩散方程

$$u_t=au_{xx}, \quad a>0,$$

可以构造求解它的如下差分格式:

$$\frac{u_j^{n+1}-u_j^n}{\tau}=a\frac{u_{j+1}^n-2u_j^n+u_{j-1}^n}{h^2}, \quad j=0,\pm1,\pm2,\cdots, \tag{3.13}$$

$$\frac{u_j^{n}-u_j^{n-1}}{\tau}=a\frac{u_{j-1}^n-2u_j^n+u_{j+1}^n}{h^2}, \quad j=0,\pm1,\pm2,\cdots. \tag{3.14}$$

注 3.5 使用算符演算技巧可以很容易得到函数各阶导数的数值微分公式. 记 E_x 为 x 方向的一阶向前位移算子, 在数值分析中, $\Delta_x = E_x - I$, $\nabla_x = I - E_x$ 分别称为**一阶向前和向后差分算子**. 又记 $D_x = \dfrac{\partial}{\partial x}$, 则经算符 Taylor (泰勒) 展开可得

$$E_x v = v(x+h) = \sum_{i=0}^{+\infty} \frac{1}{i!} D_x^i h^i v(x) = \mathrm{e}^{hD_x} v.$$

于是

$$hD_x = \ln E_x = \ln(I + \Delta_x) = \sum_{i=1}^{+\infty} \frac{(-1)^{i-1}}{i} \Delta_x^i.$$

类似可知

$$hD_x = -\ln(I - \nabla_x) = \sum_{i=1}^{+\infty} \frac{1}{i} \nabla_x^i.$$

故有

$$hD_x u(x_j, t_n) = \begin{cases} \left(\Delta_x - \dfrac{1}{2}\Delta_x^2 + \dfrac{1}{3}\Delta_x^3 - \cdots\right) u(x_j, t_n), \\ \left(\nabla_x + \dfrac{1}{2}\nabla_x^2 + \dfrac{1}{3}\nabla_x^3 + \cdots\right) u(x_j, t_n). \end{cases}$$

若在上面获得的展开式中取算符级数部分和, 则可获得一阶导数的各类数值微分方法. 例如,

$$hD_x u(x_j, t_n) \approx \begin{cases} \left(\Delta_x - \dfrac{1}{2}\Delta_x^2\right) u(x_j, t_n), \\ \left(\nabla_x + \dfrac{1}{2}\nabla_x^2\right) u(x_j, t_n). \end{cases}$$

对于高阶导数情形可完全类似处理, 详见本章文献 [2].

3.2 构造差分格式的有限体积法

有限体积法 (finite volume method) 又称为控制体积法或积分插值法, 其基本思路是: 在对解域做网格剖分获得网格点的同时, 还将它

划分为一系列不重叠的控制体积 (control volumes), 使每个网格点周围有一个控制体积; 然后将待解的微分方程在每一个控制体积上积分, 通过假设解在积分区域符合一定的变化规律 (插值函数), 进而获得以解在网格点上的近似值为未知数的差分方程. 有限体积法构造差分格式的基本思路易于理解, 并具有直接的物理解释. 比如, 相应差分方程的物理意义就是解在有限大小的控制体积中的守恒原理. 因此导出的差分方法自动保持了解应满足的积分守恒性, 这是有限体积法吸引人的优点.

仍以对流方程的初值问题 (3.2) 为例 ($a>0$ 为常数) 来说明如何用有限体积法建立差分格式. 取覆盖时空点 (x_j,t_n) 的控制体积为

$$\omega=\big\{(x,t):x_j-h/2\leqslant x\leqslant x_j+h/2,\ t_n-\tau/2\leqslant t\leqslant t_n+\tau/2\big\}.$$

将微分方程 (3.7) 在 ω 上积分, 并由 Green (格林) 公式有

$$\int_\omega (u_t+au_x)\mathrm{d}x\mathrm{d}t=\int_{\partial\omega}(au\mathrm{d}t-u\mathrm{d}x)=0, \tag{3.15}$$

式中 $\partial\omega$ 表示区域 ω 的边界, 如图 3.2 所示, 它由平行于坐标轴的四条边 $\Gamma_i(1\leqslant i\leqslant 4)$ 组成. 记解 u 在 Γ_i 上的平均值为 u_i, $i=1,2,3,4$, 则由 (3.15) 式立得

$$-u_1h+au_2\tau+u_3h-au_4\tau=0. \tag{3.16}$$

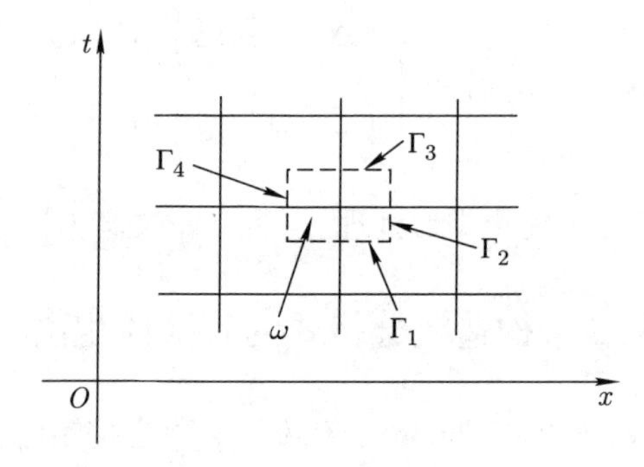

图 3.2　有限体积法

注意解 u 的线平均值精确满足关系式 (3.16). 现在假设 u 在以 (x_j,t_n) 为顶点的四个子矩形组成的大矩形上是双线性函数分布的, 于是有

$$u_1=\frac{1}{2}\left(u_j^n+u_j^{n-1}\right),\quad u_2=\frac{1}{2}\left(u_j^n+u_{j+1}^n\right),$$
$$u_3=\frac{1}{2}\left(u_j^{n+1}+u_j^n\right),\quad u_4=\frac{1}{2}\left(u_{j-1}^n+u_j^n\right).$$

将这些结果代入 (3.16) 式即得

$$\frac{u_j^{n+1}-u_j^{n-1}}{2\tau}+a\frac{u_{j+1}^n-u_{j-1}^n}{2h}=0.$$

该格式称为**蛙跳格式**.

注 3.6 有限体积法也可用于构造椭圆型方程的差分方法, 详见本章文献 [2]. 另外, 在守恒律计算中人们往往用有限体积法对微分方程施行空间方向的离散, 将微分方程转化为常微分方程组, 再沿时间方向使用 Runge-Kutta (龙格 – 库塔) 等方法完成进一步的离散, 得全离散格式. 有兴趣的读者可参见本章文献 [3, 4] 获得这方面系统完整的结果.

3.3 差分格式的截断误差、相容性和构造差分格式的待定系数法

为了得到一般性的结果, 在相对抽象的框架下研究差分格式的逼近效果. 记微分方程为

$$Lu=0, \tag{3.17}$$

相应的差分格式为

$$L_hu_j^n=0, \tag{3.18}$$

式中 L_h 是一个依赖空间方向网格步长 h 和时间方向网格步长 τ 的格点函数映射, 称为**差分算子**, 而 u_j^n 为定义在 (x_j,t_n) 上的格点函数. 例如对于问题 (3.7), $Lu=u_t+au_x$, 而求解它的差分格式 (3.6) 为

$$L_hu_j^n=\frac{u_j^{n+1}-u_j^n}{\tau}+a\frac{u_{j+1}^n-u_j^n}{h}.$$

定义 3.1 设 $u(x, t)$ 是微分方程 (3.17) 的充分光滑解. 如果取 $u_j^n = u(x_j, t_n)$, 可得到

$$L_h u_j^n = O(\tau^p + h^q),$$

式中 p 和 q 为正常数, 则称格式关于 t, x 方向的**截断误差**分别为 p 和 q 阶的. 如果 $p = q$, 则称格式是 p 阶的.

定义 3.2 如果

$$\lim_{\tau, h \to 0} L_h u_j^n = 0,$$

则称差分格式是**相容的**.

下面以差分格式 (3.6) 为例说明这些概念. 取 $u_j^n = u(x_j, t_n)$, 其中 u 是问题 (3.2) 的充分光滑解. 为简化记号, 令 $x = x_j$, $t = t_n$, 则由 Taylor 展开并利用方程 (3.7) 知

$$\begin{aligned}
L_h u_j^n &= \frac{u(x, t+\tau) - u(t)}{\tau} + a\frac{u(x+h, t) - u(x, t)}{h} \\
&= \frac{u_t(x,t)\tau + \dfrac{1}{2}u_{tt}(x,t)\tau^2 + \dfrac{1}{6}u_{ttt}(x, \widetilde{t}_n)\tau^3}{\tau} \\
&\quad + a\frac{u_x(x,t)h + \dfrac{1}{2}u_{xx}(x,t)h^2 + \dfrac{1}{6}u_{xxx}(\widetilde{x}_j, t)h^3}{h} \\
&= (u_t(x,t) + au_x(x,t)) + \left(\frac{1}{2}\tau u_{tt}(x,t) + \frac{1}{2}ahu_{xx}(x,t)\right) \\
&\quad + \left(\frac{1}{6}u_{ttt}(x, \widetilde{t}_n)\tau^2 + \frac{1}{6}u_{xxx}(\widetilde{x}_j, t)h^2\right) \\
&= \left(\frac{1}{2}a^2\lambda + \frac{1}{2}a\right)u_{xx}(x,t)h + \left(\frac{1}{6}u_{ttt}(x, \widetilde{t}_n)\tau^2 + \frac{1}{6}u_{xxx}(\widetilde{x}_j, t)h^2\right),
\end{aligned}$$

式中 $\widetilde{x}_j$ 和 $\widetilde{t}_n$ 为 Taylor 展开时相应的中值. 故知对于一般情形, 差分格式 (3.2) 关于 x, t 的阶数都是一阶的. 另外, 该差分格式显然是相容的.

注 3.7 当 $a\lambda = -1$ 时, 若不考虑计算过程的舍入误差, 以上差分格式可得精确解, 换言之, 有无穷阶的精度.

现在来给出构造差分格式的待定系数法, 仍以对流方程的初值问题 (3.2) 为例说明基本思路. 假设欲构造的是具如下形式的两层差分格式:

$$L_h u_j^n = u_j^{n+1} - \sum_{k=-1}^{1} \alpha_k u_{j+k}^n = 0. \tag{3.19}$$

我们的目的是寻找参数 α_k, 使以上格式有尽可能高的截断误差阶. 设 u 是问题 (3.2) 的充分光滑解. 记 $x = x_j$, $t = t_n$, 并简记 $u(x,t)$ 为 u (u 的偏导数类似处理), 则由 Taylor 展开知

$$\begin{aligned} u(x_j, t_{n+1}) &= u + u_t\tau + \frac{1}{2}\tau^2 u_{tt} + O\left(\tau^3\right), \\ u(x_j + lh, t_n) &= u + u_x lh + \frac{1}{2}l^2h^2u_{xx} + O\left(h^3\right). \end{aligned}$$

将格点函数 $u_j^n = u\left(x_j,\, t_n\right)$ 代入 (3.19) 式, 并利用以上展开式和微分方程 (3.7) 可知

$$\begin{aligned} L_h u_j^n &= \left(1 - \sum_{l=-1}^{1} \alpha_l\right) u + u_t\tau - \sum_{l=-1}^{1} \alpha_l lhu_x \\ &\quad + \frac{1}{2}u_{tt}\tau^2 - \sum_{l=-1}^{1} \frac{1}{2}(lh)^2\alpha_l u_{xx} + O(h^3) \\ &= \left(1 - \sum_{l=-1}^{1} \alpha_l\right) u - \left(a\lambda + \sum_{l=-1}^{1} \alpha_l l\right) hu_x \\ &\quad + \frac{1}{2}\left(a^2\lambda^2 - \sum_{l=-1}^{1} \alpha_l l^2\right) h^2u_{xx} + O(h^3). \end{aligned}$$

令以上展开式中的低阶项系数为零, 可得

$$\begin{cases} \alpha_{-1} + \alpha_0 + \alpha_1 = 1, \\ -\alpha_{-1} + \alpha_1 = -a\lambda, \\ \alpha_{-1} + \alpha_1 = a^2\lambda^2, \end{cases}$$

即

$$\begin{cases} \alpha_{-1} = \dfrac{1}{2}(a\lambda + a^2\lambda^2), \\ \alpha_0 = 1 - a^2\lambda^2, \\ \alpha_1 = \dfrac{1}{2}(a^2\lambda^2 - a\lambda). \end{cases}$$

于是得到求解对流方程初值问题 (3.2) 的 Lax–Wendroff (拉克斯 – 温德罗夫) 格式:

$$u_j^{n+1} = u_j^n - \frac{a\lambda}{2}(u_{j+1}^n - u_{j-1}^n) + \frac{a^2\lambda^2}{2}(u_{j+1}^n - 2u_j^n + u_{j-1}^n).$$

3.4 差分格式的收敛性与稳定性

定义 3.3 设 u_j^n 是由差分格式 (3.18) 所得的数值解, 如果对任一解域中的点 (x,t), 网格点列满足 $\lim\limits_{j\to\infty} x_j = x$, $\lim\limits_{n\to\infty} t_n = t$ 时, 可以推得

$$\lim_{j,n\to\infty}(u_j^n - u(x,t)) = 0,$$

则称差分格式 (3.18) 是**逐点收敛的**.

注 3.8 由于格点列满足条件 $\lim\limits_{j\to\infty} x_j = x$, $\lim\limits_{n\to\infty} t_n = t$, 而根据定义 $x_j = jh$, $t_n = n\tau$, 因此 τ, $h \to 0$. 于是, 逐点收敛性的定义可等价表示为, 若 $\lim\limits_{h\to 0} x_j = x$, $\lim\limits_{\tau\to 0} t_n = t$ 时, 可以推得

$$\lim_{h,\tau\to 0}(u_j^n - u(x,t)) = 0.$$

注 3.9 在实际计算中, 可以假定解域中的点 (x,t) 是步长为 (h,τ) 的网格剖分的一个网格点, 基于这个网格已进行了一次差分计算. 我们希望把网格一次比一次细分, 并在这种依次变细的网格上重复计算, 获得解在 (x,t) 处的更精确的近似值. 因此, 在研究差分方法的逐点收敛性时, 不妨就设不同剖分下的网格点列 $\{(x_j,t_n)\}_{h,\tau}$ 满足 $x_j = x$ 和 $t_n = t$.

现在来讨论求解对流方程 (3.2) 的差分格式 (3.6) 的逐点收敛性. 首先, 由格式定义并使用恒等算子 I: $Iu_j^n = u_j^n$ 与位移算子 E: $Eu_j^n = u_{j+1}^n$, 可知

$$u_j^{n+1} = [(1+a\lambda)I - a\lambda E]u_j^n = [(1+a\lambda)I - a\lambda E]^n u_j^0.$$

所以

$$\begin{aligned} u_j^n &= \sum_{m=0}^{n} \binom{n}{m}(1+a\lambda)^m(-a\lambda E)^{n-m}u_j^0 \\ &= \sum_{m=0}^{n} \binom{n}{m}(1+a\lambda)^m(-a\lambda)^{n-m}u_{j+n-m}^0. \end{aligned} \tag{3.20}$$

取

$$u_0(x) = f(x) = \begin{cases} 0, & x < -1, \\ 6x^5 + 15x^4 + 10x^3 + 1, & -1 \leqslant x < 0, \\ 1, & x \geqslant 0. \end{cases}$$

直接计算可知 $f \in C^2(-\infty, +\infty)$ 且 f 的二阶导数在 $(-\infty, +\infty)$ 有界. 选取 $t_n = t$ 使得 $at \geqslant 1$, 则由 (3.4) 式有 $u(0, t_n) = f(-at) = 0$, 而由表达式 (3.20) 可得 $u_0^n = 1$, 因此差分格式 (3.6) 不逐点收敛.

现在再来研究差分格式 (3.10) 的逐点收敛性. 此时, 差分格式为

$$\begin{cases} \dfrac{u_j^{n+1} - u_j^n}{\tau} + a\dfrac{u_j^n - u_{j-1}^n}{h} = 0, \\ u_j^0 = f(x_j), \end{cases} \tag{3.21}$$

式中常数 $a > 0$, 并设初始函数 $f \in C^2(-\infty, +\infty)$ 且存在常数 $M > 0$, 使得

$$|f''(x)| \leqslant M, \quad -\infty < x < +\infty. \tag{3.22}$$

由差分格式 (3.21) 经直接计算知

$$u_j^{n+1} = (1 - a\lambda)u_j^n + a\lambda u_{j-1}^n = [(1-a\lambda)I + a\lambda E^{-1}]u_j^n,$$

从而有

$$u_j^n = [(1-a\lambda)I + a\lambda E^{-1}]^n u_j^0.$$

所以

$$u_j^n = \sum_{m=0}^{n} \binom{n}{m} (1-a\lambda)^{n-m}(a\lambda)^m u_{j-m}^0$$
$$= \sum_{m=0}^{n} \binom{n}{m} (1-a\lambda)^{n-m}(a\lambda)^m f((j-m)h). \tag{3.23}$$

如令 $x = x_j, t = t_n$, 则由 (3.4) 式知

$$u(x_j, t_n) = f(x_j - at_n) = f(x - at).$$

假设 $0 < a\lambda \leqslant 1$, 则由 (3.23) 式和 Taylor 展开有

$$\begin{aligned}
u_j^n = & \sum_{m=0}^{n} \binom{n}{m} (1-a\lambda)^{n-m}(a\lambda)^m [f(x-at) + f'(x-at)(at-mh) \\
& + \frac{1}{2} f''(\xi_m)(at-mh)^2] \\
= & f(x-at) \sum_{m=0}^{n} \binom{n}{m} (1-a\lambda)^{n-m}(a\lambda)^m \\
& + f'(x-at) \sum_{m=0}^{n} \binom{n}{m} (1-a\lambda)^{n-m}(a\lambda)^m (at-mh) \\
& + \frac{1}{2} \sum_{m=0}^{n} f''(\xi_m) \binom{n}{m} (1-a\lambda)^{n-m}(a\lambda)^m (at-mh)^2 \\
=: & f(x-at) + f'(x-at)\mathrm{I} + \mathrm{II},
\end{aligned} \tag{3.24}$$

式中 ξ_m 为 Taylor 展开中值.

由组合恒等式

$$\sum_{m=0}^{n} \binom{n}{m} (1-p)^{n-m} p^m m = np, \tag{3.25}$$

$$\sum_{m=0}^{n} \binom{n}{m} (1-p)^{n-m} p^m m^2 = np + n(n-1)\, p^2, \tag{3.26}$$

可得

$$
\begin{aligned}
\mathrm{I} &= \sum_{m=0}^{n} \binom{n}{m} (1-a\lambda)^{n-m} (a\lambda)^m (at - mh) \\
&= at - h \sum_{m=0}^{n} \binom{n}{m} (1-a\lambda)^{n-m} (a\lambda)^m m \\
&= at - a\lambda nh = 0,
\end{aligned} \tag{3.27}
$$

$$
\begin{aligned}
&\sum_{m=0}^{n} \binom{n}{m} (1-a\lambda)^{n-m} (a\lambda)^m (at - mh)^2 \\
&= (at)^2 - 2ath \sum_{m=0}^{n} \binom{n}{m} (1-a\lambda)^{n-m} (a\lambda)^m m \\
&\quad + h^2 \sum_{m=0}^{n} \binom{n}{m} (1-a\lambda)^{n-m} (a\lambda)^m m^2 \\
&= (at)^2 - 2ath \sum_{m=0}^{n} \binom{n}{m} (1-a\lambda)^{n-m} (a\lambda)^m m \\
&= (at)^2 - 2ath \cdot na\lambda + h^2[na\lambda + n(n-1)(a\lambda)^2] \\
&= (at)^2 - 2(at)^2 + [hat + (na\lambda h)^2 - h^2 n (a\lambda)^2] \\
&= hat - ha^2\lambda t = hat(1-a\lambda).
\end{aligned} \tag{3.28}
$$

联立 (3.22) 式和 (3.28) 式, 易知

$$
\begin{aligned}
|\mathrm{II}| &\leqslant \frac{M}{2} \sum_{m=0}^{n} \binom{n}{m} (1-a\lambda)^{n-m} (a\lambda)^m (at - mh)^2 \\
&\leqslant \frac{M}{2} hat(1-a\lambda).
\end{aligned} \tag{3.29}
$$

最后, 由 (3.24) 式, (3.27) 式和 (3.29) 式, 可得

$$
\lim_{h \to 0} u_j^n = f(x - at).
$$

换言之, 当 $0 < a\lambda \leqslant 1$ 时, 差分格式 (3.10) 是收敛的, 且收敛阶恰为 1 阶.

以上利用组合恒等式研究差分格式收敛性的方法, 技巧性高、推导难度大, 不易推广. 对于求解流速为分段常数情形的线性对流方程, 本章文献 [5, 6] 使用类似技巧获得了一个差分格式的收敛性分析.

现在来研究差分格式的稳定性, 先以格式 (3.6) 为例展开讨论. 首先, 它可重写为

$$\begin{cases} u_j^{n+1} = u_j^n - a\lambda(u_{j+1}^n - u_j^n), \\ u_j^0 = f_j = f(jh). \end{cases} \tag{3.30}$$

由于 f_j 的获得含有舍入误差或测量误差, 因此实际计算过程可描述为

$$\begin{cases} \widetilde{u}_j^{n+1} = \widetilde{u}_j^n - a\lambda(\widetilde{u}_{j+1}^n - \widetilde{u}_j^n), \\ \widetilde{u}_j^0 = \widetilde{f}_j = f_j + \varepsilon_j, \end{cases} \tag{3.31}$$

式中 ε_j 表示舍入误差或测量误差. 这里, 为简化讨论忽略了逐层计算中产生的舍入误差. 令 $\varepsilon_j^n = \widetilde{u}_j^n - u_j^n$, 则由 (3.30) 式和 (3.31) 式立知

$$\begin{cases} \varepsilon_j^{n+1} = \varepsilon_j^n - a\lambda(\varepsilon_{j+1}^n - \varepsilon_j^n), \\ \varepsilon_j^0 = \varepsilon_j. \end{cases}$$

所以

$$\begin{aligned} \varepsilon_j^n &= [(1+a\lambda)I - a\lambda E]^n \varepsilon_j^0 \\ &= \sum_{m=0}^{n} \binom{n}{m} (1+a\lambda)^{n-m}(-a\lambda)^m \varepsilon_{j+m}^0 \\ &= \sum_{m=0}^{n} \binom{n}{m} (1+a\lambda)^{n-m}(-a\lambda)^m \varepsilon_{j+m}. \end{aligned}$$

如果取 $\varepsilon_m = (-1)^m \varepsilon$ ($\varepsilon > 0$ 为常数), 则有

$$\varepsilon_j^n = \sum_{m=0}^{n} \binom{n}{m} (1+a\lambda)^{n-m}(-a\lambda)^m(-1)^{j+m}\varepsilon = (-1)^j(1+2a\lambda)^n\varepsilon,$$

即得

$$|\varepsilon_j^n| = (1+2a\lambda)^n \varepsilon.$$

于是, 对于固定的网格比 λ 和 $a>0$, 差分格式实际计算带来的误差随时间网格层数 n 的增加呈指数函数增加. 这样一来, 计算解和差分格式精确解尽管初始时刻只有大小为 ε 的偏差, 但随着时间方向计算的不断递进, 两者误差将变得非常巨大, 计算解完全不能逼近差分格式精确解. 因此, 可以认为该差分格式是不稳定的.

再来看差分格式 (3.10) 的稳定性情况. 同前分析, 设 ε_j^n 为 (j,n) 处计算解与差分格式精确解间的误差, 则有

$$\begin{cases} \varepsilon_j^n = [(1-a\lambda)\ I + a\lambda E^{-1}]^n \varepsilon_j^0, \\ \varepsilon_j^0 = \varepsilon_j, \end{cases}$$

进而得

$$\varepsilon_j^n = \sum_{m=0}^{n} \binom{n}{m} (1-a\lambda)^{n-m} (a\lambda)^m \varepsilon_{j-m}.$$

因此, 当 $0 < a\lambda \leqslant 1$ 时, 有

$$\max_{-\infty<j<+\infty} |\varepsilon_j^n| \leqslant \max_{-\infty<j<+\infty} |\varepsilon_j|.$$

这样一来, 随着时间方向计算的不断推进, 计算解和差分格式精确解的误差总是能被它们在初始时刻的误差所控制. 因此, 可以认为该差分格式在满足前面给定的条件时是稳定的.

下面来讨论一般差分格式的稳定性. 设差分格式为

$$u_j^{n+1} = S_h u_j^n, \tag{3.32}$$

式中 S_h 为一线性算子, 并设它与 n 无关, 则有

$$u_j^n = S_h^n u_j^0, \tag{3.33}$$

而相应的误差方程为

$$\varepsilon_j^n = S_h^n \varepsilon_j^0. \tag{3.34}$$

我们记 $\boldsymbol{\varepsilon}^n = \{\varepsilon_j^n\}_{j=-\infty}^{+\infty}$, 并引入范数 $\|\cdot\|$ 以度量误差. 常用的范数包括:

$$\|\boldsymbol{\varepsilon}^n\|_h = \left(h \sum_{j=-\infty}^{+\infty} (\varepsilon_j^n)^2\right)^{1/2}, \quad \|\boldsymbol{\varepsilon}^n\|_\infty = \max_{-\infty<j<+\infty} \left|\varepsilon_j^n\right|.$$

定义 3.4 对任意给定的实数 $T>0$, 存在正数 $\tau_0>0$ 及 $K>0$, 使得对任意满足 $0<\tau\leqslant\tau_0$, $n\tau\leqslant T$ 的实数 τ 和非负整数 n 有

$$\|\boldsymbol{\varepsilon}^n\|\leqslant K\left\|\boldsymbol{\varepsilon}^0\right\|, \tag{3.35}$$

则称差分格式 (3.32) 是**稳定的**.

注 3.10 注意到关系式 (3.34), 如记

$$\|S_h^n\|=\sup_{\|v\|=1}\|S_h^n v\|,$$

则以上稳定性定义中的要求 (3.35) 等价于如下约束条件:

$$\|S_h^n\|\leqslant K.$$

注 3.11 由于差分方程 (3.33) 与误差方程 (3.34) 的形式是完全一致的, 可直接将稳定性定义中的 $\boldsymbol{\varepsilon}^n$ 代之以 $\boldsymbol{u}^n=\{u_j^n\}_{j=-\infty}^{+\infty}$, 且 u_j^n 满足关系式 (3.32). 这样, 稳定性就直接和差分方程本身联系在一起了. 需要指出的是, 如果算子 S_h 不是线性的, 则不可以这样处理, 而只能从误差格点函数 $\boldsymbol{\varepsilon}^n$ 是否满足 (3.35) 式去判别差分格式的稳定性.

3.5 判别差分格式稳定性的 Fourier 方法

先来回顾 Fourier 变换的定义和基本性质[7,8]. 设 $u(x)\in L^2(\mathbb{R})$, 这里 $L^2(\mathbb{R})$ 表示由直线 $\mathbb{R}$ 上平方可积函数全体组成的集合, 则其 Fourier 变换定义为

$$\widehat{u}(k)=\frac{1}{\sqrt{2\pi}}\int_{-\infty}^{+\infty}u(x)\mathrm{e}^{-\mathrm{i}kx}\mathrm{d}x,$$

式中 $\mathrm{i}=\sqrt{-1}$. Fourier 变换 $\widehat{(\cdot)}$ 满足如下基本性质:

(1) Fourier 变换是一个线性运算, 换言之, 设 u, $v\in L^2(\mathbb{R})$ 而 a 为任一复数, 则有

$$\widehat{(u+v)}=\widehat{u}+\widehat{v},\quad \widehat{au}=a\widehat{u}. \tag{3.36}$$

(2) 设 $u \in L^2(\mathbb{R})$, 而 $\widehat{u}$ 为其 Fourier 变换, 则 $\widehat{u} \in L^2(\mathbb{R})$ 且有 Parseval (帕塞瓦尔) 恒等式:

$$\|u\|_{L^2(\mathbb{R})} = \|\widehat{u}\|_{L^2(\mathbb{R})}. \tag{3.37}$$

Fourier 变换还有一些其他重要性质, 例如能将函数求导转化为乘子运算, 也有 Fourier 反演公式, 因此可以用来获得微分方程显式解和研究微分方程正则性[7,8]. 因为后文不涉及这些性质, 在此不一一介绍.

现在, 我们用 Fourier 变换研究差分格式稳定性. 不失一般性, 以求解对流方程 (3.2) 的差分格式 (3.8) 和 (3.9) 为例展开讨论. 此时有

$$\begin{cases} u_j^{n+1} = u_j^n - a\lambda(u_{j+1}^n - u_j^n), \\ u_j^0 = u^0(x_j). \end{cases} \tag{3.38}$$

步骤 1 将仅在时空格点上成立的差分格式 (3.38) 沿空间方向延拓定义到整个实数轴上. 为此令

$$\begin{cases} u^n(x) = u_j^n, \quad (j-1/2)h \leqslant x < (j+1/2)h, \\ u^0(x) = u_0(x_j), \quad (j-1/2)h \leqslant x < (j+1/2)h, \end{cases}$$

则经直接验算可知

$$u^{n+1}(x) = u^n(x) - a\lambda\big(u^n(x+h) - u^n(x)\big). \tag{3.39}$$

$$\|u^n(x)\|_{L^2(\mathbb{R})}^2 = \sum_{j=-\infty}^{+\infty} \int_{(j-1/2)h}^{(j+1/2)h} (u_j^n)^2 \mathrm{d}x = \|u^n\|_h^2. \tag{3.40}$$

步骤 2 稳定性分析. 对 $u^n(x)$ 做 Fourier 变换得 $\widehat{u}^n(k)$, 再由 (3.39) 式和性质 (3.36) 易知

$$\widehat{u}^{n+1}(k) = \widehat{u}^n(k) - a\lambda\left(\widehat{u^n(x+h)}(k) - \widehat{u}^n(k)\right),$$

式中,

$$\widehat{u^n(x+h)}(k) = \frac{1}{\sqrt{2\pi}} \int_{-\infty}^{+\infty} u^n(x+h)\mathrm{e}^{-\mathrm{i}xk}\mathrm{d}x = \mathrm{e}^{\mathrm{i}kh}\widehat{u}^n(k).$$

故知

$$\widehat{u}^{n+1}(k) = G(\tau, k)\widehat{u}^{n}(k),$$

式中 $G(\tau, k) = 1 + a\lambda - a\lambda \mathrm{e}^{\mathrm{i}kh}$ 称为差分格式 (3.38) 的增长因子. 于是

$$\widehat{u}^{n}(k) = G(\tau, k)^{n}\widehat{u}^{0}(k).$$

根据稳定性定义 (3.35), 若格式 (3.38) 是稳定的, 由 Parseval 恒等式 (3.37) 和 (3.40) 式知, 对任意 $T>0$, 存在 τ_0 和 $K>0$, 当 $0<\tau\leqslant\tau_0$, $0\leqslant n\tau\leqslant T$ 时, 有

$$\left\|G(\tau, k)^{n}\widehat{u}^{0}(k)\right\|_{L^2(\mathbb{R})} \leqslant K\left\|\widehat{u}^{0}(k)\right\|_{L^2(\mathbb{R})}. \tag{3.41}$$

而对于任一 $\mathbb{R}$ 上的有界可测函数 g, 有

$$\sup_{v\in L^2(\mathbb{R})}\frac{\|gv\|_{L^2(\mathbb{R})}}{\|v\|_{L^2(\mathbb{R})}} = \sup_{k\in\mathbb{R}}|g(k)|.$$

故知 (3.41) 式即

$$\sup_{k\in\mathbb{R}}|G(\tau, k)^{n}| \leqslant K. \tag{3.42}$$

但经直接计算可得

$$\sup_{k\in\mathbb{R}}|G(\tau, k)| = 1 + 2a\lambda,$$

因此条件 (3.42) 不可能成立, 故差分格式 (3.38) 不稳定.

不难验证, 以上研究差分格式稳定性的 Fourier 方法可以推广到一般情形. 事实上, 给定一个常系数微分方程 (组) 初值问题:

$$\begin{cases}\partial_t \boldsymbol{u} + \boldsymbol{A}\partial_x \boldsymbol{u} = \boldsymbol{0},\\ t = 0,\ \boldsymbol{u} = \boldsymbol{u}_0(x),\end{cases} \tag{3.43}$$

式中 $\boldsymbol{A}$ 为 $p\times p$ 常系数矩阵, 则有下面的定理.

定理 3.1 (稳定性判别的 Fourier 准则) 设求解问题 (3.43) 的差分格式对应的增长矩阵为 $\boldsymbol{G}(\tau, k)$, 那么该格式在范数 $\|\cdot\|_h$ 的意义下

稳定的充要条件是: 对任意 $T>0$, 存在正常数 τ_0 和 K, 当 $0<\tau\leqslant\tau_0$, $0<n\tau\leqslant T$ 时, 有

$$\sup_k \|\boldsymbol{G}^n(\tau,\, k)\,\|_2 \leqslant K, \tag{3.44}$$

式中 $\|\cdot\|_2$ 表示矩阵 2 范数.

注 3.12 在后文中如果没有特别指出, 则差分格式的稳定性都是在范数 $\|\cdot\|_h$ 的意义下讨论的.

注 3.13 使用以上结果判别差分格式的稳定性, 关键是得到相应的增长矩阵 $\boldsymbol{G}(\tau,k)$. 实际上, 通过差分格式稳定性的 Fourier 级数分析方法[9−11] 可知, 如设 $\boldsymbol{u}_j^n=\boldsymbol{v}^n\mathrm{e}^{\mathrm{i}jkh}$, 将其代入差分方程而得关系式 $\boldsymbol{v}^{n+1}=\boldsymbol{G}(\tau,k)\boldsymbol{v}^n$, 则 $\boldsymbol{G}(\tau,k)$ 就是该差分格式对应的增长矩阵. 特别地, 对于标量情形就称其为增长因子.

例 3.5 考察求解对流方程 (3.2) 的以下差分格式的稳定性:

$$\frac{u_j^{n+1}-u_j^n}{\tau}+a\frac{u_{j+1}^n-u_{j-1}^n}{2h}=0. \tag{3.45}$$

首先, 差分格式 (3.45) 可重写为

$$u_j^{n+1}=u_j^n-\frac{a\lambda}{2}\left(u_{j+1}^n-u_{j-1}^n\right).$$

记 $u_j^n=v^n\mathrm{e}^{\mathrm{i}jkh}$, 代入上式有

$$v^{n+1}=\left[1-\frac{a\lambda}{2}\left(\mathrm{e}^{\mathrm{i}kh}-\mathrm{e}^{-\mathrm{i}kh}\right)\right]v^n,$$

故得

$$G(\tau,k)=1-\frac{a\lambda}{2}\left(\mathrm{e}^{\mathrm{i}kh}-\mathrm{e}^{-\mathrm{i}kh}\right)=1-\mathrm{i}a\lambda\sin(kh),$$
$$\sup\nolimits_k|G(\tau,k)^n|=(1+a^2\lambda^2)^{n/2}.$$

于是稳定性条件 (3.44) 不满足, 该格式不稳定.

例 3.6 考察求解对流方程 (3.2) 的以下差分格式的稳定性:

$$\frac{u_j^n-u_j^{n-1}}{\tau}+a\frac{u_j^n-u_{j-1}^n}{h}=0. \tag{3.46}$$

与上例类似, 可以求得

$$G(\tau,k)=\frac{1}{1+a\lambda-a\lambda \mathrm{e}^{-\mathrm{i}kh}},$$

所以

$$|G(\tau,k)|^2=\frac{1}{(1+a\lambda)^2+(a\lambda)^2-2a\lambda(1+a\lambda)\cos(kh)}\leqslant 1.$$

故差分格式 (3.46) 满足稳定性条件 (3.44), 该格式无条件稳定.

3.6　von Neumann 条件及在差分格式稳定性分析中的应用

Fourier 稳定性判别准则将差分格式的稳定性判别转化为对条件 (3.44) 的验证, 这给稳定性研究带来很大帮助. 但这并不意味着验证条件 (3.44) 是一个简单的工作, 特别是当 $p\geqslant 2$ 时条件 (3.44) 的验证更不显然. 本节由 (3.44) 式导出一个差分格式稳定的必要条件: von Neumann (冯 · 诺伊曼) 条件, 然后在一定的条件下给出一些便于使用的判定差分格式稳定的充分条件.

定义 3.5　称增长矩阵 $\boldsymbol{G}(\tau,k)$ 满足 **von Neumann 条件**, 是指存在 $\tau_0>0$ 和 $M>0$, 使当 $0<\tau\leqslant\tau_0$ 时, 有

$$\sup_k|\lambda_j(\tau,\,k)|\leqslant 1+M\tau,\quad j=1,2,\cdots,p, \tag{3.47}$$

式中 $\lambda_j(\tau,k)=\lambda_j(\boldsymbol{G}(\tau,k)\,)$ 表示增长矩阵 $\boldsymbol{G}(\tau,k)$ 的第 j 个特征值.

定理 3.2　设 $\boldsymbol{G}(\tau,k)$ 是求解问题 (3.43) 的某一差分格式的增长矩阵, 则 von Neumann 条件 (3.47) 是该格式在范数 $\|\cdot\|_h$ 的意义下稳定的必要条件. 另一方面, 如果增长矩阵酉相似于对角矩阵, 则 von Neumann 条件也是该格式在范数 $\|\cdot\|_h$ 的意义下稳定的充分条件.

证明　由稳定性判别的 Fourier 准则知, 对任一 $T>0$, 存在 τ_0 和 $K>0$, 使当 $0<\tau\leqslant\tau_0$, $0\leqslant n\tau\leqslant T$ 时, (3.44) 式成立. 由 $n\tau\leqslant T$ 知

$n \leqslant T/\tau$, 在条件 (3.44) 中特取 $n^* = [T/\tau]$, 这里 $[\cdot]$ 为对于一个实数 a, $[a]$ 表示不超过 a 的最大整数, 于是有

$$|\lambda_j(\tau,k)|^{n^*} \leqslant \rho(\boldsymbol{G}^{n^*}(\tau,k)) \leqslant \left\|\boldsymbol{G}^{n^*}(\tau,k)\right\|_2 \leqslant K,$$

式中 $\rho(\cdot)$ 表示矩阵的谱半径. 不妨设 $\tau \leqslant T/2$, 则由以上估计知

$$\begin{aligned}|\lambda_j(\tau,k)| &\leqslant K^{\frac{1}{[T/\tau]}} \leqslant K^{\frac{1}{T/\tau-1}} = K^{\frac{\tau}{T-\tau}} \\ &\leqslant K^{\frac{2\tau}{T}} = \mathrm{e}^{\frac{2\tau}{T}\ln K} \leqslant 1 + M\tau,\end{aligned}$$

式中 M 仅与 τ_0, K 和 T 有关. 因此,

$$\sup_k |\lambda_j(\tau,\, k)| \leqslant 1 + M\tau, \quad j = 1, 2, \cdots, p,$$

故知 von Neumann 条件是差分格式在范数 $\|\cdot\|_h$ 的意义下稳定的必要条件. 另一方面, 如果增长矩阵酉相似于对角矩阵, 则存在一个酉矩阵族 $\boldsymbol{U} \in \mathbb{C}^{p\times p}$, 使得

$$\boldsymbol{G} = \boldsymbol{U}^{\mathrm{H}}\mathrm{diag}(\lambda_1, \lambda_2, \cdots, \lambda_p)\boldsymbol{U}, \quad \boldsymbol{U}^{\mathrm{H}}\boldsymbol{U} = \boldsymbol{U}\boldsymbol{U}^{\mathrm{H}} = \boldsymbol{I},$$

从而有

$$\boldsymbol{G}^n = \boldsymbol{U}^{\mathrm{H}}\mathrm{diag}(\lambda_1^n, \lambda_2^n, \cdots, \lambda_p^n)\, \boldsymbol{U}.$$

因此, 根据矩阵 2 范数的酉变换不变性、von Neumann 条件和不等式

$$1 + x \leqslant \mathrm{e}^x, \quad x \geqslant 0$$

可知, 当 $0 < n\tau \leqslant T$ 时,

$$\sup_k \|\boldsymbol{G}^n\|_2 = \sup_k \max_{1\leqslant j\leqslant p} |\lambda_j^n(\tau,k)| \leqslant (1+M\tau)^n \leqslant \mathrm{e}^{Mn\tau} \leqslant \mathrm{e}^{MT}.$$

于是条件 (3.44) 得以满足, 故由稳定性判别的 Fourier 准则知差分格式在范数 $\|\cdot\|_h$ 的意义下是稳定的. □

仿上证明, 易知如下结果:

定理 3.3　设 $\boldsymbol{G}(\tau,k)\in\mathbb{C}^{2\times 2}$ 是求解问题 (3.43) 的某一差分格式的增长矩阵. 如果存在常数 $\tau_0>0$ 和 $M>0$, 使对任意的 $0<\tau<\tau_0$, $k\in\mathbb{R}$, 存在非奇异矩阵 $\boldsymbol{S}(\tau,k)\in\mathbb{C}^{2\times 2}$, 使得

$$\boldsymbol{G}=\boldsymbol{S}\operatorname{diag}(\lambda_1,\lambda_2)\,\boldsymbol{S}^{-1},\quad \|\boldsymbol{S}\|_2+\|\boldsymbol{S}^{-1}\|_2\leqslant M,$$

则 von Neumann 条件是该差分格式在范数 $\|\cdot\|_h$ 意义下稳定的充分条件.

例 3.7　考察求解抛物型方程

$$u_t=au_{xx}$$

初值问题的差分格式

$$\frac{u_j^{n+1}-u_j^{n-1}}{2\tau}=a\frac{u_{j+1}^n-2u_j^n+u_{j-1}^n}{h^2}$$

的稳定性.

上述差分格式可重写为

$$u_j^{n+1}=u_j^{n-1}+2a\lambda(u_{j+1}^n-2u_j^n+u_{j-1}^n),\tag{3.48}$$

式中 $\lambda=\tau/h^2$ 为网格比. 引入 $v_j^{n+1}=u_j^n$, 并记 $\boldsymbol{u}_j^n=[u_j^n,v_j^n]^{\mathrm{T}}$, 则知

$$\boldsymbol{u}_j^{n+1}=\begin{bmatrix}2a\lambda&0\\0&0\end{bmatrix}\boldsymbol{u}_{j+1}^n+\begin{bmatrix}-4a\lambda&1\\1&0\end{bmatrix}\boldsymbol{u}_j^n+\begin{bmatrix}2a\lambda&0\\0&0\end{bmatrix}\boldsymbol{u}_{j-1}^n.$$

取 $\boldsymbol{u}_j^n=\boldsymbol{v}^n\mathrm{e}^{\mathrm{i}jkh}$, 代入上式有

$$\boldsymbol{v}^{n+1}=\boldsymbol{G}(\tau,k)\ \boldsymbol{v}^n,$$

式中增长矩阵为

$$\boldsymbol{G}(\tau,k)=\begin{bmatrix}-8a\lambda\sin^2\left(\dfrac{kh}{2}\right)&1\\1&0\end{bmatrix}.\tag{3.49}$$

经简单计算易知其特征值为

$$\mu_{\pm}(\tau,k)=-4a\lambda\sin^2\left(\frac{kh}{2}\right)\pm\left(1+16a^2\lambda^2\sin^4\left(\frac{kh}{2}\right)\right)^{1/2},$$

于是

$$\sup_k|\mu_-(\tau,k)|=4a\lambda+\left(1+16a^2\lambda^2\right)^{1/2}>1+4a\lambda.$$

故差分格式 (3.48) 不稳定.

注 3.14 对于多层格式按以上方法确定增长矩阵还是比较烦琐, 可以通过以下更简便的方法获得结果. 首先令 $u_j^n=v^n\mathrm{e}^{\mathrm{i}jkh}$, 将其代入差分方程 (3.48) 并经简单计算可得

$$v^{n+1}=v^{n-1}-8a\lambda v^n\sin^2\left(\frac{kh}{2}\right).$$

再令 $\boldsymbol{v}^n=[v^n,v^{n-1}]^{\mathrm{T}}$, 则上式可表示为

$$\boldsymbol{v}^{n+1}=\begin{bmatrix}-8a\lambda\sin^2\left(\dfrac{kh}{2}\right) & 1\\ 1 & 0\end{bmatrix}\boldsymbol{v}^n,$$

于是可得差分格式 (3.48) 的增长矩阵表达式 (3.49).

下面几个结果对于研究多层差分格式 (三层格式) 的稳定性起关键作用.

引理 3.1 设 b,c 为实常数, 则一元二次方程

$$\mu^2-b\mu-c=0 \tag{3.50}$$

的两根按其模均小于或等于 1 的充要条件是

$$|b|\leqslant 1-c,\quad |c|\leqslant 1. \tag{3.51}$$

证明 分两步证明.

步骤 1　若 (μ_1, μ_2) 为复根, 则由 $|c| \leqslant 1$ 易知 $|\mu_1| = |\mu_2| = \sqrt{|c|} \leqslant 1$. 另一方面, 如果两复根 $|\mu_i| \leqslant 1$, $i = 1, 2$, 即

$$\mu_1 = r\mathrm{e}^{\mathrm{i}\theta}, \quad \mu_2 = r\mathrm{e}^{-\mathrm{i}\theta}, \quad |r| \leqslant 1,$$

则由 Vieta (韦达) 定理立得

$$b = \mu_1 + \mu_2 = 2r\cos\theta, \quad c = -r^2.$$

故知

$$|c| \leqslant 1, \quad |b| \leqslant 2r \leqslant 1 + r^2 = 1 - c.$$

所以 (3.51) 式为充要条件.

步骤 2　若一元二次方程 (3.50) 有实根, 则 $b^2 + 4c \geqslant 0$. 易知两根位于 $[-1, 1]$ 中的充要条件为

$$\begin{cases} f(1) = (\mu^2 - b\mu - c)\big|_{\mu=1} = 1 - b - c \geqslant 0, \quad f(-1) = 1 + b - c \geqslant 0, \\ f \text{ 在最小值点 } \mu_{\min} = \dfrac{b}{2} \text{ 满足 } \dfrac{|b|}{2} \leqslant 1, \quad f(\mu_{\min}) = -\dfrac{b^2}{4} - c \leqslant 0, \end{cases}$$

即

$$\begin{cases} 1 - b - c \geqslant 0, 1 + b - c \geqslant 0 \Rightarrow |b| \leqslant 1 - c, c \leqslant 1, \\ |b| \leqslant 2, \ b^2 + 4c \geqslant 0 \Rightarrow c \geqslant -1. \end{cases}$$

故推得 (3.51) 式在此时仍为充要条件. □

注 3.15　本章文献 [12] 给出了上述引理的另一证明.

定理 3.4　设 τ_0 是某一正数. 记 $\boldsymbol{G}(\tau, k)$ 是以 τ 和 k 为参数的二阶矩阵族, $0 < \tau \leqslant \tau_0$, $k \in \mathbb{R}$. 假设 $\boldsymbol{G}(\tau, k)$ 的元素关于 τ 和 k 是一致有界的, 且它的按模更小的特征值 λ_2 满足

$$|\lambda_2| \leqslant \delta < 1, \tag{3.52}$$

式中 δ 是与 τ 和 k 无关的常数. 又设对该 τ_0, von Neumann 条件 (3.47) 成立, 则结果 (3.44) 必成立.

证明 由线性代数中的 Schur (舒尔) 定理知, 存在酉矩阵族 $\boldsymbol{U}$, 使得

$$\boldsymbol{G}=\boldsymbol{U}^{\mathrm{H}}\boldsymbol{B}\boldsymbol{U},$$

式中

$$\boldsymbol{B}=\begin{bmatrix}\lambda_1 & b\\ 0 & \lambda_2\end{bmatrix}.$$

根据矩阵 2 范数的酉变换不变性, 只须证明对任意 $T>0$, 存在与 τ 和 k 无关的常数 K, 使得

$$\|\boldsymbol{B}^n\|_2\leqslant K,\quad k\in\mathbb{R},0<\tau\leqslant\tau_0,n\tau\leqslant T,$$

即可导出结果 (3.44) 成立. 注意到

$$\boldsymbol{B}^n=\begin{bmatrix}\lambda_1^n & b_n\\ 0 & \lambda_2^n\end{bmatrix},$$

式中

$$b_n=b\sum_{j=1}^{n-1}\lambda_1^{n-1-j}\lambda_2^j.$$

由 von Neumann 条件知, 存在与 τ 和 k 无关的常数 K_1, 使得

$$|\lambda_1^n|+|\lambda_2^n|\leqslant K_1,\quad k\in\mathbb{R},0<\tau\leqslant\tau_0,n\tau\leqslant T.$$

而由矩阵族 $\boldsymbol{G}$ 的元素的一致有界性, 易知矩阵族 $\boldsymbol{B}$ 的元素的一致有界性. 于是存在与 τ 和 k 无关的常数 K_2, 使得

$$|b|=|b(\tau,k)|\leqslant K_2,\quad k\in\mathbb{R},0<\tau\leqslant\tau_0,n\tau\leqslant T.$$

联立以上两估计和条件 (3.52), 可知

$$|b_n|\leqslant K_2K_1\sum_{j=1}^{n-1}\delta^j\leqslant\frac{K_1K_2}{1-\delta},\quad k\in\mathbb{R},0<\tau\leqslant\tau_0,n\tau\leqslant T.$$

所以估计式 (3.44) 成立. 结果得证. □

由定理 3.1 和定理 3.4 立得以下结果:

定理 3.5 设求解问题 (3.43) 的差分格式对应的增长矩阵为 2×2 矩阵 $\boldsymbol{G}(\tau,k)$, 那么该格式在范数 $\|\cdot\|_h$ 的意义下稳定的一个充分条件是:

(1) 增长矩阵 $\boldsymbol{G}(\tau,k)$ 满足 von Neumann 条件;

(2) 存在正常数 τ_0, 使得当 $0<\tau\leqslant\tau_0$, $k\in\mathbb{R}$ 时, $\boldsymbol{G}(\tau,k)$ 的每个元素关于 τ 和 k 是一致有界的, 且它的按模更小的特征值 λ_2 满足

$$|\lambda_2|\leqslant\delta<1,$$

式中 δ 是与 τ 和 k 无关的常数.

例 3.8 给定常数 $a>0$, 考察求解抛物型方程初值问题

$$\begin{cases} u_t = au_{xx}, \\ t=0,\ u=f(x) \end{cases}$$

的 Dufort-Frankel (杜福特 – 弗兰克尔) 格式

$$\frac{u_j^{n+1}-u_j^{n-1}}{2\tau} - a\frac{u_{j+1}^n-(u_j^{n+1}+u_j^{n-1})+u_{j-1}^n}{h^2}=0$$

的稳定性.

记 $\lambda=\tau/h^2$ 为网格比, 则以上格式可重写为

$$u_j^{n+1}=u_j^{n-1}+2a\lambda(u_{j+1}^n-u_j^{n+1}-u_j^{n-1}+u_{j-1}^n),$$

即

$$(1+2a\lambda)\ u_j^{n+1}=(1-2a\lambda)\ u_j^{n-1}+2a\lambda u_{j-1}^n+2a\lambda u_{j+1}^n.$$

若令 $u_j^n=v^n\mathrm{e}^{\mathrm{i}jkh}$, 并将其代入上式知

$$(1+2a\lambda)\ v^{n+1}=(1-2a\lambda)\ v^{n-1}+4a\lambda v^n\cos(kh).$$

记 $\boldsymbol{v}^n=[v^n,v^{n-1}]^{\mathrm{T}}$ 和 $\alpha=2a\lambda$, 则有

$$\boldsymbol{v}^{n+1}=\begin{bmatrix}\dfrac{2\alpha\cos(kh)}{1+\alpha} & \dfrac{1-\alpha}{1+\alpha}\\ 1 & 0\end{bmatrix}\boldsymbol{v}^n,$$

从而得差分格式的增长矩阵为

$$\boldsymbol{G}(\tau,k)=\begin{bmatrix}\dfrac{2\alpha\cos(kh)}{1+\alpha} & \dfrac{1-\alpha}{1+\alpha}\\ 1 & 0\end{bmatrix}.$$

易知此增长矩阵的每个元素关于 τ 和 k 一致有界, 相应的特征方程为

$$\mu^2-\left(\frac{2\alpha}{1+\alpha}\cos(kh)\right)\mu-\frac{1-\alpha}{1+\alpha}=0.$$

容易验证该方程满足条件 (3.51), 故由引理 3.1 可知其根满足 $|\mu_i|\leqslant 1$, $i=1,2$. 而由 Vieta 定理知, 其按模更小的根 μ_2 满足

$$|\mu_2|\leqslant\sqrt{\frac{1-\alpha}{1+\alpha}}<1.$$

故由定理 3.5 可知该差分格式是无条件稳定的.

以下结果取自本章文献 [13], 本文仅考虑三层差分格式情形, 并给出一个简化证明.

定理 3.6 设求解问题 (3.43) 的差分格式对应的增长矩阵为 2×2 矩阵 $\boldsymbol{G}(\tau,k)=\boldsymbol{G}(\sigma)$, 式中 $\sigma=kh$, 且 $\boldsymbol{G}(\sigma)$ 是以 T_0 为周期的连续函数. 若对任意的 $\sigma\in\mathbb{R}$, 下列条件之一成立:

(1) $\boldsymbol{G}(\sigma)$ 有两个不同的特征值 $\mu_1(\sigma)$ 和 $\mu_2(\sigma)$,

(2) $\rho(\boldsymbol{G}(\sigma))<1$,

那么 von Neumann 条件是该差分格式在范数 $\|\cdot\|_h$ 的意义下稳定的一个充要条件.

证明 只须证明 von Neumann 条件是稳定的充分条件. 因 $\boldsymbol{G}(\sigma)$ 是以 T_0 为周期的, 故不妨设 $\sigma\in[0,T_0]$. 由 $\boldsymbol{G}(\sigma)$ 的连续性易知它的特征值 $\lambda_1(\sigma)$ 和 $\lambda_2(\sigma)$ 在 $[0,T_0]$ 上也连续, 从而它们在该区间上都有界, 不妨设存在一正数 M, 使得当 $i=1,2$ 时, $|\lambda_i(\sigma)|\leqslant M$, $\sigma\in[0,T_0]$.

(1) 假设对某一点 $\sigma_0\in[0,T_0]$, 有 $\lambda_1(\sigma_0)\neq\lambda_2(\sigma_0)$, 于是存在邻域 $U(\sigma_0)\subset[0,T_0]$ 以及某个常数 c_0, 使得对任意的 $\sigma\in U(\sigma_0)$, 有

$$|\lambda_1(\sigma)-\lambda_2(\sigma)|\geqslant c_0>0. \tag{3.53}$$

易知, $\boldsymbol{G}(\sigma)$ 有如下相似分解:

$$\boldsymbol{G}(\sigma)=\boldsymbol{S}(\sigma)\mathrm{diag}\left(\lambda_1(\sigma),\lambda_2(\sigma)\right)\boldsymbol{S}(\sigma)^{-1},$$

式中

$$\boldsymbol{S}(\sigma)=\begin{bmatrix}\lambda_1(\sigma) & \lambda_2(\sigma)\\ 1 & 1\end{bmatrix},\quad \boldsymbol{S}(\sigma)^{-1}=\frac{1}{\det(\boldsymbol{S})}\begin{bmatrix}1 & -\lambda_2(\sigma)\\ -1 & \lambda_1(\sigma)\end{bmatrix}.$$

对 $\sigma\in U(\sigma_0)$, 我们有

$$|\det(\boldsymbol{S}(\sigma))|=|\lambda_1(\sigma)-\lambda_2(\sigma)|\geqslant c_0,$$

从而

$$\|\boldsymbol{S}(\sigma)\|_2\leqslant\|\boldsymbol{S}(\sigma)\|_F=\sqrt{|\lambda_1|^2+|\lambda_2|^2+2}\leqslant\sqrt{2(M^2+1)},$$
$$\left\|\boldsymbol{S}(\sigma)^{-1}\right\|_2\leqslant\left\|\boldsymbol{S}(\sigma)^{-1}\right\|_F\leqslant\frac{1}{c_0}\sqrt{2(M^2+1)},$$

式中 $\|\cdot\|_F$ 表示矩阵的 Frobenius 范数, 其定义详见 2.4.2 小节. 所以, 当 $0<\tau\leqslant\tau_0$, $n\tau\leqslant T$ 时, 有

$$\|\boldsymbol{G}(\sigma)^n\|_2\leqslant \mathrm{e}^{MT}\|\boldsymbol{S}(\sigma)\|_2\cdot\|\boldsymbol{S}^{-1}(\sigma)\|_2\leqslant \mathrm{e}^{MT}\frac{2M^2+2}{c_0},\quad \sigma\in U(\sigma_0). \tag{3.54}$$

(2) 假设对某一点 $\sigma_0\in[0,T_0]$, $\lambda_1(\sigma_0)=\lambda_2(\sigma_0)$, 则由假设条件知, $|\lambda_1(\sigma_0)|<1$, 于是存在邻域 $U(\sigma_0)\subset[0,T_0]$ 以及某个常数 $\rho_0\in(0,1)$, 使得对任意的 $\sigma\in U(\sigma_0)$, 有

$$\max(|\lambda_1(\sigma)|,|\lambda_2(\sigma)|)\leqslant\rho_0<1.$$

故由定理 3.4 的证明知, 存在常数 $L(\sigma_0)>0$, 使当 $0<\tau\leqslant\tau_0$, $n\tau\leqslant T$ 时, 有

$$\|\boldsymbol{G}(\sigma)^n\|_2\leqslant L(\sigma_0),\quad \sigma\in U(\sigma_0).$$

(3) 根据 (1) 和 (2), 并注意到 $[0,T_0]$ 为紧集, 由 Bolzano-Weierstrass 定理知, 存在常数 $M_1>0$, 使当 $0<\tau\leqslant\tau_0$, $n\tau\leqslant T$ 时, 对任意 $\sigma\in[0,T_0]$, 有

$$\|\boldsymbol{G}(\sigma)^n\|_2\leqslant M_1.$$

结果得证. □

注 3.16 判断差分格式稳定性的最一般代数准则由 Kreiss 获得[11], 虽然这些准则难于实际检验, 但它们是寻找便于应用的差分格式稳定性判别准则的理论基础.

3.7 差分格式稳定性的其他研究方法

Fourier 方法在研究常系数微分方程 (组) 初值问题的差分格式的稳定性方面非常有效, 但在处理变系数问题和初边值问题时不一定适用. 对于某些求解微分方程初边值问题的差分格式, 可用矩阵分析方法研究其稳定性; 而对于变系数问题的差分格式, 能量方法比较有效, 有时也能用最大模方法获得稳定性. 用能量方法研究差分格式稳定性的基本思路将在下一章介绍, 现给出研究差分格式稳定性的矩阵分析方法和最大模方法.

先介绍矩阵分析方法. 给定常数 $a>0$, 考虑如下抛物型方程初边值问题:

$$\begin{cases} u_t = au_{xx}, \quad 0<x<1, t>0, \\ t=0,\ u=f(x), \\ x=0,1,\ u=0. \end{cases}$$

对解域做网格剖分, 时间方向的步长为 τ, 在空间方向将 $[0,1]$ 做 J 等分, 空间方向步长为 h. 构造求解以上问题的差分格式:

$$\begin{cases} \dfrac{u_j^{n+1}-u_j^n}{\tau} = a\dfrac{u_{j+1}^n - 2a_j^n + u_{j-1}^n}{h^2}, \\ u_j^0 = f_j = f(x_j), \\ u_0^n = u_J^0 = 0. \end{cases}$$

经简单计算可知以上差分格式可重写为

$$\begin{cases} u_j^{n+1} = u_j^n + a\lambda\left(u_{j+1}^n - 2u_j^n + u_{j-1}^n\right), \\ u_j^0 = f_j, \\ u_0^n = u_J^n = 0. \end{cases} \tag{3.55}$$

记 $\boldsymbol{u}^n=\left[u_1^n,u_2^n,\cdots,u_{J-1}^n\right]^{\mathrm{T}}$, 则差分格式 (3.55) 可表示为

$$\boldsymbol{u}^{n+1}=\boldsymbol{A}\boldsymbol{u}^n,$$

式中,

$$\boldsymbol{A}=\begin{bmatrix}1-2a\lambda & a\lambda & & \\ a\lambda & 1-2a\lambda & \ddots & \\ & \ddots & \ddots & a\lambda \\ & & a\lambda & 1-2a\lambda\end{bmatrix}_{(J-1)\times(J-1)}.$$

于是可得

$$\boldsymbol{u}^n=\boldsymbol{A}^n\boldsymbol{u}^0.$$

因此, 仿照初值问题差分格式的稳定性定义 3.4 可知, 差分格式 (3.55) 是稳定的, 当且仅当对任意给定的实数 $T>0$, 存在正数 $\tau_0>0$ 及 $K>0$, 使得对任意满足 $0<\tau\leqslant\tau_0$, $n\tau\leqslant T$ 的实数 τ 和非负整数 n 有

$$\|\boldsymbol{u}^n\|_2\leqslant K\|\boldsymbol{u}^0\|_2,$$

或等价地, 有

$$\|\boldsymbol{A}^n\|_2\leqslant K. \tag{3.56}$$

因为 $\boldsymbol{A}$ 是对称矩阵, 所以 $\|\boldsymbol{A}^n\|_2=\rho(\boldsymbol{A})^n$. 而

$$\boldsymbol{A}=(1-2a\lambda)\,\boldsymbol{I}+a\lambda\boldsymbol{H}_{J-1},$$

由上一章的结果 (2.17) 知, $\boldsymbol{H}_{J-1}$ 的特征值为

$$\lambda_j\left(\boldsymbol{H}_{J-1}\right)=2\cos\left(\frac{j}{J}\pi\right),\quad 1\leqslant j\leqslant J-1,$$

故知 $\boldsymbol{A}$ 的特征值为

$$\lambda_j(\boldsymbol{A})=(1-2a\lambda)+2a\lambda\cos\left(\frac{j}{J}\pi\right)=1-4a\lambda\sin^2\left(jh\frac{\pi}{2}\right),\quad 1\leqslant j\leqslant J-1.$$

于是 (3.56) 式就是

$$-1 \leqslant 1-4a\lambda\sin^2\left(jh\frac{\pi}{2}\right) \leqslant 1, \quad 1 \leqslant j \leqslant J-1,$$

即

$$2a\lambda \leqslant \frac{1}{\sin^2\left(jh\frac{\pi}{2}\right)}, \quad 1 \leqslant j \leqslant J-1.$$

考虑到以上结果要对任意自然数 J 成立, 于是差分格式 (3.55) 稳定的充要条件是 $a\lambda \leqslant 1/2$.

用最大模方法研究差分格式稳定性的关键就是使用最大模范数度量每一时间层上的误差. 我们仍以上面的差分格式为例来说明该方法的基本思路. 首先, 对任意向量 $\boldsymbol{v} \in \mathbb{R}^{J-1}$, 定义其最大模范数为 $\|\boldsymbol{v}\|_\infty = \max\limits_{1\leqslant j\leqslant J-1}|v_j|$, 则由格式 (3.55) 的差分方程知

$$u_j^{n+1} = a\lambda u_{j+1}^n + (1-2a\lambda)\ u_j^n + a\lambda u_{j-1}^n, \quad 1 \leqslant j \leqslant J-1.$$

利用三角不等式可得

$$|u_j^{n+1}| \leqslant (2a\lambda + |1-2a\lambda|)\|\boldsymbol{u}^n\|_\infty, \quad 1 \leqslant j \leqslant J-1,$$

即

$$\|\boldsymbol{u}^{n+1}\|_\infty \leqslant (2a\lambda + |1-2a\lambda|)\|\boldsymbol{u}^n\|_\infty.$$

于是当 $a\lambda \leqslant 1/2$ 时, 有

$$\|\boldsymbol{u}^n\|_\infty \leqslant \|\boldsymbol{u}^{n-1}\|_\infty \leqslant \cdots \leqslant \|\boldsymbol{u}^0\|_\infty.$$

换言之, 当 $a\lambda \leqslant 1/2$ 时, 差分格式 (3.55) 在最大模意义下稳定.

附录　差分格式的抽象框架与 Lax 等价性定理

在此附录中, 我们将在抽象的框架下研究差分格式的严格数学理论, 并给出著名的 Lax 等价性定理及其证明. 这些结果可以用来讨论

求解初值问题或初边值问题的各类差分方法的稳定性和收敛性. 为使抽象结果易于理解, 我们以抛物型方程初边值问题

$$\begin{cases} u_t = \nu u_{xx}, \quad (x,t) \in (0,\pi) \times (0,T), \nu \text{ 为任一给定正常数}, \\ u(0,t) = u(\pi,t) = 0, \quad 0 \leqslant t \leqslant T, \\ u(x,0) = u_0(x), \quad 0 \leqslant x \leqslant \pi \end{cases}$$

及其差分方法为典型示例, 阐述抽象框架的具体应用. 本附录的材料主要取自本章文献 [11, 14].

1. Banach 空间上的适定初值问题

设 V 是 Banach (巴拿赫) 空间, $V_0 \subset V$ 是 V 的稠密子空间. $L: V_0 \subset V \to V$ 是线性算子. 算子 L 通常无界, 可以认为是微分算子.

考虑初值问题

$$\begin{cases} \dfrac{\mathrm{d}u(t)}{\mathrm{d}t} = Lu(t), \quad 0 \leqslant t \leqslant T, \\ u(0) = u_0. \end{cases} \tag{3.57}$$

当定义好空间 V 和算子 L, 该问题也可视为一个带齐次边界的初边值问题. 以下定义给出了初值问题 (3.57) 解的意义.

定义 3.6 函数 $u: [0,T] \to V$ 是初值问题 (3.57) 的一个解, 是指对任意的 $t \in [0,T]$, $u(t) \in V_0$, 有

$$\lim_{\Delta t \to 0} \left\| \frac{1}{\Delta t}\big(u(t+\Delta t) - u(t)\big) - Lu(t) \right\|_V = 0, \tag{3.58}$$

并且 $u(0) = u_0$.

在上面的定义中, (3.58) 式中的极限在 $t = 0$ 处是右极限, $t = T$ 处是左极限.

定义 3.7 称初值问题 (3.57) 是**适定的**, 当且仅当对任意的 $u_0 \in V_0$, 问题 (3.57) 存在唯一解 $u = u(t)$, 且其连续依赖于初值: 存在一个常数 $c_0 > 0$, 若 $u(t)$ 和 $\overline{u}(t)$ 分别为初值取为 $u_0, \overline{u}_0 \in V_0$ 之解, 则

$$\sup_{0 \leqslant t \leqslant T} \|u(t) - \overline{u}(t)\|_V \leqslant c_0 \|u_0 - \overline{u}_0\|_V. \tag{3.59}$$

以后, 我们总假设初值问题 (3.57) 是适定的, 将其解记为

$$u(t)=S(t)u_0,\quad u_0\in V_0.$$

由算子 L 的线性性易知算子 $S(t)$ 是线性的. 而由连续依赖性质 (3.59), 易知

$$\sup_{0\leqslant t\leqslant T}\|S(t)(u_0-\overline{u}_0)\|_V\leqslant c_0\|u_0-\overline{u}_0\|_V,$$
$$\sup_{0\leqslant t\leqslant T}\|S(t)u_0\|_V\leqslant c_0\|u_0\|_V,\quad u_0\in V_0.$$

由 Banach 空间的算子延拓定理, 算子 $S(t):V_0\subset V\to V$ 可唯一延拓成一个线性有界算子 $S(t):V\to V$, 使得

$$\sup_{0\leqslant t\leqslant T}\|S(t)\|_{L(V\to V)}\leqslant c_0.$$

定义 3.8　对于 $u_0\in V\backslash V_0$, 称 $u(t)=S(t)u_0$ 是初值问题 (3.57) 的**广义解**.

例 3.9　给定常数 $\nu>0$, 考察抛物型方程初边值问题

$$\begin{cases}u_t=\nu u_{xx},\quad (x,t)\in(0,\pi)\times(0,T),\\ u(0,t)=u(\pi,t)=0,\quad 0\leqslant t\leqslant T,\\ u(x,0)=u_0(x),\quad 0\leqslant x\leqslant\pi.\end{cases}\tag{3.60}$$

取空间 $V=C_0[0,\pi]=\{v\in C[0,\pi]:v(0)=v(\pi)=0\}$, 其上的范数为 $\|\cdot\|_{C[0,\pi]}$. 取

$$V_0=\Big\{v\in V:\ v(x)=\sum_{j=1}^{n}a_j\sin(jx),\ a_j\in\mathbb{R},\ n=1,2,\cdots\Big\}.$$

可以证明 V_0 在 V 中稠密.

若 $u_0\in V_0$, 即存在 $n\geqslant 1$ 和 $b_1,b_2,\cdots,b_n\in\mathbb{R}$, 使得

$$u_0(x)=\sum_{j=1}^{n}b_j\sin(jx).\tag{3.61}$$

对该 u_0, 可直接验证问题 (3.60) 的解为

$$u(x,t)=\sum_{j=1}^{n}b_j\mathrm{e}^{-\nu j^2 t}\sin(jx). \tag{3.62}$$

利用热传导方程的极值原理

$$\min\left(0,\min_{0\leqslant x\leqslant\pi}u_0(x)\right)\leqslant u(x,t)\leqslant\max\left(0,\max_{0\leqslant x\leqslant\pi}u_0(x)\right),$$

可知

$$\max_{0\leqslant x\leqslant\pi}|u(x,t)|\leqslant\max_{0\leqslant x\leqslant\pi}|u_0(x)|,\quad t\in[0,T].$$

所以算子 $S(t):V_0\subset V\to V$ 是有界的.

于是对于任一 $u_0\in V$, 问题 (3.60) 有唯一解. 若 $u_0\in V$ 在 $[0,\pi]$ 上有分段连续导数, 根据 Fourier 级数理论, 可将 $u_0(x)$ 做如下展开:

$$u_0(x)=\sum_{j=1}^{\infty}b_j\sin(jx),$$

而解 $u(t)$ 可表示为

$$u(x,t)=S(t)u_0(x)=\sum_{j=1}^{\infty}b_j\mathrm{e}^{-\nu j^2 t}\sin(jx).$$

对于抽象问题 (3.57), 可得如下两个结果: 第一个是广义解关于时间具有连续性, 第二个是解算子 $S(t)$ 可构成一个半群.

命题 3.1 对任意的 $u_0\in V_0$, 初值问题 (3.57) 的广义解关于 t 连续.

证明 在 V 中选取收敛到 u_0 的一个序列 $\{u_{0,n}\}\in V_0$:

$$\|u_{0,n}-u_0\|_V\to 0,\quad 当\ n\to\infty.$$

固定 $t_0\in[0,T]$, 对于 $t\in[0,T]$, 有

$$\begin{aligned}u(t)-u(t_0)&=S(t)u_0-S(t_0)u_0\\&=S(t)(u_0-u_{0,n})+(S(t)-S(t_0))u_{0,n}-S(t_0)(u_0-u_{0,n}),\end{aligned}$$

那么

$$\|u(t)-u(t_0)\|_V \leqslant 2c_0\|u_{0,n}-u_0\|_V + \|(S(t)-S(t_0))u_{0,n}\|_V.$$

对任意 $\varepsilon>0$, 选择足够大的 n, 使它满足

$$2c_0\|u_{0,n}-u_0\|_V < \varepsilon/2.$$

对这个 n, 利用 (3.58) 式, 可知存在 $\delta>0$, 使得

$$\|(S(t)-S(t_0))u_{0,n}\|_V < \varepsilon/2, \quad |t-t_0|<\delta.$$

所以对 $t_0\in[0,T]$, $|t-t_0|<\delta$, 有 $\|u(t)-u(t_0)\|_V<\varepsilon$. □

命题 3.2 假设问题 (3.57) 是适定的, 则对所有满足 $t_1+t_0\leqslant T$ 的 $t_1, t_0\in[0,T]$, 有

$$S(t_1+t_0)=S(t_1)S(t_0).$$

证明 问题 (3.57) 的解为 $u(t)=S(t)u_0$. 易知 $u(t_0)=S(t_0)u_0$ 且 $S(t)u(t_0)$ 是初始条件为 $u(t_0)$ 的定义在 $[t_0,T]$ 上的微分方程的解. 故由解的唯一性有

$$S(t)u(t_0)=u(t+t_0),$$
$$S(t_1)S(t_0)u_0=S(t_1+t_0)u_0.$$

由 $u_0\in V$ 的任意性即得 $S(t_1+t_0)=S(t_1)S(t_0)$. □

2. 抽象框架下的有限差分方法

下面来介绍有限差分方法, 它由如下一致有界线性算子的单参数族定义:

$$C(\tau): V\to V, \quad 0<\tau\leqslant\tau_0,$$

式中 $\tau_0>0$ 是固定值. 称 $\{C(\tau)\}_{0<\tau\leqslant\tau_0}$ 为一致有界的, 若存在常数 c 满足

$$\|C(\tau)\|_{L(V\to V)}\leqslant c, \quad \tau\in(0,\tau_0].$$

而数值解则定义为

$$u_\tau(m\tau) = C(\tau)^m u_0, \quad m = 1, 2, \cdots.$$

定义 3.9 称差分方法是**相容的**, 当且仅当存在 V 的稠密子空间 V_c 使得对任一 $u_0 \in V_c$, 相应初值问题 (3.57) 的解 u 在 $[0, T]$ 上一致有

$$\lim_{\tau \to 0} \left\| \frac{1}{\tau}\big(C(\tau)u(t) - u(t+\tau)\big) \right\|_V = 0.$$

假设 $V_c \cap V_0 \neq \varnothing$. 对 $u_0 \in V_c \cap V_0$, 有

$$\begin{aligned}\frac{1}{\tau}\big(C(\tau)u(t) - u(t+\tau)\big) = &\left(\frac{C(\tau) - I}{\tau} - L\right)u(t) \\ &- \left(\frac{u(t+\tau) - u(t)}{\tau} - Lu(t)\right).\end{aligned}$$

利用解的定义知, 当 $\tau \to 0$ 时,

$$\frac{u(t+\tau) - u(t)}{\tau} - Lu(t) \to 0.$$

于是可知, 对于一个相容的差分方法, 当 $\tau \to 0$ 时,

$$\left(\frac{C(\tau) - I}{\tau} - L\right)u(t) \to 0.$$

所以 $(C(\tau) - I)/\tau$ 是算子 L 的一个收敛的逼近算子族.

例 3.10 (续例 3.9) 对于问题 (3.60) 采用向前、向后差分格式求解.

对于向前差分格式, 定义算子 $C(\tau)$ 如下:

$$C(\tau)v(x) = (1 - 2\lambda)v(x) + \lambda\big(v(x+h) + v(x-h)\big),$$

式中 $h = \sqrt{\nu\tau/\lambda}$. 且若 $x \pm h \notin [0, \pi]$, 函数 v 通过奇延拓成周期为 2π 的函数. 易知 $C(\tau) : V \to V$ 是线性算子且有

$$\|C(\tau)v\|_V \leqslant (|1 - 2\lambda| + 2\lambda)\|v\|_V, \quad v \in V.$$

故得

$$\|C(\tau)\|_{L(V\to V)} \leqslant |1-2\lambda| + 2\lambda, \tag{3.63}$$

于是 $\{C(\tau)\}_{0<\tau\leqslant\tau_0}$ 一致有界. 相应的差分方法可描述为

$$u_\tau(t_m) = C(\tau)u_\tau(t_{m-1}) = C(\tau)^m u_0,$$

或

$$u_\tau(\cdot, t_m) = C(\tau)^m u_0(\cdot).$$

在这种表示下, 差分方法所得数值解 $u_\tau(x,t)$ 定义于 $x\in[0,\pi]$ 和 $t = t_m, m = 0,1,\cdots,N_t$, 这里 N_t 表示 $[0,T]$ 关于步长 τ 的等分个数 (后面的 N_x 定义类似). 因为

$$\begin{aligned}
u_\tau(x_j, t_{m+1}) &= (1-2\lambda)u_\tau(x_j,t_m) + \lambda\big(u_\tau(x_{j-1},t_m) + u_\tau(x_{j+1},t_m)\big),\\
&\qquad 1\leqslant j\leqslant N_x-1, 0\leqslant m\leqslant N_t-1,\\
u_\tau(0,t_m) &= u_\tau(N_x,t_m) = 0, \quad 0\leqslant m\leqslant N_t,\\
u_\tau(x_j,0) &= u_0(x_j), \quad 0\leqslant j\leqslant N_x.
\end{aligned}$$

数值解 u_τ 和由以下向前差分格式:

$$\begin{aligned}
\frac{v_j^{m+1}-v_j^m}{\tau} &= \nu\frac{v_{j+1}^m - 2v_j^m + v_{j-1}^m}{h^2}, \quad 1\leqslant j\leqslant N_x-1, 0\leqslant m\leqslant N_t-1,\\
v_0^m &= v_{N_x}^m = 0, \quad 0\leqslant m\leqslant N_t,\\
v_j^0 &= u_0(x_j), \quad 0\leqslant j\leqslant N_x
\end{aligned}$$

定义的解 v 之间存在关系式

$$u_\tau(x_j,t_m) = v_j^m. \tag{3.64}$$

为了说明相容性, 令 $V_c = V_0$. 初值函数为 (3.61) 时, 解的形式是 (3.62), 具有无穷光滑性, 在 (x,t) 处利用 Taylor 展开可知

$$\begin{aligned}
&C(\tau)u(x,t) - u(x,t+\tau)\\
&= (1-2\lambda)u(x,t) + \lambda\big(u(x+h,t) + u(x-h,t)\big) - u(x,t+\tau)\\
&= (1-2\lambda)u(x,t) + \lambda\big(2u(x,t) + u_{xx}(x,t)h^2\big)
\end{aligned}$$

$$
\begin{aligned}
&+\frac{\lambda}{4!}\big(u_{xxxx}(x+\theta_1 h,t)+u_{xxxx}(x-\theta_2 h,t)\big)h^4\\
&-u(x,t)-u_t(x,t)\tau-\frac{1}{2}u_{tt}(x,t+\theta_3\tau)\tau^2\\
=&-\frac{1}{2}u_{tt}(x,t+\theta_3\tau)\tau^2+\frac{\nu^2}{24\lambda}\big(u_{xxxx}(x+\theta_1 h,t)+u_{xxxx}(x-\theta_2 h,t)\big)\tau^2,
\end{aligned}
$$

式中 $\theta_1,\theta_2,\theta_3\in(0,1)$. 因此, 存在一个与 t 无关的常数 c 满足

$$
\left\|\frac{1}{\tau}\big(C(\tau)u(t)-u(t+\tau)\big)\right\|_V\leqslant c\tau,
$$

从而得到了该格式的相容性.

对于向后差分方法, $u_\tau(\cdot,t+\tau)=C(\tau)u_\tau(\cdot,t)$ 定义如下:

$$
(1+2\lambda)u_\tau(x,t+\tau)-\lambda\big(u_\tau(x-h,t+\tau)+u_\tau(x+h,t+\tau)\big)=u_\tau(x,t),
$$

式中 $h=\sqrt{\nu\tau/\lambda}$. 对于 $x\pm h\notin[0,\pi]$, 函数 u 奇延拓成周期为 2π 的函数, 于是有

$$
u_\tau(x,t+\tau)=\frac{\lambda}{1+2\lambda}\Big(u_\tau(x-h,t+\tau)+u_\tau(x+h,t+\tau)\Big)+\frac{u_\tau(x,t)}{1+2\lambda}.
$$

令 $\|u_\tau(\cdot,t+\tau)\|_V=|u_\tau(x_0,t+\tau)|$, 其中 x_0 为 $[0,\pi]$ 中某一点, 则

$$
\begin{aligned}
&\|u_\tau(\cdot,t+\tau)\|_V\\
\leqslant&\frac{\lambda}{1+2\lambda}\Big(|u_\tau(x_0-h,t+\tau)|+|u_\tau(x_0+h,t+\tau)|\Big)+\frac{|u_\tau(x_0,t)|}{1+2\lambda}.
\end{aligned}
$$

于是有

$$
\|u_\tau(\cdot,t+\tau)\|_V\leqslant\frac{2\lambda}{1+2\lambda}\|u_\tau(\cdot,t+\tau)\|_V+\frac{\|u_\tau(x,t)\|_V}{1+2\lambda}.
$$

故得

$$
\|u_\tau(\cdot,t+\tau)\|_V\leqslant\|u_\tau(\cdot,t)\|_V.
$$

因此, 对任意固定的充分小实数 $\tau_0>0$, 算子族 $\{C(\tau)\}_{0<\tau\leqslant\tau_0}$ 一致有界.

向后差分格式的相容性证明更复杂一些, 但推导思路和向前差分格式的相容性证明是一样的.

3. Lax 等价性定理

在本节中, 简记范数 $\|\cdot\|_V$ 为 $\|\cdot\|$, 且后文中出现的 c 皆为与 t 无关的一般常数.

定义 3.10　若对于任意给定的 $t\in[0,T]$ 以及任意的 $u_0\in V$, 有

$$\lim_{\tau_i\to 0}\left\|(C(\tau_i)^{m_i}-S(t))u_0\right\|=0,$$

式中 $\{m_i\}$ 是整数列, $\{\tau_i\}$ 是步长序列且 $\lim\limits_{i\to\infty} m_i\tau_i=t$, 那么称该**差分方法收敛**.

定义 3.11　若算子族

$$\{C(\tau)^m:0\leqslant\tau\leqslant\tau_0, m\tau\leqslant T\}$$

一致有界, 即存在常数 $M_0>0$, 使得

$$\|C(\tau)^m\|_{L(V\to V)}\leqslant M_0,\quad \text{当 } m\tau\leqslant T,\tau\leqslant\tau_0,$$

则称该**差分方法稳定**.

定理 3.7 (Lax 等价性定理)　假设初值问题 (3.57) 适定, 对于它的任一相容的差分格式, 稳定性与收敛性等价.

证明　(稳定性 $\Rightarrow$ 收敛性) 考虑误差

$$\begin{aligned}&C(\tau)^m u_0-u(t)\\&=\sum_{j=1}^{m-1}C(\tau)^j\big(C(\tau)u((m-1-j)\tau)-u((m-j)\tau)\big)+u(m\tau)-u(t).\end{aligned}$$

首先假设 $u_0\in V_c$. 由稳定性有

$$\begin{aligned}&\|C(\tau)^m u_0-u(t)\|\\&\leqslant M_0 m\tau\sup_t\left\|\frac{C(\tau)u(t)-u(t+\tau)}{\tau}\right\|+\|u(m\tau)-u(t)\|.\end{aligned}\tag{3.65}$$

由连续性, $\|u(m\tau)-u(t)\|\to 0$, 再由相容性可知

$$\sup_t\left\|\frac{C(\tau)u(t)-u(t+\tau)}{\tau}\right\|\to 0.$$

故差分格式收敛.

下面考虑一般情形的收敛性. 设 $u_0 \in V$, 由 V_0 在 V 中的稠密性知, 存在一列 $\{u_{0,n}\} \subset V_0$, 使得在 V 中 $u_{0,n} \to u_0$. 由

$$
\begin{aligned}
& C(\tau)^m u_0 - u(t) \\
& = C(\tau)^m (u_0 - u_{0,n}) + \big(C(\tau)^m - S(t)\big) u_{0,n} - S(t)(u_0 - u_{0,n}),
\end{aligned}
$$

可得

$$
\begin{aligned}
& \|C(\tau)^m u_0 - u(t)\| \\
& \leqslant \|C(\tau)^m (u_0 - u_{0,n})\| + \|(C(\tau)^m - S(t)) u_{0,n}\| + \|S(t)(u_0 - u_{0,n})\|.
\end{aligned}
$$

由于初值问题 (3.57) 适定且差分格式稳定, 故有

$$
\|C(\tau)^m u_0 - u(t)\| \leqslant c\|u_0 - u_{0,n}\| + \|(C(\tau)^m - S(t)) u_{0,n}\|.
$$

对任意的 $\varepsilon > 0$, 存在足够大的 n, 使得

$$
c\|u_0 - u_{0,n}\| < \varepsilon/2.
$$

对于该 n, 令 τ 足够小, 有

$$
\|(C(\tau)^m - S(t)) u_{0,n}\| < \varepsilon/2, \quad \text{对足够小的 } \tau,\ |m\tau - t| < \tau.
$$

故差分格式收敛.

(稳定性 $\Leftarrow$ 收敛性) 若不稳定, 则存在序列 $\{\tau_k\}$ 和 $\{m_k\}$, 使得 $m_k \tau_k \leqslant T$, 且

$$
\lim_{k \to \infty} \|C(\tau_k)^{m_k}\|_{L(V \to V)} = \infty.
$$

由于 $\tau_k \leqslant \tau_0$, 可假设 $\{\tau_k\}$ 收敛. 若 $\{m_k\}$ 有界, 那么

$$
\sup_k \|C(\tau_k)^{m_k}\|_{L(V \to V)} \leqslant \sup_k \|C(\tau_k)\|_{L(V \to V)}^{m_k} < \infty,
$$

从而导致矛盾. 因此当 $k \to \infty$ 时, 成立 $m_k \to \infty$, $\tau_k \to 0$.

由收敛性可知

$$\sup_k \|C(\tau_k)^{m_k} u_0\| < \infty, \quad u_0 \in V.$$

再由 Banach-Steinhaus 一致有界性定理立得

$$\lim_{k\to\infty} \|C(\tau_k)^{m_k}\|_{L(V\to V)} < \infty,$$

与假设矛盾. □

推论 3.1 (收敛阶)　在定理 3.7 的假设下, 若 u 是初值为 $u_0 \in V_c$ 时的解, 且满足

$$\sup_t \left\| \frac{C(\tau)u(t) - u(t+\tau)}{\tau} \right\| \leqslant c\tau^k, \quad \tau \in (0, \tau_0],$$

则有误差估计

$$\|C(\tau)^m u_0 - u(t)\| \leqslant c\tau^k,$$

式中 m 是正整数且 $m\tau = t$.

证明　由 (3.65) 式易得误差估计. □

例 3.11 (续例 3.10)　将 Lax 等价定理用于问题 (3.60) 的向前、向后差分格式理论分析. 对于向前格式, 假设 $\lambda \leqslant 1/2$, 于是由 (3.63) 式知,

$$\|C(\tau)\|_{L(V\to V)} \leqslant 1, \quad 且 \quad \|C(\tau)^m\|_{L(V\to V)} \leqslant 1, \quad m = 1, 2, \cdots.$$

所以, 在条件 $\lambda \leqslant 1/2$ 下, 向前格式稳定. 又因为格式是相容的, 故由 Lax 等价性定理可得其收敛性:

$$\lim_{\tau_i\to 0} \|u_\tau(\cdot, m_i\tau_i) - u(\cdot, t)\| = 0,$$

式中 $\lim\limits_{\tau_i\to 0} m_i\tau_i = t$.

实际上, 可证明

$$\|C(\tau)\|_{L(V\to V)} = |1 - 2\lambda| + 2\lambda,$$

从而 $\lambda \leqslant 1/2$ 是稳定和收敛的充要条件.

由关系式 (3.64), 可得有限差分解 v 的收敛性:

$$\lim_{\tau_t \to 0} \max_{0 \leqslant j \leqslant N_x} |v_j^m - u(x_j, t)| = 0,$$

式中 m 依赖于 τ_t, 满足关系 $\lim\limits_{\tau_t \to 0} m\tau_t = t$.

对于向后格式, 对任意的 λ, $\|C(\tau)\|_{L(V \to V)} \leqslant 1$, 故有

$$\|C(\tau)^m\|_{L(V \to V)} \leqslant 1, \quad \text{对任意的 } m.$$

所以向后格式是无条件稳定的, 从而无条件收敛.

同样可用推论 3.1 说明向前、向后格式的收敛率.

习　题　3

3.1　试用有限体积方法构造求解扩散方程

$$\frac{\partial u}{\partial t} = a \frac{\partial^2 u}{\partial x^2}, \quad a > 0$$

的一个差分格式.

3.2　给定正常数 $a > 0$, 考虑求解对流方程

$$u_t + a u_x = 0$$

的差分格式

$$u_j^{n+1} = \sum_{l=-2}^{2} \alpha_l u_{j+l}^n,$$

试确定系数 $\{\alpha_l\}_{l=-2}^2$ 使其精度尽可能高.

3.3　设 b, c 为实常数, 求证: 一元二次方程

$$\mu^2 - b\mu - c = 0$$

的两根按模不大于 1 且其中一个根严格小于 1 的充要条件是

$$|b| \leqslant 1 - c, \quad |c| < 1.$$

3.4　讨论求解对流方程

$$\frac{\partial u}{\partial t}+\frac{\partial u}{\partial x}=0$$

的差分格式

$$u_j^{n+1}=u_j^n-\frac{\lambda}{2}(3u_j^n-4u_{j-1}^n+u_{j-2}^n)$$

的截断误差及稳定性. 在上式中, $\lambda=\tau/h$ 为网格比.

3.5　将习题 3.4 中的差分格式改为

$$u_j^{n+1}=u_j^n-\lambda(2u_j^n-3u_{j-1}^n+u_{j-2}^n).$$

讨论其截断误差及稳定性.

3.6　给定任意常数 b, 讨论求解如下方程

$$u_t+u_x=bu$$

的差分格式

$$\frac{u_j^{n+1}-u_j^n}{\tau}+\frac{u_j^n-u_{j-1}^n}{h}=bu_j^n$$

的稳定性.

3.7　讨论扩散方程

$$\frac{\partial u}{\partial t}=a\frac{\partial^2 u}{\partial x^2},\quad a>0$$

的差分格式

$$(1+\theta)\frac{u_j^{n+1}-u_j^n}{\tau}-\theta\frac{u_j^n-u_j^{n-1}}{\tau}=a\frac{u_{j+1}^{n+1}-2u_j^{n+1}+u_{j-1}^{n+1}}{h^2}$$

的精度及稳定性. 在上式中 θ 为一非负常数.

3.8　证明差分格式

$$\begin{cases} u_j^{n+1}-u_j^n=a\lambda(u_{j+1}^n-u_j^n-u_j^{n+1}+u_{j-1}^{n+1}), \\ u_j^{n+2}-u_j^{n+1}=a\lambda(u_{j+1}^{n+2}-u_j^{n+2}-u_j^{n+1}+u_{j-1}^{n+1}) \end{cases}$$

是无条件稳定的. 在上式中 a 和 λ 都是正常数.

3.9　用矩阵法证明热传导问题

$$\begin{cases} \dfrac{\partial u}{\partial t}=\dfrac{\partial^2 u}{\partial x^2},\quad 0<x<1, t>0, \\ u(x,0)=f(x),\quad 0<x<1, \\ u(0,t)=u(1,t)=0,\quad t\geqslant 0 \end{cases}$$

的加权隐式格式 ($\lambda = \tau/h^2$)

$$u_j^{n+1} - u_j^n = \lambda\Big[\theta(u_{j+1}^{n+1} - 2u_j^{n+1} + u_{j-1}^{n+1}) + (1-\theta)(u_{j+1}^n - 2u_j^n + u_{j-1}^n)\Big]$$

的稳定性条件是: 当 $0 \leqslant \theta < \dfrac{1}{2}$ 时, $\lambda \leqslant \dfrac{1}{2(1-2\theta)}$; 当 $\dfrac{1}{2} \leqslant \theta \leqslant 1$ 时, 无条件稳定.

3.10 证明组合恒等式 (3.25) 和 (3.26).

参 考 文 献

[1] 李庆扬, 王能超, 易大义. 数值分析 [M]. 5 版. 北京: 清华大学出版社, 2008.

[2] 张文生. 科学计算中的偏微分方程有限差分法 [M]. 北京: 高等教育出版社, 2006.

[3] Leveque R J. Finite volume methods for hyperbolic problems [M]. New York: Cambridge University Press, 2002.

[4] 刘儒勋, 舒其望. 计算流体力学的若干新方法 [M]. 北京: 科学出版社, 2003.

[5] Wen X. Convergence of an immersed interface upwind scheme for linear advection equations with piecewise constant coefficients. II. Some related binomial coefficient inequalities [J]. Journal of Computational Mathematics, 2009, 27(4): 474-483.

[6] Wen X, Jin S. Convergence of an immersed interface upwind scheme for linear advection equations with piecewise constant coefficients I: L_1-error estimates[J]. Journal of Computational Mathematics, 2008, 26(1): 1-22.

[7] 谷超豪, 李大潜, 陈恕行, 等. 数学物理方程 [M]. 2 版. 北京: 高等教育出版社, 2002.

[8] 齐民友. 线性偏微分算子引论: 上册 [M]. 北京: 科学出版社, 1986.

[9] 胡健伟, 汤怀民. 微分方程数值方法 [M]. 2 版. 北京: 科学出版社, 2007.

[10] 李荣华, 冯果忱. 微分方程数值解法 [M]. 3 版. 北京: 高等教育出版社, 1996.

[11] Richtmyer R D, Morton K W. Difference methods for initial-value problems [M]. 2nd ed. Chichester: John Wiley & Sons, 1967.

[12] 陆金甫, 关治. 偏微分方程数值解法 [M]. 2 版. 北京: 清华大学出版社, 2004.

[13] Meis T, Marcowitz U. Numerical solution of partial differential equations [M]. Berlin: Springer-Verlag, 1981.

[14] Atkinson K, Han W. Theoretical numerical analysis: a functional analysis framework [M]. 3rd ed. New York: Springer-Verlag, 2009.

第四章　双曲型方程的差分方法

4.1　一阶线性常系数双曲型方程初值问题

考察如下对流方程

$$u_t + au_x = 0 \tag{4.1}$$

初值问题的数值求解, 式中 a 为给定常数, 不妨设 $a > 0$. 实际上, 在上一章中已通过数值微分法、待定系数法和有限体积法陆续构造了求解该方程的多种差分方法. 现将求解 (4.1) 的一些典型方法综述如下.

1. 迎风格式

对于方程 (4.1), 将 u_t 用一阶向前差商, u_x 用一阶向后差商离散, 即得如下迎风格式:

$$\frac{u_j^{n+1} - u_j^n}{\tau} + a\frac{u_j^n - u_{j-1}^n}{h} = 0. \tag{4.2}$$

经直接计算可知该格式的截断误差为 $O(\tau + h)$, 而增长因子为

$$G(\tau, k) = a\lambda \mathrm{e}^{-\mathrm{i}kh} + (1 - a\lambda),$$

式中 $\lambda = \tau/h$ 为网格比. 所以,

$$\begin{aligned}\sup_{k\in\mathbb{R}} |G(\tau, k)|^2 &= \sup_{k\in\mathbb{R}} \left[(a\lambda)^2 + (1 - a\lambda)^2 + 2a\lambda(1 - a\lambda)\cos(kh)\right] \\ &= \max(1, (1 - 2a\lambda)^2),\end{aligned}$$

由 von Neumann 条件知, 迎风格式 (4.2) 稳定的充要条件是 $a\lambda \leqslant 1$.

2. Lax-Friedrichs 格式

对于方程 (4.1), 将 u_t 用一阶向前差商, u_x 用一阶中心差商离散, 即得如下差分格式:

$$\frac{u_j^{n+1} - u_j^n}{\tau} + a\frac{u_{j+1}^n - u_{j-1}^n}{2h} = 0. \tag{4.3}$$

在例 3.5 中通过 Fourier 稳定性判别准则已证明该格式不稳定. 但如用 $\frac{1}{2}(u_{j-1}^n + u_{j+1}^n)$ 代换上面的 u_j^n, 则得如下 Lax-Friedrichs (拉克斯 – 弗里德里希斯) 格式:

$$\frac{u_j^{n+1} - \frac{1}{2}\left(u_{j-1}^n + u_{j+1}^n\right)}{\tau} + a\frac{u_{j+1}^n - u_{j-1}^n}{2h} = 0. \tag{4.4}$$

该格式的截断误差为

$$\frac{\tau}{2}u_{tt} - \frac{h^2}{2\tau}u_{xx} + O\left(h^2 + \frac{h^4}{\tau}\right) = O\left(\tau + \frac{h^2}{\tau} + h^2\right).$$

在计算中, 网格比 λ 通常取为常数, 所以 Lax-Friedrichs 格式的截断误差仍为 $O(\tau + h)$. 如令 $u_j^n = v^n \mathrm{e}^{\mathrm{i}jkh}$, 将其代入 (4.4) 式, 可得增长因子

$$G(\tau, k) = \frac{1}{2}(\mathrm{e}^{\mathrm{i}kh} + \mathrm{e}^{-\mathrm{i}kh}) - \frac{a\lambda}{2}(\mathrm{e}^{\mathrm{i}kh} - \mathrm{e}^{-\mathrm{i}kh}) = \cos(kh) - \mathrm{i}a\lambda\sin(kh).$$

所以

$$\sup_{k\in\mathbb{R}} |G(\tau, k)|^2 = \max(1, a^2\lambda^2).$$

则由 von Neumann 条件知, Lax-Friedrichs 格式 (4.4) 稳定的充要条件是 $a\lambda \leqslant 1$.

为何在绝对不稳定的格式 (4.3) 的基础上, 做前面的算术平均替代就能导出一个条件稳定的格式? 我们在后文将说明, 通过这个简单的替代, 实际上是对格式 (4.3) 增加了一个足够强的耗散项, 以控制该格式的逆耗散效应, 从而改善了格式的稳定性.

3. Lax-Wendroff 格式

在上一章中用待定系数法得到了如下 Lax-Wendroff 格式:

$$u_j^{n+1} = u_j^n - \frac{a\lambda}{2}(u_{j+1}^n - u_{j-1}^n) + \frac{a^2\lambda^2}{2}(u_{j+1}^n - 2u_j^n + u_{j-1}^n). \tag{4.5}$$

也可以用 Taylor 展开的方法导出该格式[1−3]. 实际上, 记 $x = x_j$, $t = t_n$, 利用方程 (4.1) 和 Taylor 展开知

$$\begin{aligned} u(x, t+\tau) &= u(x,t) + \tau u_t(x,t) + \frac{1}{2}\tau^2 u_{tt}(x,t) + O(\tau^3) \\ &= u(x,t) - a\tau u_x(x,t) + \frac{1}{2}a^2\tau^2 u_{xx}(x,t) + O(\tau^3). \end{aligned} \tag{4.6}$$

再对 (4.6) 式右端中的 u_x 和 u_{xx} 使用中心差商离散

$$u_x(x,t) \approx \frac{u(x+h,t)-u(x-h,t)}{2h},$$
$$u_{xx}(x,t) \approx \frac{u(x+h,t)-2u(x,t)+u(x-h,t)}{h^2},$$

并去除高阶项, 写成格点函数形式即可导出差分格式 (4.5). 由算法的构造易知该格式的截断误差为 $O(\tau^2+h^2)$. 令 $u_j^n = v^n \mathrm{e}^{\mathrm{i}jkh}$, 代入 (4.5) 式得增长因子

$$\begin{aligned} G(\tau,k) &= 1-\frac{a\lambda}{2}(\mathrm{e}^{\mathrm{i}kh}-\mathrm{e}^{-\mathrm{i}kh})+\frac{a^2\lambda^2}{2}(\mathrm{e}^{\mathrm{i}kh}-2+\mathrm{e}^{-\mathrm{i}kh}) \\ &= 1-2a^2\lambda^2\sin^2\left(\frac{kh}{2}\right)-\mathrm{i}a\lambda\sin(kh). \end{aligned}$$

于是

$$|G(\tau,k)|^2 = 1-4a^2\lambda^2(1-a^2\lambda^2)\ \sin^4\left(\frac{kh}{2}\right),$$

故由 $|G|^2 \leqslant 1$ 得 Lax-Wendroff 格式的稳定性条件为 $a\lambda \leqslant 1$.

4. 蛙跳格式

对于方程 (4.1), 如果对 u_t 和 u_x 用一阶中心差商离散, 则得如下蛙跳 (leap-frog) 格式:

$$\frac{u_j^{n+1}-u_j^{n-1}}{2\tau}+a\frac{u_{j+1}^n-u_{j-1}^n}{2h}=0. \tag{4.7}$$

在第三章中也已用有限体积法导出该格式. 由蛙跳格式的构造易知, 它的截断误差为 $O(\tau^2+h^2)$. 格式 (4.7) 可重写为

$$u_j^{n+1} = u_j^{n-1}-a\lambda(u_{j+1}^n-u_{j-1}^n). \tag{4.8}$$

它是一个三层格式. 特别地, 如果 $a\lambda=1$, 用数学归纳法容易证明, 若第 0 时间层和第 1 时间层的格点函数取精确值, 则由蛙跳格式获得问题的精确解. 下面来研究该差分格式的稳定性.

令 $u_j^n = v^n\mathrm{e}^{\mathrm{i}jkh}$, 代入 (4.8) 式得

$$v^{n+1} = -2a\lambda\mathrm{i}\sin(kh)v^n+v^{n-1}.$$

记 $\boldsymbol{v}^n=[v^n,v^{n-1}]^{\mathrm{T}}$, 则有

$$\boldsymbol{v}^{n+1}=\boldsymbol{G}(\tau,k)\boldsymbol{v}^n,$$

式中增长矩阵为

$$\boldsymbol{G}(\tau,k)=\begin{bmatrix}-2a\lambda\mathrm{i}\sin(kh) & 1\\ 1 & 0\end{bmatrix}.$$

由直接计算可知 $\boldsymbol{G}$ 的特征值为

$$\mu_{1,2}=-a\lambda\mathrm{i}\sin(kh)\ \pm\sqrt{1-a^2\lambda^2\sin^2(kh)}.$$

如果 $a\lambda>1$, 易知

$$\sup_{k\in\mathbb{R}}|\mu_2|=a\lambda+\sqrt{a^2\lambda^2-1}>1,$$

不满足 von Neumann 条件, 因此此时差分格式 (4.7) 不稳定.

如果 $a\lambda<1$, 则 $\mu_1\neq\mu_2$, 且 $|\mu_1|=|\mu_2|=1$, 故由定理 3.6 知差分格式 (4.7) 是稳定的.

当 $a\lambda=1$ 时, 取 $kh=\pi/2$, 则

$$\boldsymbol{G}=\begin{bmatrix}-2\mathrm{i} & 1\\ 1 & 0\end{bmatrix},\quad \boldsymbol{G}^2=\begin{bmatrix}-3 & -2\mathrm{i}\\ -2\mathrm{i} & 1\end{bmatrix},\quad \boldsymbol{G}^4=\begin{bmatrix}5 & 4\mathrm{i}\\ 4\mathrm{i} & -3\end{bmatrix},$$

以此类推可得

$$(\boldsymbol{G}(\tau,\sigma))^{2^n}=\begin{bmatrix}2^n+1 & 2^n\mathrm{i}\\ 2^n\mathrm{i} & 1-2^n\end{bmatrix},\quad n\geqslant 2.$$

所以 $\|\boldsymbol{G}^{2^n}\|_2>2^n+1$. 由此可知, 当 $a\lambda=1$ 时, 格式 (4.8) 不稳定.

综上所述, 蛙跳格式 (4.7) 稳定的充要条件是 $a\lambda<1$.

5. Crank-Nicolson 格式

对于方程 (4.1), 将 u_t 用一阶向前差商离散, 而 u_x 用 n 时间层和 $n+1$ 时间层的一阶中心差商的算术平均离散, 则得所谓的 Crank-Nicolson (克兰克 – 尼科尔森) 格式 (简记 CN 格式):

$$\frac{u_j^{n+1}-u_j^n}{\tau}+\frac{a}{2}\left(\frac{u_{j+1}^{n+1}-u_{j-1}^{n+1}}{2h}+\frac{u_{j+1}^n-u_{j-1}^n}{2h}\right)=0. \tag{4.9}$$

CN 格式与 Lax-Wendroff 格式一样, 也是一个二阶精度格式. 该格式是无条件稳定的隐式格式. 关于这一点留给读者作为练习来验证.

4.2 CFL 条 件

现以求解对流方程 (4.1) 的 Lax-Wendroff 格式为例来说明, 如何从几何直观上判别一个差分格式的稳定性. 根据格式 (4.5) 的定义知, 为了确定 u_j^n, 要用到格点函数值 u_{j-1}^{n-1}, u_j^{n-1} 和 u_{j+1}^{n-1}. 而为了得到这三个值, 又须用到 u_{j-2}^{n-2}, u_{j-1}^{n-2}, u_j^{n-2}, u_{j+1}^{n-2}, u_{j+2}^{n-2}. 一直递推下去, 为了确定 u_j^n, 须用到初值 $u_0(x)$ 在区间 $[x_{j-n}, x_{j+n}]$ 上的所有格点值 (见图 4.1). 称区间 $[x_{j-n}, x_{j+n}]$ 为差分格式解在点 $P(x_j, t_n)$ 的依赖区域. 而由对流方程 (4.1) 的精确解表达式 (3.4) 可知, $D = x_j - at_n$ 为精确解在 (x_j, t_n) 处的依赖区域, 此时恰为一点, 则 Courant-Friedrichs-Lewy 条件 (柯朗 – 弗里德里希斯 – 列维, 简记 CFL 条件) 就是要求 $D \in [x_{j-n}, x_{j+n}]$. 换言之, 就是要求差分格式的依赖区域必须包含微分方程初值问题的依赖区域, 以保证收敛性 (稳定性). 对于本例, Lax-Wendroff 格式稳定则应满足条件

$$x_{j-n} \leqslant x_j - at_n \leqslant x_{j+n},$$

即 $a\lambda \leqslant 1$, 和前面得到的稳定性结果一致. 但应该注意的是 CFL 条件仅是一个描述性条件, 不能作为严格的稳定性判别准则来使用. 比如对于差分格式 (4.3), 它的 CFL 条件是 $a\lambda \leqslant 1$, 但在此条件下该格式并不稳定.

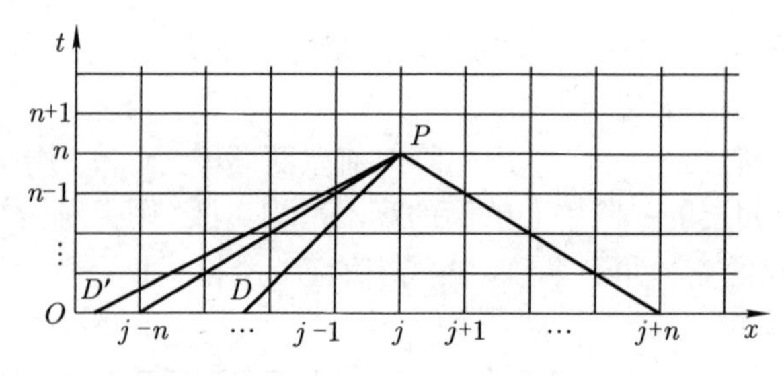

图 4.1 CFL 条件

4.3 利用特征线构造差分格式

特征线是研究双曲型方程定性理论的重要工具[4]. 实际上, 它对构造双曲型方程的差分格式也很有帮助. 由第三章知, 对流方程 (4.1) 的特征线为

$$L : \frac{\mathrm{d}x}{\mathrm{d}t} = a,$$

即

$$x = at + x_0,$$

式中, x_0 为特征线和 x 轴交点的横坐标. 沿特征线 L, 解 u 恒为常数.

如图 4.2 所示, 记 Q 为过点 $P = (x_j, t_{n+1})$ 的特征线 L_P 与 n 时间层网格线的交点, 则 $u(P) = u(Q)$. 于是要确定 $n+1$ 时间层上的格点函数值转化为确定解在 n 时间层上相应点之值. 如果 Q 恰为网格节点, 则已获得差分格式. 如果它不是格点, 就可以由给定在 n 时间层上的格点函数值, 用插值的方法得到 u 在 Q 点的近似值, 进而获得差分格式. 现具体讨论如下.

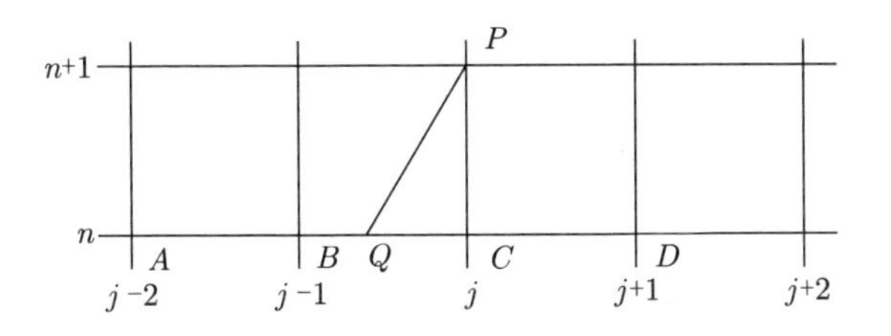

图 4.2 特征线方法

情形 1 对固定的 n, 考虑时间层 t_n. 把该层的直线看成 x 轴, $u(x, t_n)$ 看成 x 的函数, 记为 $u^n(x)$. 由简单的计算知, 点 Q 的 x 坐标为 $x_j - a\tau$. 当 $a > 0$ 时, 迎风格式用到的是 B 和 C 点处的函数值. 为此, 以点 B 和 C 的格点函数值做线性插值, 相应的插值函数为

$$u^n(x) = \frac{x_j - x}{h} u^n(B) + \frac{x - x_{j-1}}{h} u^n(C).$$

把 Q 点坐标代入上式, 有

$$\begin{aligned}u^n(Q) &= u^n(x_j - a\tau) \\ &\approx \frac{x_j-(x_j-a\tau)}{h}u_{j-1}^n + \frac{(x_j-a\tau)-x_{j-1}}{h}u_j^n \\ &= a\lambda u_{j-1}^n + (1-a\lambda)u_j^n.\end{aligned}$$

于是得差分格式:

$$u_j^{n+1} = a\lambda u_{j-1}^n + (1-a\lambda)u_j^n, \quad \lambda = \tau/h.$$

它恰为前面介绍的迎风格式 (4.2).

情形 2 如果以 B, C, D 三点的格点函数值做二次插值, 则仿照上述推导可得 Lax-Wendroff 格式 (4.5).

情形 3 如果以 B, D 两点的格点函数值做线性插值, 则仿照上述推导可得 Lax-Friedrichs 格式 (4.3).

情形 4 如果以 A, B, C 三点的格点函数值做二次插值, 则得如下 Beam-Warming (比姆 – 沃明) 格式:

$$u_j^{n+1} = u_j^n - a\lambda\left(u_j^n - u_{j-1}^n\right) - \frac{a\lambda}{2}(1-a\lambda)\left(u_j^n - 2u_{j-1}^n + u_{j-2}^n\right).$$

该格式又称为二阶迎风格式. 由 CFL 条件可知该格式的稳定性条件为 $a\lambda \leqslant 2$, 下面用 Fourier 稳定性判别准则给予严格说明. 首先, 经标准计算可知该格式的增长因子为

$$\begin{aligned}G(\tau,k) = 1 - 2a\lambda\sin^2\left(\frac{kh}{2}\right) - a\lambda(1-a\lambda)\left(2\sin^4\left(\frac{kh}{2}\right) - \frac{1}{2}\sin^2(kh)\right) \\ -\mathrm{i}a\lambda\sin(kh)\left[1 + 2(1-a\lambda)\sin^2\left(\frac{kh}{2}\right)\right],\end{aligned}$$

所以

$$|G|^2 = 1 - 4a\lambda(1-a\lambda)^2(2-a\lambda)\sin^4\left(\frac{kh}{2}\right).$$

于是由 $|G|^2 \leqslant 1$ 得稳定性条件 $a\lambda \leqslant 2$.

情形 5 如果以点 Q 所在的空间网格区间端点做线性插值来获得 $u(Q)$ 的近似值, 则可导出如下修正的迎风格式:

$$u_j^{n+1} = \{a\lambda\}\, u_{j-[a\lambda]-1}^n + (1-\{a\lambda\})\, u_{j-[a\lambda]}^n,$$

式中, $[x]$ 表示不超过 x 的最大整数, 而 $\{x\} = x - [x]$. 该格式是无条件稳定的, 但编程实算更困难一些.

注 4.1 除迎风格式外, 前面介绍的其他差分格式都可自然推广到偏微分方程组情形. 例如, 对于问题 (3.43), 相应的 Lax-Friedrichs 格式为

$$\frac{\boldsymbol{u}_j^{n+1} - \dfrac{1}{2}(\boldsymbol{u}_{j-1}^n + \boldsymbol{u}_{j+1}^n)}{\tau} + \boldsymbol{A}\frac{\boldsymbol{u}_{j+1}^n - \boldsymbol{u}_{j-1}^n}{2h} = \boldsymbol{0}.$$

这里不对方程组情形做进一步的介绍, 有兴趣的读者可参见本章文献 [1–3].

4.4 差分格式的耗散、色散与余项效应分析

现给出一些数值实验结果. 取 $h = 0.1$, $\tau = 0.08$, 考察用迎风格式、Lax-Friedrichs 格式、Lax-Wendroff 格式和修正迎风格式求解对流方程

$$\begin{cases} u_t + u_x = 0, \\ u(0,x) = f(x) = \begin{cases} 1, & x \leqslant 0, \\ 0, & x > 0 \end{cases} \end{cases}$$

在 $t = 4$ 时的计算效果, 结果见图 4.3. 由该图可以发现, 虽然在此时这四个差分格式都是稳定的, 但它们在间断点处逼近解的情况有明显不同, 迎风格式比较光滑地连在一起, Lax-Friedrichs 格式有细微波纹, Lax-Wendroff 格式有明显的波头振荡, 而修正迎风格式光滑效应明显. 是什么原因导致这些现象? 以下将通过波的耗散、色散、差分格式的修正偏微分方程和余项效应分析来解释这些现象.

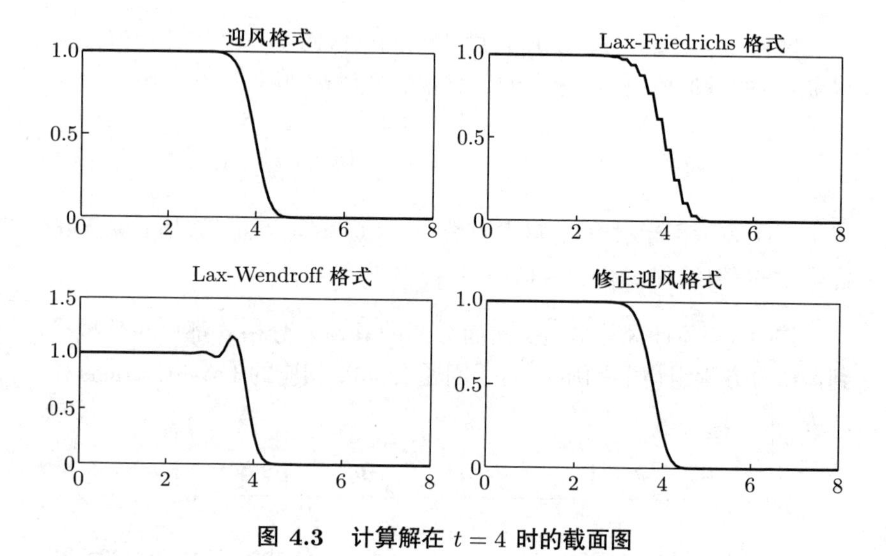

图 4.3　计算解在 $t = 4$ 时的截面图

4.4.1　耗散与色散

考虑对流方程

$$u_t + au_x = 0, \tag{4.10}$$

式中 $a > 0$ 为一常数, 表示流速. 由分离变量法, 不妨假设其解为

$$u(x,t) = \widehat{u}\exp\left(\mathrm{i}(\omega t + \xi x)\right) = \widehat{u}\exp\left(\mathrm{i}\omega t\right)\exp\left(\mathrm{i}\xi x\right).$$

该解描述了空间和时间中的一个波, 而 ω 是波的频数 (频率), ξ 是波数. 如果假设波长为 λ, 那么 $\xi = 2\pi/\lambda$. 把该形式的解代入原方程可以得到一个频数 ω 与波数 ξ 的关系, 称为**色散关系**. 对于该模型问题, 易得

$$\omega(\xi) = -a\xi.$$

当 ω 是实数时, 波的传播速度大小为

$$v = -\frac{\omega}{\xi} = a,$$

且振幅没有衰减.

下面介绍耗散与色散这两个重要概念[3,5,6].

定义 4.1 假设一个发展方程的各种波数成分波的振幅随时间是衰减的, 则称该方程的解是**耗散的** (dissipative). 假设各种波数成分波的振幅不增长也不衰减, 则称该方程的解是**非耗散的** (nondissipative). 假设各种波数成分波以不同速度传播, 则称该方程的解是**色散的** (frequency dispersive).

现在分析两个典型的例子以具体说明耗散与色散的含义. 考虑方程

$$u_t = au_{xx},$$

它的色散关系是 $\omega = \mathrm{i}a\xi^2$, 解为 $u(x,t) = \widehat{u}\exp(-a\xi^2 t)\ \exp(\mathrm{i}\xi x)$, 可看出波不随时间移动, 但随时间衰减, 故解是耗散的.

考虑方程

$$u_t + au_{xxx} = 0,$$

色散关系为 $\omega = a\xi^3$, 解为 $u(x,t) = \widehat{u}\exp(\mathrm{i}\xi(x + a\xi^2 t))$, 可看出波的传播速度为 $a\xi^2$, 不同波数的波以不同的速度传播, 因此解是色散的, 但没有耗散.

4.4.2 差分格式的修正偏微分方程 (MPDE)

求解方程 (4.10) 的常用差分方法包括 FTCS (见 (4.3) 式)、FTFS (见 (3.8) 式)、迎风格式、Lax-Friedrichs 格式、Lax-Wendroff 格式, 蛙跳格式等. 研究差分格式逼近效果的一个基本手段是截断误差分析, 其实质是假设微分方程有充分光滑解, 将解在网格格点的函数值代入差分方程, 使用 Taylor 展开来分析偏差大小. 这个偏差就是截断误差, 它反映了精确解导出的格点函数不满足差分方程的程度. 可以换个思路考虑问题, 设想有一个充分光滑的函数, 它在网格格点上就等于差分格式解, 那这个函数应该满足什么方程、有什么性质? 沿着这个思路做下去, 就导出了差分格式的余项效应分析.

下面以 FTCS 为例, 说明余项效应分析的实质. 首先, FTCS 格式即

$$u_j^{n+1} = u_j^n - \frac{c}{2}(u_{j+1}^n - u_{j-1}^n), \tag{4.11}$$

式中 $c = a\tau/h$, τ 为时间步长, h 为空间步长. 形式上, 视 u_j^n 为某一充分光滑函数 u 在格点 (x_j, t_n) 上的函数值, 则由 Taylor 展开有

$$\begin{aligned} u_j^{n+1} &= u(x_j, t_{n+1}) = u(x_j, t_n) + \tau u_t(x_j, t_n) + \frac{\tau^2}{2} u_{tt}(x_j, t_n) \\ &\quad + \frac{\tau^3}{6} u_{ttt}(x_j, t_n) + \cdots, \\ u_{j\pm 1}^n &= u(x_{j\pm 1}, t_n) = u(x_j, t_n) \pm h u_x(x_j, t_n) + \frac{h^2}{2} u_{xx}(x_j, t_n) \\ &\quad \pm \frac{h^3}{6} u_{xxx}(x_j, t_n) + \cdots, \end{aligned}$$

将其代入 (4.11) 式, 可得

$$u + \tau u_t + \frac{\tau^2}{2} u_{tt} + \frac{\tau^3}{6} u_{ttt} + \cdots = u - c\left(h u_x + \frac{h^3}{6} u_{xxx} + \cdots\right).$$

要注意上式实际上是在点 (x_j, t_n) 处相等, 只是为行文简洁, 才写成这样的形式. 利用关系式 $ch = a\tau$, 由上式立有

$$u_t + a u_x = -\frac{\tau}{2} u_{tt} - \frac{\tau^2}{6} u_{ttt} - \frac{ah^2}{6} u_{xxx} + \cdots. \tag{4.12}$$

可以看到, 如果略去 (4.12) 式右端项 (这个右端项就是所谓的余项), 则恰好得到所要求解的方程 (4.10). 但是, 被省略的高阶项可能正好反映了格式的本质特性 (稳定性、耗散和色散等).

考虑到 (4.12) 式右端余项既含有对 x 的偏导, 又含有对 t 的偏导, 研究起来不太方便, 现利用构造差分格式的修正偏微分方程 (modified PDE, MPDE) 的自循环消去法[5,7], 将余项转化成只含 x(或 t) 的偏导项. 具体来说, 假设

$$u_t + a u_x = b_2 u_{xx} + b_3 u_{xxx} + \cdots, \tag{4.13}$$

则有

$$u_t = -au_x + b_2 u_{xx} + b_3 u_{xxx} + \cdots . \tag{4.14}$$

在 (4.14) 式两边对 t 求偏导得

$$u_{tt} = -a(u_t)_{\ x} + b_2(u_t)_{\ xx} + b_3(u_t)_{\ xxx} + \cdots .$$

将 (4.14) 式代入上式, 略去四阶以上的偏导项而得

$$u_{tt} = a^2 u_{xx} - 2ab_2 u_{xxx} + \cdots . \tag{4.15}$$

接着, 在 (4.15) 式两边再对 t 求一次偏导, 做类似的操作, 则有

$$u_{ttt} = -a^3 u_{xxx} + \cdots . \tag{4.16}$$

展开式 (4.14), (4.15) 和 (4.16) 是重要的关系式, 在推导差分格式的修正偏微分方程时很有用. 从算子的角度看, 这些关系式也可以这样推得:

$$\begin{aligned}
\frac{\partial}{\partial t} &= -a\frac{\partial}{\partial x} + b_2\left(\frac{\partial}{\partial x}\right)^2 + b_3\left(\frac{\partial}{\partial x}\right)^3 + \cdots , \\
\frac{\partial^2}{\partial t^2} &= \left(\frac{\partial}{\partial t}\right)^2 = a^2\left(\frac{\partial}{\partial x}\right)^2 - 2ab_2\left(\frac{\partial}{\partial x}\right)^3 + \cdots \\
&= a^2\frac{\partial^2}{\partial x^2} - 2ab_2\frac{\partial^3}{\partial x^3} + \cdots , \\
\frac{\partial^3}{\partial t^3} &= \left(\frac{\partial}{\partial t}\right)^3 = -a^3\left(\frac{\partial}{\partial x}\right)^3 + \cdots = -a^3\frac{\partial^3}{\partial x^3} + \cdots .
\end{aligned}$$

将上述关系式代入 (4.12) 式, 可得

$$\begin{aligned}
u_t + au_x &= -\frac{\tau}{2}u_{tt} - \frac{\tau^2}{6}u_{ttt} - \frac{ah^2}{6}u_{xxx} + \cdots \\
&= -\frac{\tau}{2}(a^2 u_{xx} - 2ab_2 u_{xxx} + \cdots) - \frac{\tau^2}{6}(-a^3 u_{xxx} + \cdots) \\
&\quad - \frac{ah^2}{6}u_{xxx} + \cdots \\
&= -\frac{1}{2}a^2\tau u_{xx} + \left(ab_2\tau + \frac{1}{6}a^3\tau^2 - \frac{1}{6}ah^2\right)u_{xxx} + \cdots .
\end{aligned}$$

与假设关系式 (4.13) 比较系数, 有

$$b_2 = -\frac{1}{2}a^2\tau,$$
$$b_3 = ab_2\tau + \frac{1}{6}a^3\tau^2 - \frac{1}{6}ah^2.$$

注意到关系式 $ch = a\tau$, 可得到如下修正偏微分方程:

$$u_t + au_x = -\frac{1}{2}achu_{xx} - \frac{1}{6}ah^2(2c^2+1)u_{xxx} + \cdots . \tag{4.17}$$

当然也可以不同于 (4.13) 式做如下假设:

$$u_t + au_x = c_2u_{tt} + c_3u_{ttt} + \cdots ,$$

而着手于消除关于 x 的高阶微商, 那么类似地有

$$u_x = \frac{1}{a}(-u_t + c_2u_{tt} + c_3u_{ttt} + \cdots),$$
$$u_{xx} = \frac{1}{a^2}(u_{tt} - 2c_2u_{ttt} + \cdots),$$
$$u_{xxx} = \frac{1}{a^3}(-u_{ttt} + \cdots),$$

于是可得

$$u_t + au_x = -\frac{1}{2}\tau u_{tt} + \frac{1-c^2}{6c^2}\tau^2u_{ttt} + \cdots . \tag{4.18}$$

为区别起见, (4.17) 式称为 x-MPDE, 而 (4.18) 式称为 t-MPDE.

以下给出求解问题 (4.10) 的若干基本格式的余项 (x-MPDE):

FTCS 格式: $-\frac{1}{2}achu_{xx} - \frac{1}{6}a(2c^2+1)h^2u_{xxx} + \cdots$,

FTFS 格式:$-\frac{1}{2}a(c+1)hu_{xx} - \frac{1}{6}a(c+1)(2c+1)h^2u_{xxx} + \cdots$,

Lax-Friedrichs 格式: $\frac{1}{2\tau}(1-c^2)h^2u_{xx} + \frac{1}{3}a(1-c^2)h^2u_{xxx} + \cdots$,

蛙跳格式: $\frac{1}{6}a(c^2-1)h^2u_{xxx} + \cdots$,

迎风格式: $\frac{1}{2}a(1-c)hu_{xx} - \frac{1}{6}a(c-1)(2c-1)h^2u_{xxx} + \cdots$,

Crank-Nicolson 格式: $-\frac{1}{12}a(c^2+2)h^2u_{xxx} + \cdots$,

Lax-Wendroff 格式: $\frac{1}{6}a(c^2-1)h^2u_{xxx}+\frac{1}{8}ac(c^2-1)h^3u_{xxxx}+\cdots$.

如果采用 t-MPDE, 则若干基本格式的余项为

FTCS 格式: $-\frac{1}{2}\tau u_{tt}-\frac{c^2-1}{6c^2}\tau^2u_{ttt}+\cdots$,

FTFS 格式: $-\frac{c+1}{2c}\tau u_{tt}-\frac{(c+1)(c+2)}{6c^2}\tau^2u_{ttt}+\cdots$,

Lax-Friedrichs 格式: $-\frac{c^2-1}{2c^2}\tau u_{tt}-\frac{(c^2-1)(c^2-3)}{6c^4}\tau^2u_{ttt}+\cdots$,

蛙跳格式: $-\frac{c^2-1}{6c^2}\tau^2u_{ttt}+\cdots$,

迎风格式: $-\frac{c-1}{2c}\tau u_{tt}-\frac{(c-1)(c-2)}{6c^2}\tau^2u_{ttt}+\cdots$,

Crank-Nicolson 格式: $\frac{c^2+2}{12c^2}\tau^2u_{ttt}+\cdots$,

Lax-Wendroff 格式: $-\frac{c^2-1}{6c^2}\tau^2u_{ttt}+\frac{c^2-1}{8c^2}\tau^3u_{tttt}+\cdots$.

4.4.3 基于修正偏微分方程的耗散和色散分析

首先给出一般的线性常系数方程的修正偏微分方程 (详见本章文献 [5,7]). 设所考虑的方程是

$$u_t=Lu, \tag{4.19}$$

式中 $L=L\left(\frac{\partial}{\partial x}\right)$ 为算子 $\frac{\partial}{\partial x}$ 的常系数多项式. 给定求解方程 (4.19) 的一个相容差分格式

$$\sum_{\alpha}A_{\alpha}u_{j+\alpha}^{n+1}=\sum_{\beta}B_{\beta}u_{j+\beta}^{n},$$

式中, A_α, B_β 是格式的系数, α 与 β 取整数值. 仿前, 对该格式在点 (x_j,t_n) 处做 Taylor 展开, 消去高阶时间导数项, 得到相应的修正偏微分方程. 如果把奇、偶阶微商分别写开, 可得

$$u_t=Lu+R_s+R_p=Lu+\sum_{l}\nu_{2l}\frac{\partial^{2l}u}{\partial x^{2l}}+\sum_{m}\mu_{2m+1}\frac{\partial^{2m+1}u}{\partial x^{2m+1}}, \tag{4.20}$$

式中 R_s 称为格式的耗散余项, R_p 称为格式的色散余项, $R = R_s + R_p$ 为数值余项. 余项中的系数与 x 和 t 无关. 我们的目的是通过分析 (4.20) 式获得格式的稳定性、耗散和色散等性态[3,5,6,8,9,10].

仍以问题 (4.10) 为例展开讨论. 假设关于空间的导数仅有偶数阶, 即

$$u_t + au_x = \sum_m A_{2m} \frac{\partial^{2m} u}{\partial x^{2m}},$$

那么有色散关系

$$\omega = -a\xi - \mathrm{i} \sum_m (-1)^m A_{2m} \xi^{2m},$$

解的表达式为

$$u(x,t) = \widehat{u} \prod_m \exp((-1)^m A_{2m} \xi^{2m} t) \exp(\mathrm{i}\xi(x - at)).$$

这说明偶数阶导数项仅改变波的振幅 (数值耗散), 不改变波的速度和相位. 为了保持不同波数的波的振幅有界, 一般要求 $(-1)^m A_{2m} \xi^{2m} < 0$, 于是 A_{2m} 的正负号满足:

$$A_{2m} = (-1)^{m+1} |A_{2m}|, \quad m = 1, 2, \cdots.$$

这导出基于修正偏微分方程判定差分格式是否稳定的 **Hint 稳定判别法**.

如果关于空间的导数仅有奇数阶, 即

$$u_t + au_x = \sum_m A_{2m+1} \frac{\partial^{2m+1} u}{\partial x^{2m+1}},$$

那么有色散关系

$$\omega = -a\xi - \mathrm{i} \sum_m (-1)^m A_{2m+1} \xi^{2m+1},$$

解的表达式为

$$u(x,t) = \widehat{u} \exp\left\{ \mathrm{i}\xi \left[x - \left(a + \sum_m (-1)^{m+1} A_{2m+1} \xi^{2m} \right) t \right] \right\}.$$

由此可知波的振幅没有改变, 但是波速由 a 变成了

$$a+\sum_{m}(-1)^{m+1}A_{2m+1}\xi^{2m},$$

不同波数 ξ 的波具有不同的波速, 出现了相位差, 导致色散现象.

对于一般情形 (4.20), 在步长 h 与 τ 足够小时, 可以只考虑耗散项和色散项的主项来得到结果. 假设 ν_{2l} 中第一个非零的下标为 l_0, 若量

$$\Delta\nu_{\mathrm{main}}=(-1)^{l_0+1}\nu_{2l_0}\xi^{2l_0}>0,$$

则称格式为 l_0 **阶耗散格式**; 若量 $\Delta\nu_{\mathrm{main}}$ 为负数, 则称格式为 l_0 **阶逆耗散格式**, 该格式不稳定. 同样地, 假设 μ_{2m+1} 中第一个非零的下标为 m_0, 若量

$$\Delta\mu_{\mathrm{main}}=(-1)^{m_0}\mu_{2m_0+1}\xi^{2m_0+1}>0,$$

则称格式为 m_0 **阶正色散格式**; 若量 $\Delta\mu_{\mathrm{main}}$ 为负, 则称格式为 m_0 **阶逆色散格式**. 若

$$|\Delta\nu_{\mathrm{main}}|^2>4|\Delta\mu_{\mathrm{main}}|,$$

则格式的复合效果呈耗散优势, 光滑性强; 反之, 呈色散优势, 色散效应强. 复合效果的合理调节至今仍是个难题[5].

根据以上理论可知, 对于求解对流方程 (4.10) 的差分格式, 一阶迎风格式和 Lax-Friedrichs 格式是一阶耗散为主型, 而 Lax-Wendroff 格式和蛙跳格式是一阶色散为主型. 这个理论分析恰好吻合前面的数值结果.

在求解偏微分方程时, 解的耗散有两种: 一种是方程本身有耗散项存在, 即方程本身具有偶数阶导数项, 称为物理耗散; 另一种是由于数值离散时, 差分格式的修正偏微分方程中存在偶数阶导数的影响, 称为数值耗散, 是非物理耗散. 相应地, 奇数阶导数是色散项, 色散会导致解的振荡, 但不会导致解的发散.

4.4.4 基于修正偏微分方程构造改进的差分格式

差分格式的修正偏微分方程对研究差分格式的定性分析很有帮助, 同时也能用于构造改进的差分格式. 以 FTCS 格式为例, 它的修正偏微分方程 (4.17) 的余项主项是逆耗散项 $-\frac{1}{2}achu_{xx}$, 从而带来格式的不稳定. 如果在 FTCS 格式的右端补偿该项的相反项 $\frac{1}{2}achu_{xx}$, 并进行中心差商离散, 就得到了 Lax-Wendroff 格式

$$u_j^{n+1} = u_j^n - \frac{c}{2}(u_{j+1}^n - u_{j-1}^n) + \frac{c^2}{2}(u_{j+1}^n - 2u_j^n + u_{j-1}^n).$$

下面再来分析为什么在 FTCS 格式的基础上, 将 u_j^n 代之以 $\frac{1}{2}(u_{j-1}^n + u_{j+1}^n)$ 而得的 Lax-Friedrichs 格式是条件稳定的, 从而改进了原来差分格式的稳定性. 实际上, Lax-Friedrichs 格式可重写为

$$\frac{u_j^{n+1} - u_j^n}{\tau} + a\frac{u_{j+1}^n - u_{j-1}^n}{2h} = \frac{1}{2\tau}(u_{j-1}^n + u_{j+1}^n - 2u_j^n).$$

换言之, 它在 FTCS 格式的基础上添加了一项 $\frac{1}{2\tau}(u_{j-1}^n + u_{j+1}^n - 2u_j^n)$, 其主项为 $\frac{h^2}{2\tau}u_{xx}$. 而 FTCS 格式的修正偏微分方程 (4.17) 的余项主项是逆耗散项 $-\frac{1}{2}achu_{xx}$. 当 $a\lambda \leqslant 1$ 时, 易知 $\frac{1}{2}ach \leqslant \frac{h^2}{2\tau}$. 因此, 这个简单的算术平均替代, 实际上是对 FTCS 格式增加了一个足够强的耗散项, 以控制该格式自身的逆耗散效应, 从而改善了格式稳定性.

有关基于差分格式的余项效应分析, 对格式进行改造和优化的研究参见本章文献 [8–10].

4.5 一阶变系数双曲型方程初值问题

考虑如下一阶变系数双曲型方程:

$$\begin{cases} u_t + a(x,t)u_x = 0, \\ t = 0,\ u = u_0(x). \end{cases} \tag{4.21}$$

以下将对该初值问题解的存在、唯一性进行分析[11], 然后给出求解它的差分方法并研究稳定性.

4.5.1 解的存在、唯一性

假设初值问题 (4.21) 满足以下条件:

(1) 初始函数 $u_0(x)$ 在 $\mathbb{R}$ 上连续可微.

(2) $a(x,t)$ 在 $\mathbb{R}\times[0,+\infty)$ 上连续可微, 且存在常数 $M>0$, 满足

$$\sup_{x,t}\left(|a(x,t)|+|a_x(x,t)|\right)\leqslant M<\infty. \tag{4.22}$$

(3) 解 u 满足

$$\lim_{|x|\to+\infty} u(x,t)=0. \tag{4.23}$$

为证问题 (4.21) 解的唯一性, 需如下重要引理.

引理 4.1 (Gronwall-Bellman 不等式) 设 $v(t)$ 是定义在 $[0,+\infty)$ 上的一个连续可微函数, 且存在某一常数 M, 使得

$$\frac{\mathrm{d}v(t)}{\mathrm{d}t}\leqslant Mv(t),\quad t\in(0,+\infty),$$

则必有

$$v(t)\leqslant \mathrm{e}^{Mt}v(0).$$

该结果证明较易得到, 留给读者思考.

下面研究问题 (4.21) 解的唯一性. 由于该问题为线性的, 所以只要证明 $u_0=0$ 时对应的解 u 恒为 0 即可. 在问题 (4.21) 的第一个方程的两侧同乘以 u, 并关于 x 在 $\mathbb{R}$ 上积分可知

$$\int_{-\infty}^{+\infty} uu_t\mathrm{d}x+\int_{-\infty}^{+\infty} a(x,t)uu_x\mathrm{d}x=0.$$

令 $E(t)=\dfrac{1}{2}\displaystyle\int_{-\infty}^{+\infty} u^2(x,t)\,\mathrm{d}x$, 则由分部积分, 上式有

$$\frac{\mathrm{d}}{\mathrm{d}t}E(t)-\int_{-\infty}^{+\infty} a_x\frac{1}{2}u^2\mathrm{d}x+a\frac{1}{2}u^2\Big|_{x=-\infty}^{+\infty}=0.$$

再由条件 (4.22) 和 (4.23) 得到

$$\frac{\mathrm{d}}{\mathrm{d}t}E(t) \leqslant ME(t), \quad t \in (0, +\infty).$$

于是由 Gronwall-Bellman (格朗沃尔 – 贝尔曼) 不等式知

$$E(t) \leqslant \mathrm{e}^{Mt}E(0) = 0, \quad t \in (0, +\infty).$$

故有

$$u(x,t) \equiv 0, \quad (x,t) \in \mathbb{R} \times (0, +\infty).$$

从而获得问题 (4.21) 解的唯一性.

现在用特征线法来研究解的存在性. 问题 (4.21) 的特征线 (L) 满足

$$(L): \begin{cases} \dfrac{\mathrm{d}x}{\mathrm{d}t} = a(x,t), \\ t = 0, \ x = \overline{x}_0. \end{cases} \tag{4.24}$$

记其解为 $x = x(t;\overline{x}_0)$, 则沿特征线 (L) 有

$$\frac{\mathrm{d}}{\mathrm{d}t}u(x,t) = u_t + au_x = 0,$$

即

$$u(x,t) = u_0(\overline{x}_0).$$

于是, 如果能根据关系式 $x = x(t;\overline{x}_0)$ 导出 $\overline{x}_0$ 是 x,t 的连续可微函数, 即 $\overline{x}_0 = \overline{x}_0(x,t)$, 那么就可得问题 (4.21) 的经典解: $u(x,t) = u_0(\overline{x}_0(x,t))$. 为此, 需要如下重要结果.

定理 4.1 (Hadamard 定理) 设 $f \in C^1(\mathbb{R}^N, \mathbb{R}^N)$, 则 f 是全局微分同胚当且仅当 f 是恰当的, 且 f 处处非奇异, 即其 Jacobi 矩阵处处满秩.

该结果的证明详见本章附录.

记 $v(t;\overline{x}_0) = \dfrac{\partial}{\partial \overline{x}_0}x(t;\overline{x}_0)$, 则由 (4.24) 和链式求导法可知

$$\begin{cases} \dfrac{\mathrm{d}}{\mathrm{d}t}v(t;\overline{x}_0) = \dfrac{\partial}{\partial \overline{x}_0}\dfrac{\mathrm{d}}{\mathrm{d}t}x(t;\overline{x}_0) = \partial_{\overline{x}_0}a(x,t) = a_x(x,t)v(t;\overline{x}_0), \\ t = 0, \ v = 1. \end{cases}$$

由此得

$$v(t;\overline{x}_0)=v(0;\overline{x}_0)\mathrm{e}^{\int_0^t a_x(x,s)\mathrm{d}s}=\mathrm{e}^{\int_0^t a_x(x,s)\mathrm{d}s}. \tag{4.25}$$

固定 $t>0$, 由 (4.25) 式易知

$$v(t;\overline{x}_0)=\frac{\partial}{\partial\overline{x}_0}x(t;\overline{x}_0)\neq 0.$$

故由反函数定理知, 映射 $x=x(t;\overline{x}_0)$ 是 $\mathbb{R}$ 到 $\mathbb{R}$ 的局部微分同胚. 另一方面, 由 (4.25) 式和条件 (4.22) 有

$$\frac{\partial}{\partial\overline{x}_0}x(t;\xi)\geqslant \mathrm{e}^{-Mt},\quad \xi\in\mathbb{R}.$$

由此联立 Lagrange (拉格朗日) 中值定理可知

$$|x(t;\overline{x}_0)|\geqslant|x(t;\overline{x}_0)-x(t;0)|-|x(t;0)|\geqslant \mathrm{e}^{-Mt}|\overline{x}_0|-|x(t;0)|.$$

所以

$$\lim_{|\overline{x}_0|\to+\infty}|x(t;\overline{x}_0)|=+\infty.$$

综上所述, 由 Hadmard 定理知, 对任意固定的 $t>0$, $\overline{x}_0=\overline{x}_0(x,t)$ 存在, 且关于 x 是连续可微的, 也可以验证它关于 t 是连续可微的. 因此, $u(x,t)=u_0(\overline{x}_0(x,t))$ 即为问题 (4.21) 的经典解.

注 4.2 如果前提条件不正确, 则问题 (4.21) 不一定有整体经典解.

例 4.1 考虑问题

$$\begin{cases}u_t+x^2u_x=0,\\ t=0,\ u=u_0(x).\end{cases}$$

特征线为

$$\begin{cases}\dfrac{\mathrm{d}x}{\mathrm{d}t}=x^2,\\ t=0,\ x=x_0,\end{cases}$$

可知

$$x_0=\frac{x}{1+xt}.$$

从而有

$$u(x,t)=u_0\left(\frac{x}{1+xt}\right).$$

当 $x=-1/t$ 时, 解无意义.

4.5.2 差分方法及稳定性分析

现在来建立求解问题 (4.21) 的差分方法.

方法 1 冻结系数法.

首先将方程 (4.21) 在网格点 (x_j,t_n) 附近的系数 $a(x,t)$ 冻结为常数 $a(x_j,t_n)$, 从而可得

$$u_t+a(x_j,t_n)u_x=0.$$

然后用前面介绍的常系数情形的差分格式在 (x_j,t_n) 处进一步离散, 比如, 设 $a(x_j,t_n)\ >0$, 用迎风格式离散可得

$$\frac{u_j^{n+1}-u_j^n}{\tau}+a(x_j,t_n)\,\frac{u_j^n-u_{j-1}^n}{h}=0. \tag{4.26}$$

方法 2 特征线方法.

问题 (4.21) 过 $(\overline{x}_0,\overline{t}_0)$ 的特征线方程为 (见图 4.4)

$$(L):\begin{cases}\dfrac{\mathrm{d}x}{\mathrm{d}t}=a(x,t),\\ t=\overline{t}_0,\ x=\overline{x}_0.\end{cases} \tag{4.27}$$

记其解为 $x=x(t;\overline{x}_0,\overline{t}_0)$, 则沿特征线 (L), u 恒为常数. 于是,

$$u_j^{n+1}\approx u\left(x_j,t_{n+1}\right)=u\left(x\left(t_n;x_j,t_{n+1}\right),t_n\right).$$

从而问题的关键是如何近似求解 $x(t_n;x_j,t_{n+1})$ (后文简记为 $x(t_n)$). 一旦得到它, 就可以通过插值的方法, 求出 u 在这点的近似值, 进而获得差分方程. 为此, 对特征线方程 (4.27) 在 $[t_n,t_{n+1}]$ 上积分, 并注意到 $t=t_{n+1}$ 时, $x=x_j$, 可有

$$x_j-x\left(t_n\right)=\int_{t_n}^{t_{n+1}}a(x,t)\mathrm{d}t.$$

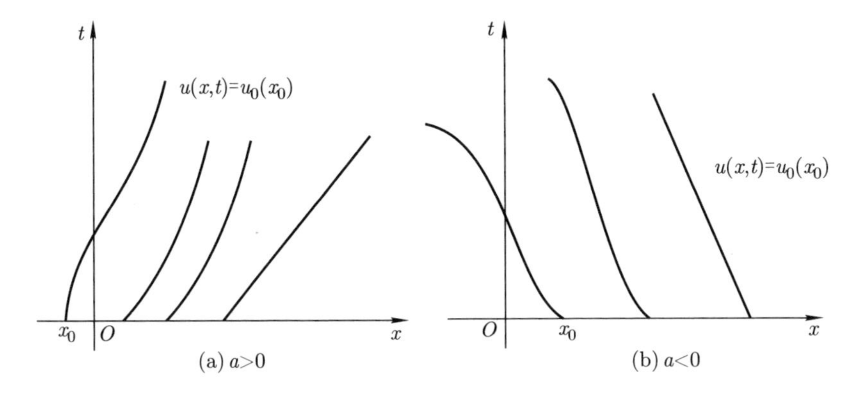

图 4.4 特征曲线

对上式右端使用数值积分可得

(1) 右矩形公式:

$$x_j - x(t_n) \approx \tau a(x_j, t_{n+1}),$$

即

$$x(t_n) \approx x_j - \tau a(x_j, t_{n+1}).$$

(2) 左矩形公式:

$$x_j - x(t_n) \approx \tau a(x(t_n), t_n).$$

(3) 梯形公式:

$$x_j - x(t_n) \approx \frac{\tau}{2}\big(a(x_j, t_{n+1}) + a(x(t_n), t_n)\big).$$

对于后面两种方法 (2) 和 (3) 要用方程求根的方法得到 $x(t_n)$ 的近似值.

现在用能量方法研究差分格式的稳定性. 设 $a(x,t) > 0$, 考虑求解问题 (4.21) 的差分格式 (4.26) 的稳定性. 该格式可重写为

$$u_j^{n+1} = u_j^n - \lambda a_j^n (u_j^n - u_{j-1}^n),$$

式中, $a_j^n = a(x_j, t_n)$, $\lambda = \tau/h$ 为网格比. 又设 $\lambda \max a_j^n \leqslant 1$, 则对上式两侧同乘以 u_j^{n+1}, 再用基本不等式可知

$$\begin{aligned}(u_j^{n+1})^2 &\leqslant (1-\lambda a_j^n)u_j^n u_j^{n+1} + \lambda a_j^n u_{j-1}^n u_j^{n+1} \\ &\leqslant \frac{1-\lambda a_j^n}{2}\left[(u_j^n)^2 + (u_j^{n+1})^2\right] + \frac{\lambda a_j^n}{2}\left[(u_{j-1}^n)^2 + (u_j^{n+1})^2\right],\end{aligned}$$

即

$$(u_j^{n+1})^2 \leqslant (1-\lambda a_j^n)(u_j^n)^2 + \lambda a_j^n (u_{j-1}^n)^2.$$

令 $\|u^n\|_h^2 = \sum\limits_{j=-\infty}^{+\infty} h(u_j^n)^2$, 由上面的不等式和条件 (4.22) 可知, 对任意 $T > 0$, 当 $n\tau \leqslant T$ 时,

$$\|u^n\|_h^2 \leqslant (1+M\tau)^n \left\|u^0\right\|_h^2 \leqslant \mathrm{e}^{MT}\left\|u^0\right\|_h^2.$$

因此, 当 $\lambda \max a_j^n \leqslant 1$ 时, 格式 (4.26) 是稳定的.

4.6 一阶双曲型方程的初边值问题

构造一阶双曲型方程初边值问题的差分方法, 很有技巧性. 实际上, 如何对一阶双曲型方程提出合理的边值条件都非常有讲究[12]. 现以如下方程为例来具体说明:

$$u_t - u_x = 0, \quad 0 < x < 1,\ t > 0,$$

初值条件为

$$u(x, 0) = f(x).$$

此时应该由流体流动方向, 在流体入口处提边值条件:

$$x = 1, \quad u = g(t).$$

从数学角度说, 为保证解的存在、唯一性, 如果特征线先碰到初值线, 则提初值条件, 如果先碰到边值线, 则对该线提边值条件 (见图 4.5).

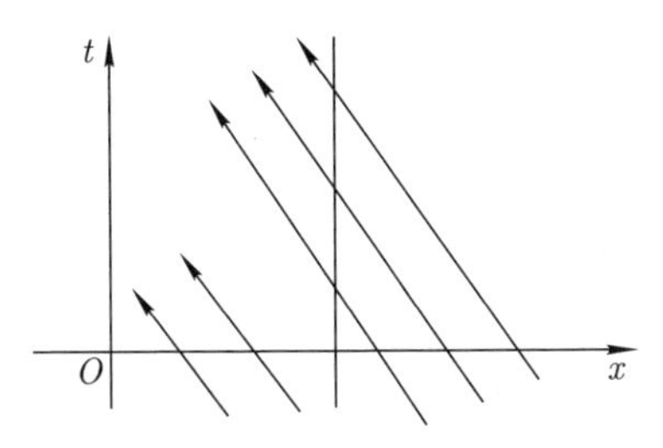

图 4.5 边值条件提法

将空间区域 $[0,1]$ 做 J 等分, 则 x 方向的步长为 h, 可仿照构造一阶双曲型方程初值问题的差分格式的思想来处理相应的初边值问题.

方法 1 迎风格式:

$$\begin{cases} \dfrac{u_j^{n+1}-u_j^n}{\tau}-\dfrac{u_{j+1}^n-u_j^n}{h}=0, \quad 0<j<J, \\ u_J^n=g(t_n)=g_n, \\ u_j^0=f(x_j)=f_j. \end{cases}$$

该格式的精度为 $O(\tau+h)$. 但它在 $x=0$ 处的网格点信息不知道. 设想 $x=0$ 处也满足双曲型方程, 则得

$$\frac{u_0^{n+1}-u_0^n}{\tau}-\frac{u_1^n-u_0^n}{h}=0.$$

方法 2 蛙跳格式:

$$\frac{u_j^{n+1}-u_j^{n-1}}{2\tau}-\frac{u_{j+1}^n-u_{j-1}^n}{2h}=0, \quad 0<j<J. \tag{4.28}$$

该格式精度为 $O(\tau^2+h^2)$. 同样地, 它在 $x=0$ 处的信息无法知道. 有两个解决方法:

(1) 均匀化法.

做均匀化假设 $\dfrac{u_0^n+u_2^n}{2}=u_1^n$, 但这样做将会出现回流现象, 导致格式失真.

(2) 迎风格式法.

在 $x=0$ 处离散时用迎风格式

$$u_0^{n+1}=u_0^n+\lambda(u_1^n-u_0^n),$$

或 Lax-Friedrichs 格式

$$u_0^{n+1}=u_0^{n-1}+\lambda\left[u_1^n-\frac{1}{2}(u_0^{n+1}+u_0^{n-1})\right].$$

例 4.2 用蛙跳格式数值求解问题

$$\begin{cases}u_t-u_x=0, \quad 0<x<1,\ 0<t<0.5,\\ t=0,\ u_0(x)=f(x),\\ x=1,\ u=g(t),\end{cases}$$

式中 $f(x),g(t)$ 由精确解 $u(x,t)=\mathrm{e}^{-\alpha(x+t)}$ 确定 ($\alpha>0$ 为参数).

内部点的离散格式为 (4.28), 即

$$u_j^{n+1}=u_j^{n-1}+\lambda(u_{j+1}^n-u_{j-1}^n), \quad \lambda=\tau/h.$$

蛙跳格式的节点示意图见图 4.6, 即用三个黑点处的值求白点处的值, 显然白点达不到区域的左右边界, 因而对本问题需要给出左边界的处理方法, 这里选取均匀化法和迎风格式法. 计算开始时需要 $n=0$ 和 $n=1$ 时间层的结果以进行迭代. 为了聚焦左边界点处不同离散化方法引起的不同效应, 使用精确解来获得这些值.

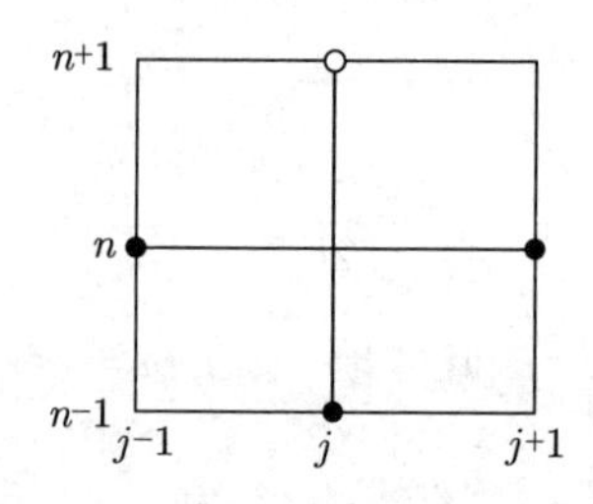

图 4.6 蛙跳格式的节点示意图

显然, 稳定的条件是 $\lambda=\tau/h<1$, 计算中取 $h=0.02$, $\tau=0.01$. 均匀化法是用左边界处的值构造平均得到的, 因而当精确解在左边界

处变化较大时, 相应的数值解应该会出现较大的偏差. 为了观察这种效应, 我们逐渐增大参数 α, 数值结果如图 4.7 和 4.8 所示. 可以看到, 当 α 增大时, 均匀化法的计算结果在真实解附近振荡, 而且随时间增大, 这种振荡越来越明显, 这是因为此时真实解在左端的变化更大. 这种非物理性振荡恰好符合均值的特性. 与此不同的是, 迎风格式法的计算结果与真实解很好地吻合. 而且, 如果我们比较误差的话, 迎风格式法也明显优于均匀化法, 见图 4.9 和图 4.10.

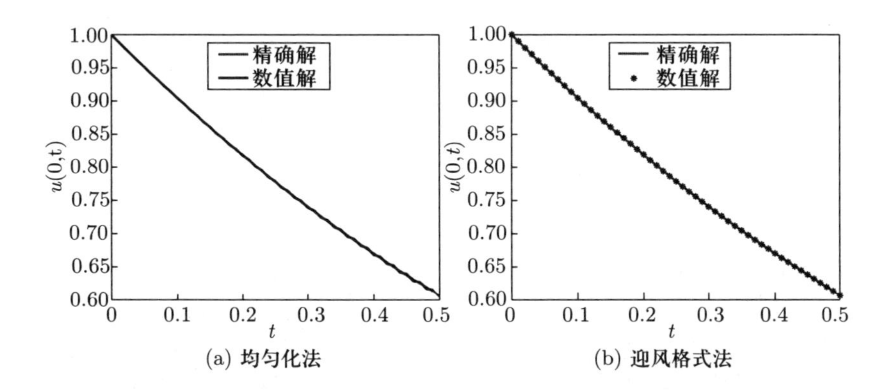

(a) 均匀化法　　(b) 迎风格式法

图 4.7　$\alpha = 1$ 时左边界的计算结果

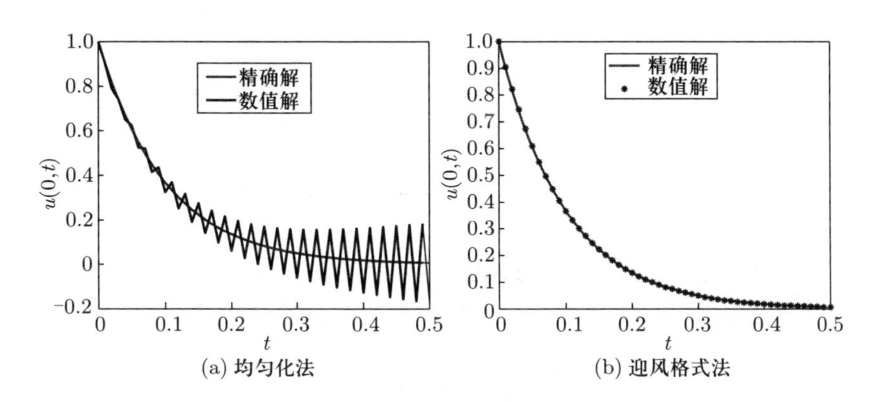

(a) 均匀化法　　(b) 迎风格式法

图 4.8　$\alpha = 10$ 时左边界的计算结果

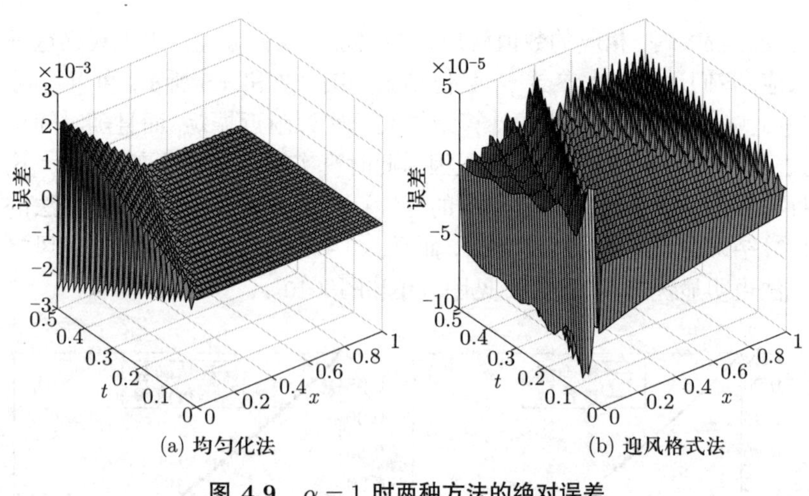

(a) 均匀化法 (b) 迎风格式法

图 4.9 $\alpha = 1$ **时两种方法的绝对误差**

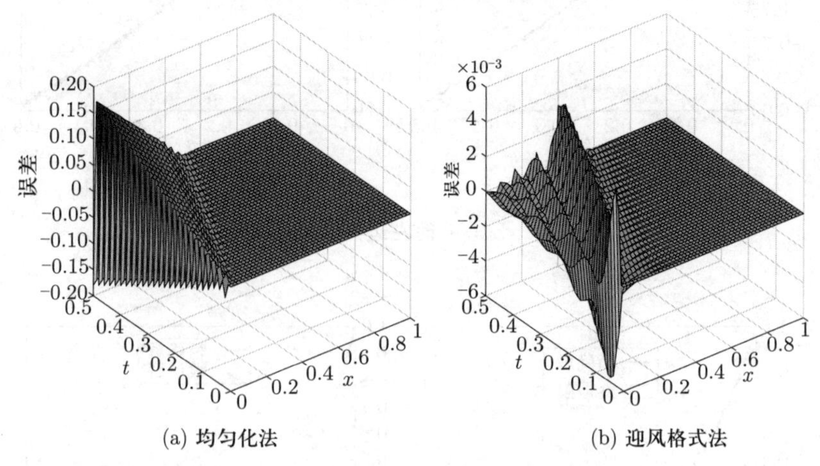

(a) 均匀化法 (b) 迎风格式法

图 4.10 $\alpha = 10$ **时两种方法的绝对误差**

研究一阶双曲型方程初边值问题的差分方法的稳定性很有技巧性, 有兴趣的读者可参见本章文献 [13].

4.7 二阶双曲型方程

二阶双曲型方程的弦振动方程的初值问题为

$$\begin{cases} u_{tt} - a^2 u_{xx} = 0, \quad x \in \mathbb{R}, t > 0, \\ t = 0,\ u = u_0(x),\ u_t = u_1(x), \end{cases} \tag{4.29}$$

式中 $a > 0$ 为常数.

构造它的差分格式有两种方法. 一种是和一阶方程一样, 使用数值微分法构造格式. 将 u_{tt} 和 u_{xx} 用中心差商离散即得

$$\frac{u_j^{n+1} - 2u_j^n + u_j^{n-1}}{\tau^2} - a^2 \frac{u_{j+1}^n - 2u_j^n + u_{j-1}^n}{h^2} = 0,$$
$$n = 1, 2, \cdots; j = 0, \pm 1, \cdots. \tag{4.30}$$

易得该差分方程的截断误差为 $O(\tau^2 + h^2)$. 对该格式的稳定性分析留作练习.

另一种方法是将二阶方程写为一阶方程组, 再来进行差分离散. 令 $v = u_t, w = au_x$, 则由问题 (4.29) 可知

$$\begin{cases} v_t - aw_x = 0, \\ av_x - w_t = 0. \end{cases}$$

如记 $\boldsymbol{u} = [v, w]^{\mathrm{T}}$, 则上式即为

$$\boldsymbol{u}_t - \begin{bmatrix} 0 & a \\ a & 0 \end{bmatrix} \boldsymbol{u}_x = \mathbf{0}.$$

对该方程组可以构造多个差分格式离散.

现在对初值条件用两种方法进行离散. 一种方法是对于 0 时间层, 自然有 $u_j^0 = u_0(x_j)$; 对于 1 时间层, 如果将 u_t 用向前差商离散, 则得

$$\frac{u_j^1 - u_j^0}{\tau} = u_t(x_j, 0) = u_1(x_j).$$

该方法只有一阶精度.

另一种方法是引进虚拟网格 $(x_j, -\tau)$ 及格点函数 u_j^{-1} (见图 4.11), 在 $(x_j, 0)$ 处假设满足弦振动方程并用中心差商离散, 对 u_t 也使用中

心差商离散, 则得

$$\begin{cases} \dfrac{u_j^1 - u_j^{-1}}{2\tau} = u_t(x_j, 0) = u_1(x_j), \\ \dfrac{u_j^1 - 2u_j^0 + u_j^{-1}}{\tau^2} - a^2 \dfrac{u_{j+1}^0 - 2u_j^0 + u_{j-1}^0}{h^2} = 0. \end{cases}$$

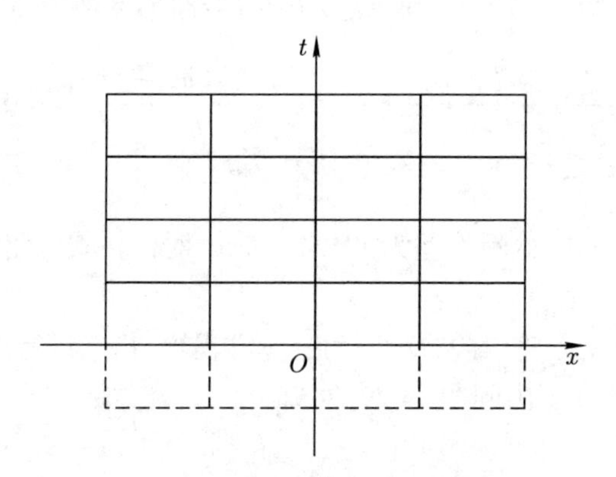

图 4.11 虚拟网格示意图

由此可有

$$u_j^1 = u_0(x_j) + \tau u_1(x_j) + \frac{1}{2}(a\lambda)^2 \left(u_{j+1}^0 - 2u_j^0 + u_{j-1}^0\right).$$

以上结果也可由 Taylor 展开得到

$$\begin{aligned} u_j^1 \approx u(x_j, \tau) &= u(x_j, 0) + \tau u_t(x_j, 0) + \frac{1}{2}\tau^2 u_{tt}(x_j, 0) + O(\tau^3) \\ &= u_0(x_j) + \tau u_1(x_j) + \frac{1}{2}a^2\tau^2 u_{xx}(x_j, 0) + O(\tau^3). \end{aligned}$$

故取

$$u_j^1 = u_0(x_j) + \tau u_1(x_j) + \frac{1}{2}(a\lambda)^2 \big(u_0(x_{j+1}) - 2u_0(x_j) + u_0(x_{j-1})\big).$$

这个格式具有二阶精度, 与差分方程 (4.30) 的精度吻合.

注 4.3 对于非线性双曲型方程的差分方法, 从理论上说涉及间断解和弱解的定义, 要构造一个稳定有效的差分格式涉及很多技术细节, 由于篇幅所限, 在此就不做介绍了. 有兴趣的读者可参见本章文献 [2, 5, 14, 15].

附录 Hadmard 定理的证明

由于 Hadamard 定理非常优美和深刻, 但在已有文献中很难找到该结果的证明, 故我们在本附录中给出该结果的两种不同证明. 第一个证明利用了代数拓扑学中的万有复叠性质[16], 第二个证明利用了有限维情形的山路引理[17]. 为此, 先来叙述 Hadamard 定理.

定义 4.2 映射 f 是 $\mathbb{R}^N$ 到 $\mathbb{R}^N$ 的映射, 若对任意紧集 K, $f^{-1}(K)$ 也是紧集, 则称 f 是**恰当的**. 该条件等价于当 $|x| \to \infty$, $|f(x)| \to \infty$.

定理 4.2 (Hadamard 定理) 设 $f \in C^1(\mathbb{R}^N, \mathbb{R}^N)$, 则 f 是全局微分同胚当且仅当 f 是恰当的, 且 f 处处非奇异, 即其 Jacobi 矩阵处处满秩.

为了证明该定理, 关键是获得以下引理.

引理 4.2 设 $f \in C^1(\mathbb{R}^N, \mathbb{R}^N)$, 如果 f 是恰当的且处处非奇异, 则它是单射.

我们先利用引理 4.2 来证明 Hadamard 定理, 然后再用两种不同的方法来证明引理 4.2.

定理 4.2 的证明 如果 f 是微分同胚的, 易知 f 是恰当的且处处非奇异. 现在假设 f 是恰当的且处处非奇异, 欲证 f 微分同胚.

首先因 f 是处处非奇异的, 根据反函数定理知 f 是局部微分同胚的. 另一方面, 由 f 的局部微分同胚性, 可知 $f(\mathbb{R}^N)$ 为开集. 又设 y_0 是 $f(\mathbb{R}^N)$ 的一个极限点, 即存在一点列 $\{x_i\}$ 使得 $f(x_i) \to y_0$, 则由于 f 是恰当的, $\{x_i\}$ 有界, 从而存在某收敛子列 $\{x_{i_k}\} \to x_0$, 使得

$$f(x_0) = \lim_{k\to\infty} f(x_{i_k}) = y_0,$$

故 $f(\mathbb{R}^N)$ 闭. 因 $\mathbb{R}^N$ 连通, 故立得 $f(\mathbb{R}^N) = \mathbb{R}^N$. 再由引理 4.2 可知 f 是单射. 因此, f 确是微分同胚. □

为了给出引理 4.2 的代数拓扑证明, 需要一些基本定义和定理[16].

定义 4.3 设 E 和 B 都是道路连通、局部道路连通的拓扑空间, $p: E \to B$ 是连续映射. 如果对任意的 $b \in B$ 有开邻域 U, 使得 $p^{-1}(U)$ 是 E 的一族两两不相交的开集 $\{V_\alpha\}$ 的并集, 并且 p 把每个 V_α 同胚地映成 U, 则称 $p: E \to B$ 是**复叠映射**, (E, p) 称为 B 的**复叠空间**, B 称为它的**底空间**.

定义 4.4 如果复叠空间 (E, p) 的 E 是单连通的, 就称 (E, p) 为**万有复叠空间**, 相应的复叠映射称为**万有复叠映射**.

定理 4.3 设 $p_0 : E_0 \to B$ 是万有复叠映射, $p: E \to B$ 是复叠映射, 则有复叠映射 $\widetilde{p}: E_0 \to E$, 使得 $p \circ \widetilde{p} = p_0$.

引理 4.2 的证明 设 id 为恒等映射, 根据定义 4.4 可知 $(\mathbb{R}^N, \mathrm{id})$ 是 $\mathbb{R}^N$ 的万有复叠映射, 若可以证明 $(\mathbb{R}^N, f)$ 也是复叠映射, 则利用定理 4.3, 存在复叠映射 $\widetilde{f}$ 使得 $f \circ \widetilde{f} = \mathrm{id}$, 而 id 是一一的并且 $\widetilde{f}$ 为满射, 故 f 必是单射.

下证 f 是复叠映射. 对任意的 $q \in \mathbb{R}^N$, 由于 f 是满射, 则 $f^{-1}(q)$ 非空; 又因为 f 是恰当的, 则 $f^{-1}(q)$ 有界; 根据假设 f 是局部同胚映射, 则 $f^{-1}(q)$ 无聚点, 因而 $f^{-1}(q)$ 只有有限个点, 设为 $p_1, \cdots, p_n$. 令 K 是 q 的一个紧邻域, 则 $f^{-1}(K)$ 存在包含 p_i 的开邻域 U_i, 可取 U_i 充分小使得它们两两不交, 并且同胚地映到 q 的一些开邻域 (不必相同). 令

$$V = (f(U_1) \cap \cdots \cap f(U_n)) - f\left(f^{-1}(K) - (U_1 \cap \cdots \cap U_n)\right),$$

易见 $f^{-1}(V) = \bigcup_{i=1}^{n} (f^{-1}(V) \cap U_i)$. 后者两两不交且同胚地映到 V. 故 f 是复叠映射, 根据之前的说明, 结果得证. □

下面给出引理 4.2 基于有限维山路引理的证明. 有限维山路引理最先由著名数学家 R. Courant 提出, 详见本章文献 [17].

引理 4.3 (有限维山路引理) 设 $\Phi \in C^1(\mathbb{R}^N, \mathbb{R})$ 满足强制性条件: 当 $|x| \to \infty$ 时, $|\Phi(x)| \to \infty$, 且有两个局部的严格极小点 x_1 和 x_2, 则

Φ 必有不同于 x_1, x_2 的临界点 x_3, 满足

$$\Phi(x_3) = \inf_{\Sigma\in\Gamma} \max_{x\in\Sigma} \Phi(x),$$

式中 $\Gamma = \{\Sigma \subset \mathbb{R}^N : \Sigma$ 紧、连通且包含 x_1 和 $x_2\}$. x_3 不是局部极小点, 并且

$$\Phi(x_3) > \max(\Phi(x_1), \Phi(x_2)).$$

基于引理 4.3 的引理 4.2 的证明 假设存在 x_1, x_2 使得 $f(x_1) = f(x_2) = y$. 令

$$\Phi(x) = \frac{1}{2}\|f(x) - y\|^2,$$

易见 $\Phi \in C^1(\mathbb{R}^N, \mathbb{R})$ 且满足强制性条件, 且因 f 局部同胚可知 x_1, x_2 是它的两个严格局部极小点. 故由有限维山路引理 4.3 可知, 存在异于 x_1, x_2 的临界点 x_3, 使得

$$\Phi(x_3) > \max(\Phi(x_1), \Phi(x_2)) = 0,$$
$$0 = \Phi'(x_3) = f'(x_3)(f(x_3) - y).$$

而因 $\Phi(x_3)>0$ 可知 $f(x_3)-y\neq 0$, 因此联立上式意味着 $\det(f'(x_3))=0$. 这与 f 处处非奇异矛盾, 于是结果得证. □

引理 4.3 的证明 对任意的 $\Sigma \in \Gamma$, 令

$$d_\Sigma = \Phi(x_\Sigma) = \max_{x\in\Sigma} \Phi(x).$$

因 x_1 和 x_2 是局部严格极小点, $d_\Sigma > \max(\Phi(x_1), \Phi(x_2))$, 令

$$d = \inf_{\Sigma\in\Gamma} \max_{x\in\Sigma} \Phi(x) = \inf_{\Sigma\in\Gamma} d_\Sigma.$$

取一列 $\{\Sigma_n\} \subset \Gamma$, 使得

$$d_{\Sigma_n} \to d, \quad 当\ n \to \infty,$$

易见 $d \geqslant \max(\Phi(x_1), \Phi(x_2))$. 下面将证明 d 可由某 Σ 得到, 因而不等号是严格成立的.

直接构造出此 Σ, 令

$$\Sigma = \bigcap_{m\in\mathbb{N}} \overline{\bigcup_{i\geqslant m}} \Sigma_i,$$

易知 Σ 连通, 可断言取并的每一项都是紧集. 这是因为 Φ 满足强制性条件, 当 $|x| \to \infty$ 时, $\Phi(x) \to +\infty$ 或 $\Phi(x) \to -\infty$ 二者必居其一, 否则用外围曲线将正负两点联结, 在连线上必有 Φ 的零点, 这与强制性条件矛盾. 无论趋于正负无穷, Σ_i 都不用取得太大, 因 x_{Σ_i} 不会在太远处取到, 因此 Σ_i 可取为一致有界的集合, 从而其并的闭包紧致. 因此 $\Sigma \in \Gamma$. 取一列 $\{x_n \in \Sigma_n\}$ 使得 $x_n \to x_\Sigma$, $d_\Sigma = \Phi(x_\Sigma)$,

$$\Phi(x_\Sigma) \leqslant \limsup_{n\to\infty} \Phi(x_n) \leqslant \limsup_{n\to\infty} d_{\Sigma_n} \leqslant d,$$

而 $d_\Sigma \geqslant d$, 故 $d = d_\Sigma > \max(\Phi(x_1), \Phi(x_2))$.

令

$$\mathfrak{M} = \left\{x \in \Sigma : \Phi(x) = d_\Sigma = \max_{x\in\Sigma} \Phi(x) = d\right\}.$$

$\mathfrak{M} = \Phi^{-1}(d) \cap \Sigma$, 因而是紧的. 现证明一定存在 $x_3 \in \mathfrak{M}$,使得 x_3 是 Φ 的临界点.

用反证法, 若 $\mathfrak{M}$ 中不存在临界点, 因 $\mathfrak{M}$ 紧, 则存在 $\alpha > 0$, 使得

$$|\Phi'(x)| > \alpha, \quad x \in \mathfrak{M}.$$

由 Φ 的连续性和 $\mathfrak{M}$ 的紧性, 存在 $\varepsilon > 0$, 使得在 $\mathfrak{M}_\varepsilon$ 上 $|\Phi'(x)| > \alpha/2$, 此处

$$\mathfrak{M}_\varepsilon = \left\{x \in \mathbb{R}^N : \text{存在 } y \in \mathfrak{M}, |x-y| < \varepsilon\right\}.$$

x_1, x_2 显然不属于 $\mathfrak{M}_\varepsilon$, 因为它们是临界点. 引入 $\mathfrak{M}$ 的截断函数 ρ 满足

$$\begin{cases} 0 \leqslant \rho \leqslant 1, \\ \operatorname{supp} \rho \subset \mathfrak{M}_\varepsilon, \\ \text{在 } \mathfrak{M} \text{ 上 } \rho \equiv 1. \end{cases}$$

考虑映射 $\eta:\mathbb{R}^N\times\mathbb{R}\to\mathbb{R}^N$, 定义如下:

$$\eta(x,t)=x-t\rho(x)\varPhi'(x).$$

显然 η 关于 t 连续可微, 且有

$$\frac{\mathrm{d}}{\mathrm{d}t}\varPhi(\eta(x,t))\bigg|_{t=0}=-\rho(x)|\varPhi'(x)|^2.$$

由 $\varPhi$ 的连续性和 $\mathfrak{M}$ 的紧性, 存在 $T>0$, 使得对所有 $t\in[0,T]$, $x\in\mathfrak{M}$, 有

$$\frac{\mathrm{d}}{\mathrm{d}t}\varPhi(\eta(x,t))\leqslant-\frac{\rho(x)}{2}|\varPhi'(x)|^2.$$

令

$$\varSigma_T=\eta(\varSigma,T)=\{\eta(x,T):x\in\varSigma\}.$$

易知 x_1, $x_2\in\varSigma_T$, $\varSigma_T$ 紧致, 因此 $\varSigma_T\in\Gamma$. 而对任意 $\eta(x,T)\in\varSigma_T$,

$$\varPhi(\eta(x,T))=\varPhi(x)+\int_0^T\frac{\mathrm{d}}{\mathrm{d}t}\varPhi(\eta(x,t))\mathrm{d}t\leqslant\varPhi(x)-\frac{T}{2}\rho(x)|\varPhi'(x)|^2.$$

当 $x\in\mathfrak{M}$ 时,

$$\varPhi(x)-\frac{T}{2}\rho(x)|\varPhi'(x)|^2\leqslant d-\frac{T}{2}\alpha^2;$$

当 $x\notin\mathfrak{M}$ 时,

$$\varPhi(x)<d.$$

因为

$$\max_{x\in\varSigma_T}\varPhi(x)<d,$$

而这与

$$d=\inf_{\varSigma\in\varGamma}\max_{x\in\varSigma}\varPhi(x)$$

矛盾. 从而引理 4.3 得证. □

习　题　4

4.1　验证 Crank-Nicolson 格式 (4.9) 是二阶精度的, 且无条件稳定.

4.2　考虑求解一阶线性双曲型方程

$$\frac{\partial u}{\partial t}+a\frac{\partial u}{\partial x}=0,\quad a>0$$

的一个改进迎风格式

$$u_j^{n+1}=\{a\lambda\}u_{j-[a\lambda]-1}^n+(1-\{a\lambda\})u_{j-[a\lambda]}^n,$$

式中 $[a\lambda]$ 表示 $a\lambda$ 的整数部分 (即不超过 $a\lambda$ 的最大整数), $\{a\lambda\}$ 表示 $a\lambda$ 的小数部分, 而 $\lambda=\tau/h$ 是网格比. 求证: 该格式是无条件稳定的.

4.3　给定对流方程

$$\frac{\partial u}{\partial t}+a\frac{\partial u}{\partial x}=0,$$

式中常数 $a>0$.

(1) 导出 Newton 向后插值公式.

(2) 导出求解以上对流方程的 p 阶迎风格式.

4.4　设 $a>0$ 为给定常数, 讨论求解

$$\frac{\partial u}{\partial t}+a\frac{\partial u}{\partial x}=0$$

的 Wendroff 隐式差分格式

$$(1+a\lambda)u_{j+1}^{n+1}+(1-a\lambda)u_j^{n+1}-(1-a\lambda)u_{j+1}^n-(1+a\lambda)u_j^n=0$$

的精度及稳定性. 进一步, 将原初值问题限制在空间区域 $[0,1]$, 然后合理加上边值条件获得适定初边值问题, 并写出相应的离散化方法, 其中 $\lambda=\tau/h$ 为网格比.

4.5　设 $f\in C^1(\mathbb{R})$, 且 $f'(x)\neq 0$,

$$\lim_{|x|\to+\infty}|f(x)|=+\infty.$$

求证: 函数 $y=f(x)$ 存在反函数 $y=f^{-1}(x)$, 且 $f^{-1}\in C^1(\mathbb{R})$.

4.6　考虑问题

$$\begin{cases}u_t+\dfrac{1}{1+x^2}u_x=0,\\ t=0,\ u=u_0(x)\in C^1(\mathbb{R}).\end{cases}$$

试给出上述问题对应的特征线方程, 然后利用以上习题的结果证明该问题的经典解存在.

4.7　给定常数 $a>0$, 导出求解对流方程

$$\frac{\partial u}{\partial t}+a\frac{\partial u}{\partial x}=0$$

的 Lax-Friedrichs 格式相应的修正偏微分方程, 并据此研究该格式的稳定性.

4.8　讨论求解弦振动方程

$$u_{tt}=a^2u_{xx},\quad a>0$$

的中心差分格式

$$\frac{u_j^{n+1}-2u_j^n+u_j^{n-1}}{\tau^2}-a^2\frac{u_{j+1}^n-2u_j^n+u_{j-1}^n}{h^2}=0$$

的截断误差及稳定性.

4.9　模仿一维情形的做法, 构造求解二维波动方程

$$u_{tt}=a^2(u_{xx}+u_{yy}),\quad a>0$$

的一个差分方法, 并研究其截断误差.

4.10　考虑求解对流方程的初值问题

$$\begin{cases}u_t+u_x=0,\\ u(0,x)=f(x)=\begin{cases}1, & x\leqslant 0,\\ 0, & x>0\end{cases}\end{cases}$$

的以下几种差分格式:

(1) 迎风格式

$$u_j^{n+1}=u_j^n-a\lambda(u_j^n-u_{j-1}^n),$$

(2) Beam-Warming 格式

$$u_j^{n+1}=u_j^n-a\lambda(u_j^n-u_{j-1}^n)-\frac{a\lambda}{2}(1-a\lambda)(u_j^n-2u_{j-1}^n+u_{j-2}^n),$$

(3) Lax-Friedrichs 格式

$$u_j^{n+1}=\frac{1}{2}(u_{j+1}^n+u_{j-1}^n)-\frac{a\lambda}{2}(u_{j+1}^n-u_{j-1}^n),$$

(4) Lax-Wendroff 格式

$$u_j^{n+1} = u_j^n - \frac{a\lambda}{2}(u_{j+1}^n - u_{j-1}^n) + \frac{(a\lambda)^2}{2}(u_{j+1}^n - 2u_j^n + u_{j-1}^n),$$

式中 $\lambda = \tau/h$ 为网格比. 取 $a = 1, 2, 4$, $h = 0.1$, $\tau = 0.08$, 计算出 $t = 4$ 的结果. 用图示说明算法的稳定性和在间断点附近的计算效果, 并进行相应的数值分析.

参 考 文 献

[1] 胡健伟, 汤怀民. 微分方程数值方法 [M]. 2 版. 北京: 科学出版社, 2007.

[2] 陆金甫, 关治. 偏微分方程数值解法 [M]. 2 版. 北京: 清华大学出版社, 2004.

[3] 张文生. 科学计算中的偏微分方程有限差分法 [M]. 北京: 高等教育出版社, 2006.

[4] 谷超豪, 李大潜, 陈恕行, 等. 数学物理方程 [M]. 2 版. 北京: 高等教育出版社, 2002.

[5] 刘儒勋, 舒其望. 计算流体力学的若干新方法 [M]. 北京: 科学出版社, 2003.

[6] Trefethen L N. Group velocity in finite difference schemes [J]. SIAM Review, 1982, 24(2): 113-136.

[7] Warming R F, Hyett B J. The modified equation approach to the stability and accuracy analysis of finite difference method [J]. Journal of Computational Physics, 1974, 14(2): 159-179.

[8] 刘儒勋. 差分格式余项效应分析及格式的改造和优化 [J]. 中国科学技术大学学报, 1994, 24(3): 271-275.

[9] Wang J, Liu R. An effective approach to design multi-level finite difference schemes [J]. Mathematica Applicata, 2000, 13(2): 67-71.

[10] 刘儒勋. 差分格式的余项效应研究 [J]. 计算物理, 1992, 9(4): 479-484.

[11] Li T T. Global classical solutions for quasilinear hyperbolic systems [M]. Chichester: John Wiley & Sons, 1994.

[12] 齐民友. 线性偏微分算子引论: 上册 [M]. 北京: 科学出版社, 1986.

[13] 郭本瑜. 偏微分方程的差分方法 [M]. 北京: 科学出版社, 1988.

[14] 应隆安, 滕振寰. 双曲型守恒律方程及其差分方法 [M]. 北京: 科学出版社, 1991.

[15] 余德浩, 汤华中. 微分方程数值解法 [M]. 北京: 科学出版社, 2003.

[16] 尤承业. 基础拓扑学讲义 [M]. 北京: 北京大学出版社, 1997.

[17] Jabri Y. The mountain pass theorem [M]. New York: Cambridge University Press, 2003.

第五章　抛物型方程的差分方法

5.1　一维常系数抛物型方程初值问题

考虑如下常系数热传导 (扩散) 方程

$$u_t = au_{xx} \tag{5.1}$$

初值问题的数值求解, 式中 $a > 0$ 为给定常数, 代表热传导 (扩散) 系数. 下面给出求解问题 (5.1) 的几种典型差分格式.

1. 古典格式

对于方程 (5.1), 将 u_t 用向前差商, u_{xx} 用中心差商离散, 即得四点显式格式:

$$\frac{u_j^{n+1} - u_j^n}{\tau} - a\frac{u_{j+1}^n - 2u_j^n + u_{j-1}^n}{h^2} = 0. \tag{5.2}$$

易知该格式的截断误差为 $O(\tau + h^2)$. 将 (5.2) 式重写为

$$u_j^{n+1} = u_j^n + a\lambda(u_{j+1}^n - 2u_j^n + u_{j-1}^n),$$

式中 $\lambda = \tau/h^2$ 为网格比, 并以 $u_j^n = v^n \mathrm{e}^{\mathrm{i}jkh}, k \in \mathbb{R}$ 代入上式, 有 $v^{n+1} = Gv^n$, 式中增长因子 G 为

$$G(\tau, k) = 1 - 4a\lambda \sin^2\left(\frac{kh}{2}\right).$$

由 von Neumann 条件可知, 格式 (5.2) 稳定的充要条件是 $a\lambda \leqslant 1/2$. 如果将离散 u_t 的向前差商改为向后差商, 则得如下四点隐式格式:

$$\frac{u_j^n - u_j^{n-1}}{\tau} - a\frac{u_{j+1}^n - 2u_j^n + u_{j-1}^n}{h^2} = 0.$$

可知该格式的截断误差为 $O(\tau + h^2)$, 且无条件稳定.

2. 带权隐式格式

该格式的差分方程为

$$\frac{u_j^n-u_j^{n-1}}{\tau}-a\left[\theta\frac{u_{j+1}^n-2u_j^n+u_{j-1}^n}{h^2}+(1-\theta)\frac{u_{j+1}^{n-1}-2u_j^{n-1}+u_{j-1}^{n-1}}{h^2}\right]=0, \tag{5.3}$$

式中 $\theta\in[0,1]$ 为权重. (5.3) 式即

$$\begin{aligned}&-a\lambda\theta u_{j+1}^n+(1+2a\lambda\theta)\ u_j^n-a\lambda\theta u_{j-1}^n\\&=a\lambda(1-\theta)\ u_{j+1}^{n-1}-[1+2a\lambda(1-\theta)]u_j^{n-1}+a\lambda(1-\theta)\ u_{j-1}^{n-1}.\end{aligned}$$

当 $\theta=0$ 时, 上式即为古典显式格式, 而 $\theta=1$ 时, 上式即为古典隐式格式.

直接计算知, 以上格式的截断误差为

$$E_h=L_hu_j^n=a\left(\frac{1}{2}-\theta\right)\tau\partial_{txx}u+O(\tau^2+h^2).$$

于是当 $\theta\neq 1/2$ 时, 截断误差为 $O(\tau+h^2)$. 而当 $\theta=1/2$ 时, 截断误差为 $O(\tau^2+h^2)$, 有二阶精度, 此时该格式即所谓的 Crank-Nicolson 格式:

$$\frac{u_j^n-u_j^{n-1}}{\tau}-a\left(\frac{u_{j+1}^n-2u_j^n+u_{j-1}^n}{2h^2}+\frac{u_{j+1}^{n-1}-2u_j^{n-1}+u_{j-1}^{n-1}}{2h^2}\right)=0.$$

直接计算可知格式 (5.3) 的增长因子为

$$G(\tau,k)=\frac{1-4(1-\theta)a\lambda\sin^2\left(\dfrac{kh}{2}\right)}{1+4\theta a\lambda\sin^2\left(\dfrac{kh}{2}\right)}.$$

由

$$|G(\tau,k)|\leqslant 1,$$

得

$$4a\lambda(1-2\theta)\sin^2\left(\frac{kh}{2}\right)\leqslant 2.$$

故由 von Neumann 条件知, 差分格式稳定的充要条件是 $2a\lambda(1-2\theta)\leqslant 1$. 换言之, 当 $0\leqslant\theta<\dfrac{1}{2}$ 时, 稳定性条件为 $2a\lambda\leqslant\dfrac{1}{1-2\theta}$; 而当 $\dfrac{1}{2}\leqslant\theta\leqslant 1$ 时, 无条件稳定.

3. 三层显式关系

在例 3.7 中, 已证明求解方程 (5.1) 的 Richardson 格式

$$\frac{u_j^{n+1}-u_j^{n-1}}{2\tau}-a\frac{u_{j+1}^n-2u_j^n+u_{j-1}^n}{h^2}=0$$

是不稳定的. 但是, 如果将 u_j^n 代换为 $\dfrac{u_j^{n+1}+u_j^{n-1}}{2}$, 可得如下 Dufort-Frankel 格式:

$$\frac{u_j^{n+1}-u_j^{n-1}}{2\tau}-a\frac{u_{j+1}^n-(u_j^{n+1}+u_j^{n-1})+u_{j-1}^n}{h^2}=0.$$

这是一个三层显式格式, 在例 3.8 中已证明该格式无条件稳定. 现在来研究该格式的相容性和截断误差. 经具体计算有

$$E_h=L_hu_j^n=a\left(\frac{\tau}{h}\right)^2\partial_{tt}u+O(\tau^2+h^2)+O\left(\frac{\tau^4}{h^2}\right).$$

因此, 格式相容的充要条件是当 $\tau\to 0$ 时, $\dfrac{\tau}{h}\to 0$. 进一步, 如果 $\beta=\dfrac{\tau}{h}$ 为常数, 则该格式不与方程 (5.1) 相容, 反而与方程 $u_t-au_{xx}+a\beta^2u_{tt}=0$ 相容.

4. 三层隐式格式

考虑如下三层隐式格式:

$$\frac{3}{2}\cdot\frac{u_j^{n+1}-u_j^n}{\tau}-\frac{1}{2}\cdot\frac{u_j^n-u_j^{n-1}}{\tau}-a\frac{u_{j+1}^{n+1}-2u_j^{n+1}+u_{j-1}^{n+1}}{h^2}=0, \quad (5.4)$$

或等价地,

$$(3+4a\lambda)\ u_j^{n+1}-2a\lambda(u_{j+1}^{n+1}+u_{j-1}^{n+1})=4u_j^n-u_j^{n-1}.$$

将 $u_j^n=v^n\mathrm{e}^{\mathrm{i}jkh}$ 代入上式, 并令 $\alpha=a\lambda$, 有

$$\left(3+8\alpha\sin^2\left(\frac{kh}{2}\right)\right)v^{n+1}=4v^n-v^{n-1}.$$

记 $\boldsymbol{v}^n = [v^n, v^{n-1}]^{\mathrm{T}}$, 上式即 $\boldsymbol{v}^{n+1} = \boldsymbol{G}\boldsymbol{v}^n$, 式中增长矩阵为

$$\boldsymbol{G} = \begin{bmatrix} \dfrac{4}{3+8\alpha\sin^2\left(\dfrac{kh}{2}\right)} & -\dfrac{1}{3+8\alpha\sin^2\left(\dfrac{kh}{2}\right)} \\ 1 & 0 \end{bmatrix},$$

对应的特征方程为

$$\mu^2 - \frac{4}{3+8\alpha\sin^2\left(\dfrac{kh}{2}\right)}\mu + \frac{1}{3+8\alpha\sin^2\left(\dfrac{kh}{2}\right)} = 0.$$

由引理 3.1 立知它的两根均满足 $|\mu_i| \leqslant 1,\ i=1,2$, 且由 Vieta 定理知, 按模更小的特征根满足

$$|\mu_2| \leqslant |\mu_1\mu_2|^{1/2} = \frac{1}{\sqrt{3+8\alpha\lambda\sin^2\left(\dfrac{kh}{2}\right)}} \leqslant \frac{1}{\sqrt{3}} < 1.$$

另一方面, $\boldsymbol{G}$ 的每一元素关于 τ 和 k 都是一致有界的. 因此, 根据定理 3.5 知, 三层隐式格式 (5.4) 是无条件稳定的. 该格式的截断误差为 $O(\tau^2+h^2)$.

还可构造如下三层隐式格式:

$$\frac{u_j^{n+1}-u_j^{n-1}}{2\tau} - \frac{a}{3}(\delta_x^2 u_j^{n+1} + \delta_x^2 u_j^n + \delta_x^2 u_j^{n-1}) = 0, \tag{5.5}$$

式中 $\delta_x^2 u_j = (u_{j+1} - 2u_j + u_{j-1})/h^2$. 现在来研究该格式的稳定性. 同前, 将 $u_j^n = v^n \mathrm{e}^{\mathrm{i}jkh}$ 代入上式, 并令 $\alpha = \dfrac{8a\lambda}{3}\sin^2\left(\dfrac{kh}{2}\right)$, 易得

$$(1+\alpha)v^{n+1} = -\alpha v^n + (1-\alpha)v^{n-1}.$$

记 $\boldsymbol{v}^n = [v^n, v^{n-1}]^{\mathrm{T}}$, 上式即 $\boldsymbol{v}^{n+1} = \boldsymbol{G}\boldsymbol{v}^n$, 式中增长矩阵为

$$\boldsymbol{G} = \begin{bmatrix} \dfrac{-\alpha}{1+\alpha} & \dfrac{1-\alpha}{1+\alpha} \\ 1 & 0 \end{bmatrix},$$

对应的特征方程为

$$\mu^2 + \frac{\alpha}{1+\alpha}\mu - \frac{1-\alpha}{1+\alpha} = 0.$$

根据引理 3.1 知, 其两根满足 $|\mu_i| \leqslant 1, i = 1, 2$, 且当根为重根时, $|\mu_1| = |\mu_2| = \frac{1}{2}|\alpha(1+\alpha)^{-1}| \leqslant \frac{1}{2}$. 所以, 由定理 3.6 知, 该格式是无条件稳定的.

5. 二步格式

由前面的讨论知, 显式格式计算简便, 但稳定性是有条件的, 而隐式格式一般无条件稳定, 但计算量大. 一个自然的想法是, 能否构造一个差分格式将这两类格式耦合在一起, 取长补短. 为此, 我们在时间方向进行如下构造.

一般来说, 两层差分格式就是根据第 n 时间层的格点函数值推得第 $n+1$ 时间层的格点函数值. 设想还有一个 $n+1/2$ 分数层, 则由 n 层到 $n+1/2$ 层可用一类格式, $n+1/2$ 层到 $n+1$ 层用另一类格式, 联立在一起得到一个总体差分格式. 这样做应当能实现前面的设想. 例如, 在时间间隔的前一半用显式格式, 在后一半用隐式格式, 即得

$$\begin{cases} \dfrac{u_j^{n+1/2} - u_j^n}{\tau/2} - a\dfrac{u_{j+1}^n - 2u_j^n + u_{j-1}^n}{h^2} = 0, \\ \dfrac{u_j^{n+1} - u_j^{n+1/2}}{\tau/2} - a\dfrac{u_{j+1}^{n+1} - 2u_j^{n+1} + u_{j-1}^{n+1}}{h^2} = 0. \end{cases}$$

该格式其实就是 Crank-Nicolson 格式:

$$\frac{u_j^{n+1} - u_j^n}{\tau} - \frac{1}{2}a\left(\frac{u_{j+1}^n - 2u_j^n + u_{j-1}^n}{h^2} + \frac{u_{j+1}^{n+1} - 2u_j^{n+1} + u_{j-1}^{n+1}}{h^2}\right) = 0.$$

它的增长因子为

$$G(\tau, k) = \frac{1 - 2a\lambda\sin^2\left(\dfrac{kh}{2}\right)}{1 + 2a\lambda\sin^2\left(\dfrac{kh}{2}\right)}.$$

因此格式是无条件稳定的.

6. 跳点格式

在上面的格式中, 我们在时间方向通过引进分数步, 耦合不同差分格式, 得到了一类新型差分格式, 那能否把同样的思想应用到空间方向呢?

如图 5.1 所示, 将时空格点 (j,n) 进行分类, 如 $n+j$ 为偶数, 则称该点为偶格点, $n+j$ 为奇数, 则称该点为奇格点. 接着在偶格点上使用四点显式格式离散, 而在奇格点上使用四点隐式格式离散. 换言之, 当 $j+n+1$ 为偶数时,

$$\frac{u_j^{n+1}-u_j^n}{\tau}-a\frac{u_{j+1}^n-2u_j^n+u_{j-1}^n}{h^2}=0; \tag{5.6}$$

当 $j+n+1$ 为奇数时,

$$\frac{u_j^{n+1}-u_j^n}{\tau}-a\frac{u_{j+1}^{n+1}-2u_j^{n+1}+u_{j-1}^{n+1}}{h^2}=0. \tag{5.7}$$

联立 (5.6) 式和 (5.7) 式即得一总体差分格式.

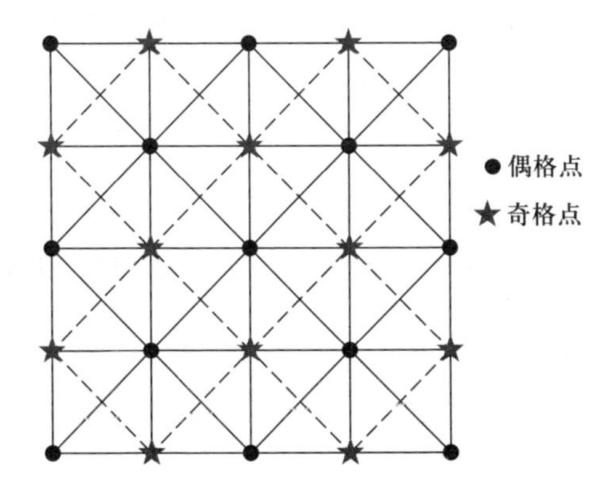

图 5.1 跳点格式的格点分类示意图

从表面上看这个新格式应该是一个隐式格式, 但进一步分析可以发现它实际上是一个 "假隐式" 格式. 实际上, 当 $j+n+2$ 为偶数时, 由 (5.6) 式知

$$\frac{u_j^{n+2}-u_j^{n+1}}{\tau}-a\frac{u_{j+1}^{n+1}-2u_j^{n+1}+u_{j-1}^{n+1}}{h^2}=0; \tag{5.8}$$

而当 $j+n+1$ 为奇数时, 由 (5.7) 式知

$$\frac{u_j^{n+1}-u_j^n}{\tau}-a\frac{u_{j+1}^{n+1}-2u_j^{n+1}+u_{j-1}^{n+1}}{h^2}=0. \tag{5.9}$$

根据 (5.8) 式和 (5.9) 式可以发现, 当 $j+n+1$ 为奇数时,

$$u_j^{n+2}=2u_j^{n+1}-u_j^n. \tag{5.10}$$

由此知, 当 $j+n+1$ 为奇数时, 跳点格式为

$$\frac{u_j^{n+2}-u_j^n}{2\tau}-a\frac{u_{j+1}^{n+1}-(u_j^{n+2}+u_j^n)+u_{j-1}^{n+1}}{h^2}=0. \tag{5.11}$$

换言之, 隐式格式 (5.7) 实为显式格式 (5.11), 且恰为 Dufort-Frankel 格式. 容易验证, 跳点格式的精度和稳定性与 Dufort-Frankel 格式是一致的. 但从计算步骤上看, 已知初始格点值 u_j^0, 可用显式格式 (5.6) 算出 $n=1$ 时间层的偶格点函数值, 然后再用格式 (5.11) 算出奇格点上的值. 该值不保存, 直接由关系式 (5.10) 算下一时间层的格点值 u_j^{n+2}. 该值保存后, 用于再下一时间层的计算. 继续该过程直至算出最后一个时间层的偶格点函数值, 再用隐式格式 (5.11) 算出奇格点函数值. 因此, 跳点格式虽与 Dufront-Frankel 格式等价, 但能节省存储, 减少计算量.

5.2　一维变系数抛物型方程初值问题

设欲求解的问题为如下方程

$$u_t-a(x)u_{xx}=0 \tag{5.12}$$

相应的初值问题, 式中 $a(x)$ 是一个充分光滑函数, 且存在常数 $a_0>0$, 使得对任意 $x\in\mathbb{R}$, $a(x)\geqslant a_0>0$.

现用 Taylor 展开法建立求解问题 (5.12) 的差分格式. 构造的核心思想是基于 "离散" 与 "连续" 模式的转化, 时间方向偏导与空间方向偏导的转化. 为此, 同前定义,

$$\delta_x^2 u=\frac{u(x+h,t)-2u(x,t)+u(x-h,t)}{h^2},$$

则由 Taylor 展开和方程 (5.12) 知

$$\delta_x^2 u = u_{xx} + \frac{h^2}{12}u_{xxxx} + O(h^4) = \frac{1}{a}u_t + \frac{h^2}{12}\left(\frac{1}{a}u_t\right)_{xx} + O(h^4).$$

再使用中心差商离散可得

$$\begin{aligned}(\delta_x^2 u)_j &= \left(\frac{1}{a}u_t\right)_j + \frac{h^2}{12}\left[\delta_x^2\left(\frac{1}{a}u_t\right)\right]_j + O(h^4)\\ &= \frac{5}{6}\left(\frac{1}{a}u_t\right)_j + \frac{1}{12}\left(\frac{1}{a}u_t\right)_{j+1} + \frac{1}{12}\left(\frac{1}{a}u_t\right)_{j-1} + O(h^4).\end{aligned}$$

如果在 $n+1/2$ 时间步对 u_t 离散且采用 Crank-Nicolson 格式的思想构造差分方程, 则由上式立得以下格式:

$$\begin{aligned}&\frac{1}{12}\cdot\frac{u_{j+1}^{n+1}-u_{j+1}^n}{a_{j+1}\tau} + \frac{5}{6}\cdot\frac{u_j^{n+1}-u_j^n}{a_j\tau} + \frac{1}{12}\cdot\frac{u_{j-1}^{n+1}-u_{j-1}^n}{a_{j-1}\tau}\\ &= \frac{(\delta_x^2 u)_j^{n+1} + (\delta_x^2 u)_j^n}{2}.\end{aligned} \tag{5.13}$$

由构造易知该格式的截断误差为 $O(\tau^2+h^4)$.

格式 (5.13) 即为紧致的 Crank-Nicolson 格式, 它也可以如下导出. 在点 $(x_j, t_{n+1/2})$ 处考虑微分方程 (5.12), 有

$$u_t(x_j, t_{n+1/2}) = a_j u_{xx}(x_j, t_{n+1/2}).$$

然后在时间方向采用 Crank-Nicolson 格式的构造思想, 得

$$\delta_t u_j^{n+1/2} = \frac{1}{2}\big(a_j u_{xx}(x_j, t_n) + a_j u_{xx}(x_j, t_{n+1})\big),$$

式中 $\delta_t u^{n+1/2} = \dfrac{1}{\tau}(u^{n+1}-u^n)$. 或等价地,

$$\frac{u_j^{n+1}-u_j^n}{a_j\tau} = \frac{1}{2}\big(u_{xx}(x_j, t_n) + u_{xx}(x_j, t_{n+1})\big).$$

在空间方向对以上方程两边作用紧致差分算子 $\mathcal{W}_x$, 由 2.5 节的类似推导即可得差分格式 (5.13).

接着, 我们来考虑抛物型方程

$$u_t = (a(x)u_x)_x \tag{5.14}$$

的初值问题的数值求解, 式中 $a(x)$ 仍然是一个充分光滑函数, 且存在常数 $a_0 > 0$, 使得对任意 $x \in \mathbb{R}$, $a(x) \geqslant a_0 > 0$.

我们使用有限体积法来构造差分格式. 先将方程 (5.14) 写成一阶方程组. 令

$$w(x) = a(x)u_x, \tag{5.15}$$

则方程 (5.14) 变为

$$u_t - w_x = 0. \tag{5.16}$$

对于网格点 (x_j, t_n), 取有限体积元为

$$W = \big\{(x,t) : t_n < t < t_n + \tau, x_{j-1/2} < x < x_{j+1/2}\big\}.$$

将 (5.16) 式在 W 上积分并使用 Newton-Leibniz 公式有

$$\begin{aligned}
0 &= \int_W (u_t - w_x)\,\mathrm{d}x\mathrm{d}t \\
&= \int_{x_{j-1/2}}^{x_{j+1/2}} \int_{t_n}^{t_n+\tau} (u_t - w_x)\mathrm{d}x\mathrm{d}t \\
&= \int_{x_{j-1/2}}^{x_{j+1/2}} \big(u(x, t_n+\tau) - u(x, t_n)\big)\mathrm{d}x \\
&\quad - \int_{t_n}^{t_n+\tau} \big(w(x_{j+1/2}, t) - w(x_{j-1/2}, t)\big)\mathrm{d}t \\
&=: \mathrm{I}_1 - \mathrm{I}_2.
\end{aligned} \tag{5.17}$$

对于 I_1, 由数值积分中的矩形公式知

$$\mathrm{I}_1 \approx \big(u(x_j, t_{n+1}) - u(x_j, t_n)\big)h. \tag{5.18}$$

对于 I_2 的进一步离散更有技巧性. 首先, 由关系式 (5.15) 有

$$a^{-1}(x)w = u_x,$$

对其关于 x 由 x_j 到 x_{j+1} 积分得

$$
\begin{aligned}
u(x_{j+1},t)-u(x_j,t) &= \int_{x_j}^{x_{j+1}} a^{-1}(x)w(x,t)\mathrm{d}x \\
&\approx w(x_{j+1/2},t)\int_{x_j}^{x_{j+1}} a^{-1}(x)\mathrm{d}x.
\end{aligned}
$$

从而推得

$$
w(x_{j+1/2},t) \approx \frac{u(x_{j+1},t)-u(x_j,t)}{\displaystyle\int_{x_j}^{x_{j+1}} a^{-1}(x)\mathrm{d}x} = \frac{u(x_{j+1},t)-u(x_j,t)}{h}A_{j+1}, \tag{5.19}
$$

式中

$$
A_{j+1} = h\left(\int_{x_j}^{x_{j+1}} a^{-1}(x)\mathrm{d}x\right)^{-1}.
$$

另一方面, 由数值积分的广义梯形公式知

$$
\int_{t_n}^{t_{n+1}} w(x_{j+1/2},t)\mathrm{d}t \approx \big[(1-\theta)w(x_{j+1/2},t_n)+\theta w(x_{j+1/2},t_{n+1})\big]\tau, \tag{5.20}
$$

式中 $\theta\in[0,1]$. 因此, 由 (5.19) 式和 (5.20) 式可以得到 I_2 的逼近. 将该结果和 (5.18) 式代入 (5.17) 式可得

$$
\begin{aligned}
&\frac{u(x_j,t_{n+1})-u(x_j,t_n)}{\tau} - \frac{1}{h^2}\big[\theta\Delta\left(A_j\nabla u(x_j,t_{n+1})\right) \\
&+(1-\theta)\Delta\left(A_j\nabla u(x_j,t_n)\right)\big] \approx 0,
\end{aligned}
$$

式中

$$
\Delta u(x_j,t_n) = u(x_{j+1},t_n)-u(x_j,t_n),\ \ \nabla u(x_j,t_n) = u(x_j,t_n)-u(x_{j-1},t_n)
$$

分别为一阶向前差商和一阶向后差商. 以上结果写成差分方程即

$$
\frac{u_j^{n+1}-u_j^n}{\tau} - \frac{1}{h^2}\big[\theta\Delta(A_j\nabla u_j^{n+1})+(1-\theta)\Delta(A_j\nabla u_j^n)\big] = 0.
$$

当 $\theta=1/2$ 时, 该格式的精度为 $O(\tau^2+h^2)$; 而当 $\theta\neq 1/2$ 时, 该格式的精度为 $O(\tau+h^2)$.

注 5.1　在热物理中, u 表示温度场, w 为负热密度, 它们均为空间位置的连续函数, 而对于界面问题, u_x 非连续, 因此使用积分方式得到 $w(x_{j+1/2}, t)$ 的近似值适用性更广.

5.3　初边值问题

1. 第一类边值条件

设相应的初边值问题为

$$\begin{cases} u_t - au_{xx} = 0,\ 0 < x < 1,\ t > 0, \\ t = 0,\ u = f(x), \\ x = 0,\ u = \varphi(t), \\ x = 1,\ u = \phi(t), \end{cases}$$

式中 $a > 0$ 为常数. 此时, 差分方法的构造是常规的, 给定如下:

目标点: (x_j, t_n), $x_j = jh, t_n = n\tau$, $Jh = 1, N\tau = T$;

内部点的离散: $\dfrac{u_j^{n+1} - u_j^n}{\tau} - a\dfrac{u_{j+1}^n - 2u_j^n + u_{j-1}^n}{h^2} = 0$;

边值点的离散: $u_0^n = \varphi(n\tau), u_J^n = \phi(n\tau)$;

初值点的离散: $u_j^0 = f(x_j) = f_j$.

2. 第三类边值条件

如果对以上问题附加如下边界条件:

$$\begin{cases} x = 0 : u_x(0, t) = \alpha u(0, t) + \mu(t), \quad t > 0, \\ x = 1 : u_x(1, t) = \beta u(1, t) + \gamma(t), \quad t > 0, \end{cases}$$

则内部点和初值点处的离散同上, 但对于边值条件的离散有以下两种方法.

(1) 常规方法.

$$\frac{u_1^n - u_0^n}{h} = \alpha u_0^n + \mu(t_n),$$
$$\frac{u_J^n - u_{J-1}^n}{h} = \beta u_J^n + \gamma(t_n).$$

该格式在空间方向只有一阶精度.

(2) 虚拟格点法.

为了提高边界点处的精度, 将边界点往区域外延拓一个步长, 即引入虚拟格点 x_{-1} 和 x_{J+1}, 见图 5.2. 然后在边界点处用中心差商离散一阶导数. 为了消去虚拟点, 假设方程在边界处成立, 从而有

$$\begin{cases} \dfrac{u_1^n - u_{-1}^n}{2h} = \alpha u_0^n + \mu(t_n), \\ \dfrac{u_0^{n+1} - u_0^n}{\tau} - a\dfrac{u_{-1}^n - 2u_0^n + u_1^n}{h^2} = 0, \end{cases}$$

$$\begin{cases} \dfrac{u_{J+1}^n - u_{J-1}^n}{2h} = \beta u_J^n + \gamma(t_n), \\ \dfrac{u_J^{n+1} - u_J^n}{\tau} - a\dfrac{u_{J+1}^n - 2u_J^n + u_{J-1}^n}{h^2} = 0. \end{cases}$$

此即为

$$u_0^{n+1} = \big[1 - 2a\lambda(1+\alpha h)\big]u_0^n + 2a\lambda u_1^n - 2a\lambda h\mu(t_n),$$
$$u_J^{n+1} = \big[1 - 2a\lambda(1-\beta h)\big]u_J^n + 2a\lambda u_{J-1}^n + 2a\lambda h\gamma(t_n).$$

该格式在空间方向和初值问题一样仍有二阶精度.

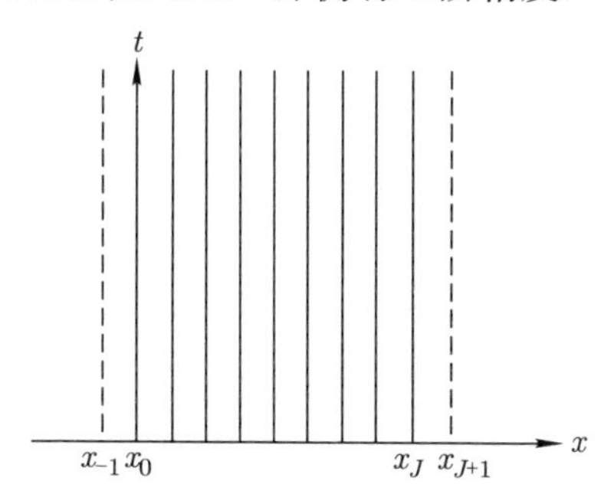

图 5.2 延拓法示意图

5.4 对流扩散方程

对流现象由方程

$$u_t + au_x = 0$$

宏观描述, 扩散现象由方程

$$u_t - \nu u_{xx} = 0$$

微观描述. 对流扩散方程为

$$\begin{cases} u_t + a u_x = \nu u_{xx}, & -\infty < x < +\infty, t > 0, \\ t = 0,\ u = f(x), \end{cases} \tag{5.21}$$

式中 $a, \nu > 0$ 为常数.

该方程及高维模型在科学与工程诸多领域有重要应用, 可用于描述大气中物质浓度的扩散、海洋中温度的变化等. 如果对流速度大, 对流效应取主要作用; 反之, 扩散占主要作用. 因此, 描述的物理现象也更为精细与复杂. 为对这个问题有更深入的了解, 我们先来建立该数学模型, 然后再来讨论求解它的差分方法, 具体步骤如下.

步骤 1 数学模型的建立. 先引进几个数学符号.

(1) $\rho(x,t)$: t 时刻 x 处的密度;

(2) ν: 扩散系数;

(3) a: 速度.

考虑空间微元 $[x,\ x+\Delta x]$ 中的介质在时间微元 $[t,\ t+\Delta t]$ 的质量变化情况. 根据 Fick (菲克) 定律和质量守恒定律易知

$$\begin{aligned} &\big(\rho(x,t+\Delta t) - \rho(x,t)\big)\Delta x \\ &= -\big(\rho(x+\Delta x,t)a\Delta t - \rho(x,t)a\Delta t\big) + \big(\nu\rho_x(x+\Delta x,t)\Delta t - \nu\rho_x(x,t)\Delta t\big), \end{aligned}$$

故有

$$\begin{aligned} &\frac{\rho(x,t+\Delta t) - \rho(x,t)}{\Delta t} + a\frac{\rho(x+\Delta x,t) - \rho(x,t)}{\Delta x} \\ &= \nu\frac{\rho_x(x+\Delta x,t) - \rho_x(x,t)}{\Delta x}. \end{aligned}$$

令 $\Delta t \to 0$, $\Delta x \to 0$, 可得

$$\rho_t + a\rho_x = \nu\rho_{xx}.$$

步骤 2 差分格式的建立.

(1) 中心差分格式.

时间导数用向前差商离散, 空间导数用中心差商离散, 则有

$$\begin{cases} \dfrac{u_j^{n+1}-u_j^n}{\tau}+a\dfrac{u_{j+1}^n-u_{j-1}^n}{2h}=\nu\dfrac{u_{j+1}^n-2u_j^n+u_{j-1}^n}{h^2}, \\ u_j^0=f(x_j)=f_j. \end{cases}$$

易知该格式的截断误差为 $O(\tau+h^2)$. 若令 $\lambda=a\tau/h$, $\mu=\nu\tau/h^2$, 则直接计算得差分格式对应的增长因子为

$$G(\tau,k)=1-2\mu(1-\cos(kh))-\mathrm{i}\lambda\sin(kh),$$

于是

$$\begin{aligned} |G(\tau,k)|^2 &= 1-4\mu(1-\cos(kh))+4\mu^2(1-\cos(kh))^2+\lambda^2\sin^2(kh) \\ &= 1-(1-\cos(kh))\left[4\mu-4\mu^2(1-\cos(kh))-\lambda^2(1+\cos(kh))\right]. \end{aligned}$$

差分格式稳定的充要条件为 $|G(\tau,k)|^2\leqslant 1$, 它等价于

$$4\mu-4\mu^2(1-\cos(kh))-\lambda^2(1+\cos(kh))\geqslant 0,$$

即

$$(\lambda^2-4\mu^2)(1-\cos(kh))+4\mu-2\lambda^2\geqslant 0, \quad k\in\mathbb{R}.$$

注意到, $(1-\cos(kh))\in[0,2]$, 上式等价于

$$4\mu-2\lambda^2\geqslant 0, \quad 2(\lambda^2-4\mu^2)+4\mu-2\lambda^2\geqslant 0,$$

此即

$$\tau\leqslant\frac{2\nu}{a^2}, \quad \nu\frac{\tau}{h^2}\leqslant\frac{1}{2}.$$

可以看到, 稳定性条件的第二个不等式恰是热方程向前差分格式的步长限制, 而第一个不等式是由对流项导致的. 显然, 对流占优问题的时间步长要很小才能保证格式稳定.

(2) 迎风差分格式.

类似对流方程, 我们有如下的迎风格式:

$$\frac{u_j^{n+1}-u_j^n}{\tau}+a\frac{u_j^n-u_{j-1}^n}{h}=\nu\frac{u_{j+1}^n-2u_j^n+u_{j-1}^n}{h^2}.$$

易知该格式的截断误差为 $O(\tau+h)$. 稳定性可类似前面分析, 一个更简单的方法是把上式写为中心差分格式的形式, 即

$$\frac{u_j^{n+1}-u_j^n}{\tau}+a\frac{u_{j+1}^n-u_{j-1}^n}{2h}=\left(\nu+\frac{ah}{2}\right)\frac{u_{j+1}^n-2u_j^n+u_{j-1}^n}{h^2}.$$

令 $\bar{\nu}=\nu+\dfrac{ah}{2}$, 则由上一格式的稳定性分析知稳定性条件为

$$\tau\leqslant\frac{2\bar{\nu}}{a^2},\quad \bar{\nu}\frac{\tau}{h^2}\leqslant\frac{1}{2},$$

即

$$\tau\leqslant\frac{2}{a^2}\left(\nu+\frac{ah}{2}\right),\quad \left(\nu+\frac{ah}{2}\right)\frac{\tau}{h^2}\leqslant\frac{1}{2}.$$

若把上述第一个不等式写为第二个不等式的形式, 则有

$$\begin{aligned}\left(\nu+\frac{ah}{2}\right)\frac{\tau}{h^2}\leqslant\frac{2}{a^2h^2}\left(\nu+\frac{ah}{2}\right)^2&=2\left(\frac{\nu}{ah}+\frac{1}{2}\right)^2\\&=\frac{1}{2}+2\left(\frac{\nu^2}{a^2h^2}+\frac{\nu}{ah}\right).\end{aligned}$$

而第二个不等式比上述不等式的要求更强, 因此迎风格式的稳定性条件为

$$\left(\nu+\frac{ah}{2}\right)\frac{\tau}{h^2}\leqslant\frac{1}{2}.$$

正因为对流项的系数乘以了空间步长 h, 从稳定性角度来说, 若 a 比 ν 大很多, 即对流占优时, 差分格式的时间步长不需要选取得特别小.

(3) 隐式格式.

Crank-Nicolson 型的隐式差分格式为

$$\begin{aligned}&\frac{u_j^{n+1}-u_j^n}{\tau}+\frac{a}{2}\left(\frac{u_{j+1}^n-u_{j-1}^n}{2h}+\frac{u_{j+1}^{n+1}-u_{j-1}^{n+1}}{2h}\right)\\&=\frac{\nu}{2}\left(\frac{u_{j+1}^n-2u_j^n+u_{j-1}^n}{h^2}+\frac{u_{j+1}^{n+1}-2u_j^{n+1}+u_{j-1}^{n+1}}{h^2}\right),\end{aligned}$$

其截断误差为 $O(\tau^2 + h^2)$. 该格式的增长因子为

$$G(\tau, k) = \frac{(1 - \mu + \mu\cos(kh)) - \mathrm{i}\dfrac{\lambda}{2}\sin(kh)}{(1 + \mu - \mu\cos(kh)) + \mathrm{i}\dfrac{\lambda}{2}\sin(kh)},$$

式中 λ, μ 同中心差分格式. 于是

$$|G(\tau, k)|^2 = \frac{(1 - \mu + \mu\cos(kh))^2 + \left(\dfrac{\lambda}{2}\sin(kh)\right)^2}{(1 + \mu - \mu\cos(kh))^2 + \left(\dfrac{\lambda}{2}\sin(kh)\right)^2}.$$

经计算有 $|G(\tau, k)| \leqslant 1$, 从而隐式差分格式无条件稳定.

5.5 Richardson 外推法

Richardson (理查森) 外推法 (简称外推法) 本质上是对数据进行某种后处理, 以获得更高精度的方法. 这个技巧在数值求解很多数学问题时都有应用, 比如数值积分[1,2]. 为了对该方法有一个更清晰的了解, 我们先来回顾它与圆周率 π 高效计算的关系[3], 然后再来介绍差分格式的外推法[4].

5.5.1 外推法与 π 的高效计算

众所周知, 中国古代数学家在计算圆周率 π 的近似值方面曾经取得过领先世界的辉煌成果. 魏晋时期的伟大数学家刘徽通过创立 "割圆术" 来计算 π 的近似值. "割圆术" 的精髓, 按刘徽的原话描述即: "割之弥细, 所失弥少, 割之又割, 以至于不可割, 则与圆合体而无所失矣." 用现在的语言来描述, 就是用圆内接正 n 边形的面积近似圆的面积, 再利用圆的面积公式 $S = \pi r^2$ (r 为圆的半径) 来反推 π 的近似值. 如以 S_{2n} 记单位圆内接正 $2n$ 边形的面积, 直接计算可知

$$S_{2n} = \frac{1}{2} n a_n,$$

式中 a_n 是单位圆内接正 n 边形的边长. 刘徽巧妙地利用几何关系, 得到如下递推关系:

$$\begin{cases} a_6 = 1, \\ a_{2n} = \sqrt{2 - \sqrt{4 - a_n^2}}, \quad n = 3 \cdot 2^m, m = 1, 2, \cdots, \end{cases}$$

从而使得 "割圆术" 得以实算. 而且为了得到近似值逼近 π 的上下界估计, 他还给出了如下刘徽不等式:

$$S_{2n} < S < S_{2n} + (S_{2n} - S_n).$$

刘徽曾计算到圆内接正 192 边形, 得 π 的近似值 $157/50 = 3.14$, 他认为此值不精密, 后来又算到圆内接正 3072 边形, 得近似值 3.1416. 注意到在推算过程中, 需要手算开方, 并且要达到理想的精度, 在古代这是一个很困难的工作. 而南北朝时期的著名数学家祖冲之更是算出圆周率 π 位于 3.1415926 与 3.1415927 之间, 这个结果精确到小数点后第 7 位, 实在是令人震惊的成果! 人们很自然会问: 祖冲之是用什么办法得到如此高精度结果的?

由于祖冲之父子的著作《缀术》已经失传, 现在只能对其采用的计算方法做个猜测. 一种猜测是他仍然使用的是刘徽的 "割圆术", 只不过计算得更精确而已. 如果真是这样的话, 他要非常准确地算出圆内接正 12288 边形和正 24576 边形的面积, 再用刘徽不等式得到结果. 考虑到有关计算都是手算完成的, 计算难度非常之大, 几乎不可能完成. 那他是否用了什么绝妙的算法? 我国著名数学家、中科院院士林群认为祖冲之可能是利用外推方法得到这个结果的[5]. 当然, 对该悬案还有其他推测[3].

为了把这个外推的过程讲清楚, 先来导出 S_n 的数学表达式. 将单位圆内接正 n 边形分割成 n 个全等的等腰三角形, 其腰等于单位圆的半径, 其顶角是 $2\pi/n$, 那么

$$S_n = n\left(\frac{1}{2} \times 1 \times 1 \times \sin\frac{2\pi}{n}\right) = \frac{1}{2} n \sin\frac{2\pi}{n}.$$

将 n 用 $2n$ 替换, 有

$$S_{2n} = n \sin \frac{\pi}{n}.$$

注意到

$$\lim_{n\to\infty} n \sin \frac{\pi}{n} = \pi,$$

可知刘徽算法的本质是用序列 $\left\{n \sin \frac{\pi}{n}\right\}$ 来逼近 π, 而且为了能够递推计算, 选取的是子列

$$\left\{3 \cdot 2^m \sin \frac{\pi}{3 \cdot 2^m}\right\}_{m=1}^{\infty}.$$

孤立地看待计算 π 的近似值 $\pi_n = S_{2n}$ 是不能得到更好的算法的, 那么能否像刘徽不等式那样对这组数据进行后处理呢? 事实上, 若对 π_n 和 π_{2n} 做如下线性组合:

$$E(\pi_n) = \frac{1}{3}(4\pi_{2n} - \pi_n) = \pi_{2n} + \frac{1}{3}(\pi_{2n} - \pi_n), \tag{5.22}$$

则可发现 $E(\pi_n)$ 逼近 π 的速度比原先快得多. 事实上, 取 $n = 96, 192$ 做一次组合, 所得近似值已精确到小数点后第七位. 这个方法之所以称为外推法, 是因为新的计算公式是由近似值 π_n 和 π_{2n} 确定的线段往外侧适当延伸而得到的数值.

那外推法为什么会如此有效呢? 其实, 我们可以使用 Taylor 展开把这个事实解释清楚. 易知

$$\pi_n = n \sin \frac{\pi}{n} = n\left[\frac{\pi}{n} - \frac{1}{3!}\left(\frac{\pi}{n}\right)^3 + \frac{1}{5!}\left(\frac{\pi}{n}\right)^5 - \cdots\right] = \pi - \frac{\pi^3}{6}\frac{1}{n^2} + \cdots. \tag{5.23}$$

这表明, π_n 逼近 π 的阶为 $1/n^2$. 另一方面, 由 (5.23) 式可知

$$\pi_{2n} = \pi - \frac{\pi^3}{24}\frac{1}{n^2} + O\left(\frac{1}{n^4}\right). \tag{5.24}$$

如果将方程 (5.24) 乘以 4 再减去方程 (5.23), 经简单计算即得

$$\frac{1}{3}(4\pi_{2n} - \pi_n) = \pi + O\left(\frac{1}{n^4}\right).$$

换言之, 外推公式 (5.22) 逼近 π 的阶为 $1/n^4$, 从而大大加快了收敛速度.

5.5.2 差分方程的外推法

现在用外推法来构建求解差分方程的高效算法. 考虑如下抛物型方程的初边值问题:

$$\begin{cases} u_t - a u_{xx} = 0, \quad 0 < x < 1, t > 0, \\ t = 0, \ u = u_0(x), \\ u(0,t) = u(1,t) = 0. \end{cases}$$

使用古典隐式离散格式数值求解其解:

$$\begin{cases} \dfrac{u_j^n - u_j^{n-1}}{\tau} - a\dfrac{u_{j+1}^n - 2u_j^n + u_{j-1}^n}{h^2} = 0, \\ u_j^0 = u_0(x_j) = u_j, \\ u_0^n = u_J^n = 0. \end{cases} \tag{5.25}$$

前面已经看到, 计算 π 的外推方法本质上是提高表达式渐近展开的阶. 那么, 我们能否借用该思想, 找出差分方程关于步长 τ, h 的渐近展开式, 然后对不同步长下的数值解进行合理的线性组合获得更高精度的数值结果呢? 以下结果表明这个构想的确可行.

引理 5.1 设 η_j^n 是下列差分格式的解:

$$\begin{cases} \dfrac{\eta_j^n - \eta_j^{n-1}}{\tau} - a\dfrac{\eta_{j+1}^n - 2\eta_j^n + \eta_{j-1}^n}{h^2} = \sigma_j^n, \\ \eta_j^0 = 0, \\ \eta_0^n = \eta_J^n = 0, \end{cases}$$

则有估计

$$\max_{0\leqslant j\leqslant J} \left|\eta_j^n\right| \leqslant n\tau \max_{\substack{1\leqslant j\leqslant J-1 \\ 1\leqslant n'\leqslant n}} \left|\sigma_j^{n'}\right|.$$

证明 使用数学归纳法. $n=0$ 时结果显然成立. 假设 $n=m$ 时结果成立, 要证 $n=m+1$ 时结果亦成立. 由归纳假设知

$$\max_{0\leqslant j\leqslant J} \left|\eta_j^m\right| \leqslant m\tau \max_{\substack{1\leqslant j\leqslant J-1 \\ 1\leqslant n'\leqslant m}} \left|\sigma_j^{n'}\right|. \tag{5.26}$$

现在来研究 $n=m+1$ 情形的结果. 显然 $\max\limits_{0\leqslant j\leqslant J}\left|\eta_j^{m+1}\right|$ 应在某一内格点 $j_0(0<j_0<J)$ 处取到. 而在格点 $(m+1,j_0)$ 处有差分方程

$$\frac{\eta_{j_0}^{m+1}-\eta_{j_0}^m}{\tau}-a\frac{\eta_{j_0+1}^{m+1}-2\eta_{j_0}^{m+1}+\eta_{j_0-1}^{m+1}}{h^2}=\sigma_{j_0}^{m+1}.$$

换言之,

$$(1+2a\lambda)\ \eta_{j_0}^{m+1}=\eta_{j_0}^m+a\lambda\eta_{j_0+1}^{m+1}+a\lambda\eta_{j_0-1}^{m+1}+\tau\sigma_{j_0}^{m+1},\tag{5.27}$$

式中 $\lambda=\tau/h^2$ 为网格比. 故由 $|\eta_{j_0}^{m+1}|$ 的最大性、(5.27) 式和三角不等式有

$$\begin{aligned}(1+2a\lambda)|\eta_{j_0}^{m+1}|&\leqslant|\eta_{j_0}^m|+a\lambda|\eta_{j_0+1}^{m+1}|+a\lambda|\eta_{j_0-1}^{m+1}|+\tau|\sigma_{j_0}^{m+1}|\\&\leqslant|\eta_{j_0}^m|+2a\lambda|\eta_{j_0}^{m+1}|+\tau|\sigma_{j_0}^{m+1}|,\end{aligned}$$

所以

$$|\eta_{j_0}^{m+1}|\leqslant|\eta_{j_0}^m|+\tau|\sigma_{j_0}^{m+1}|.$$

由上式和归纳假设 (5.26) 即得

$$|\eta_{j_0}^{m+1}|\leqslant m\tau\max_{\substack{1\leqslant j\leqslant J\\1\leqslant n'\leqslant m}}|\sigma_j^{n'}|+\tau|\sigma_{j_0}^{m+1}|\leqslant(m+1)\ \tau\max_{\substack{1\leqslant j\leqslant J\\1\leqslant n'\leqslant m+1}}\left|\sigma_j^{n'}\right|.$$

命题得证. □

注 5.2 该引理实即抛物型方程极值原理的离散化.

引理 5.2 设 u_j^n 是差分方程 (5.25) 之解, 那么有

$$u_j^n=u(x_j,t_n)+\tau v(x_j,t_n)+h^2w(x_j,t_n)+\eta_j^n,\tag{5.28}$$

式中 u 为原问题之解, 而 v,w 分别满足

$$\begin{cases}v_t=av_{xx}+\dfrac{1}{2}u_{tt},\quad 0<x<1,t>0,\\t=0,\ v=0,\\x=0,1,\ v=0,\end{cases}\tag{5.29}$$

$$\begin{cases}w_t=aw_{xx}+\dfrac{a}{12}\partial_x^4u,\quad 0<x<1,t>0,\\t=0,\ w=0,\\x=0,1,\ w=0,\end{cases}\tag{5.30}$$

而且

$$\max_{0\leqslant j\leqslant J}\left|\eta_j^n\right|\leqslant C_1(\tau^2+h^4), \tag{5.31}$$

式中常数 C_1 与沿时间方向计算的终端时刻 T 有关.

证明 采用待定系数法. 先任意选取函数 v 和 w, 然后将 u_j^n 形式地用 (5.28) 式来表达, 再将其代入 (5.25) 知

$$\begin{aligned}&\frac{\eta_j^n-\eta_j^{n-1}}{\tau}-a\frac{\eta_{j+1}^n-2\eta_j^n+\eta_{j-1}^n}{h^2}\\&+\frac{1}{\tau}\left[(u+\tau v+h^2w)_j^n-(u+\tau v+h^2w)_j^{n-1}\right]\\&-\frac{a}{h^2}\left[(u+\tau v+h^2w)_{j+1}^n-2(u+\tau v+h^2w)_j^n+(u+\tau v+h^2w)_{j-1}^n\right]=0.\end{aligned} \tag{5.32}$$

由 Taylor 展开知 (5.32) 式的左端为

$$\frac{\eta_j^n-\eta_j^{n-1}}{\tau}-a\frac{\eta_{j+1}^n-2\eta_j^n+\eta_{j-1}^n}{h^2}+\mathrm{I}+\rho_j^n+\widetilde{\rho}_j^n,$$

式中,

$$\mathrm{I}=\left(u_t-\frac{\tau}{2}u_{tt}+\tau v_t+h^2w_t\right)_j^n-a\left(u_{xx}+h^2w_{xx}+\tau v_{xx}+\frac{h^2}{12}u_{xxxx}\right)_j^n,$$

$$\left|\rho_j^n\right|,\ \left|\widetilde{\rho}_j^n\right|\leqslant C(\tau^2+h^4).$$

经简单计算易知表达式 I 关于步长 τ 和 h 的展开有如下结果:

(1) 常数项: $u_t-au_{xx}=0$;

(2) τ 阶项: $v_t-u_{tt}/2-av_{xx}$;

(3) h^2 阶项: $w_t-aw_{xx}-\dfrac{a}{12}\partial_x^4u$;

(4) 其他项为 $O(\tau^2+h^4)$.

因此, 若以 (5.29) 和 (5.30) 的方式确定 v,w, 由 (5.32) 式和以上分析可得

$$\frac{\eta_j^n-\eta_j^{n-1}}{\tau}-a\frac{\eta_{j+1}^n-2\eta_j^n+\eta_{j-1}^n}{h^2}=\sigma_j^n,\quad \left|\sigma_j^n\right|\leqslant C(\tau^2+h^4).$$

再由引理 5.1 知

$$\max_{0\leqslant j\leqslant J}\left|\eta_j^n\right|\leqslant C\tau n(\tau^2+h^2)\leqslant CT(\tau^2+h^4)=C_1(\tau^2+h^4),$$

即获得 (5.31) 式. 命题得证. □

若记以 τ, h 为步长由古典隐式格式得到的数值解为 u_h^τ, 则由引理 5.2 可知

$$u_h^\tau = u + \tau v + h^2 w + O(\tau^2 + h^4),$$
$$u_{h/2}^{\tau/4} = u + \frac{\tau}{4}v + \frac{h^2}{4}w + O(\tau^2 + h^4),$$

由此可得

$$\frac{4u_{h/2}^{\tau/4}(x,t) - u_h^\tau(x,t)}{3} = u(x,t) + O(\tau^2 + h^4).$$

所以, 将步长为 (h,τ) 的网格所得数值解和步长为 $(h/2,\tau/4)$ 的网格所得数值解按以上外推公式后处理即可得到一个逼近阶为 $O(\tau^2 + h^4)$ 的高精度数值解.

例 5.1 设待求解的方程为

$$\begin{cases} u_t = u_{xx}, \quad 0 < x < 1, t > 0, \\ u(0,t) = u(1,t) = 0, \\ u(x,0) = \sin(\pi x). \end{cases}$$

精确解为 $u(x,t) = \mathrm{e}^{-\pi^2 t}\sin \pi x$. 使用的格式为

(1) 隐式迭代格式:

$$-\lambda u_{j+1}^{n+1} + (1+2\lambda)u_j^{n+1} - \lambda u_{j-1}^{n+1} = u_j^n, \quad \lambda = \tau/h^2.$$

(2) 外推格式:

$$v_\tau^h = \frac{1}{3}(4u_{\tau/4}^{h/2} - u_\tau^h),$$

式中参数选取

$$h = \frac{1}{2^k}, \qquad \tau = h^2 = \frac{1}{4^k}.$$

设最大时间 $T = 0.25$, 我们考察 $x = 0.25$ 处的计算结果. 以 $u(x,t)$ 表示精确解, $u_h(x,t)$ 表示空间步长为 h 时的数值解, 相对误差定义为

$$e_h = \frac{|u_h(0.25,0.25) - u(0.25,0.25)|}{|u(0.25,0.25)|}.$$

对直接的隐式格式, 局部截断误差为 $O(\tau+h^2)$, 我们取 $\tau=h^2$ 验证误差阶. 外推的截断误差从 $O(\tau+h^2)$ 提高到 $O(\tau^2+h^4)$, 如果 $\tau=h^2$, 那么 $O(\tau^2+h^4)=O(h^4)$. 计算结果见表 5.1.

表 5.1 $x=0.25$, $T=0.25$, **精确值** $u=5.9966\text{E-}2$

	计算值	相对误差	收敛阶
$k=3$	8.4399E-2	40.74%	
$k=4$	6.5726E-2	9.6%	2.0848
外推	5.9501E-2	0.78%	
$k=5$	6.1384E-2	2.4%	2.0227
外推	5.9936E-2	0.05%	3.9567
$k=6$	6.0319E-2	0.59%	2.0058
外推	5.9964E-2	0.003%	3.9895
$k=7$	6.0054E-2	0.15%	2.0014
外推	5.9966E-2	0.0002%	3.9974
$k=8$	5.9988E-2	0.037%	2.0003
外推	5.9966E-2	0.00001%	3.9993

5.6 二维抛物型方程的差分方法

考虑问题:

$$\begin{cases} u_t=a(u_{xx}+u_{yy}), \quad (x,y)\in\Omega=(0,1)\times(0,1), t>0, \\ t=0, u=f(x,y), \quad (x,y)\in\Omega, \\ u(x,y)=0, \quad (x,y)\in\partial\Omega, \end{cases} \tag{5.33}$$

式中 $a>0$ 为常数. 设网格剖分的格点为 (x_j,y_l,t_n), 其中 $x_j=jh$, $y_l=lh$, $t_n=n\tau$, $Jh=1$. 引入记号

$$\delta_x^2u_{jl}^n=\frac{u_{j+1,l}^n-2u_{jl}^n+u_{j-1,l}^n}{h^2}, \quad \delta_y^2u_{jl}^n=\frac{u_{j,l+1}^n-2u_{jl}^n+u_{j,l-1}^n}{h^2}.$$

类似一维问题, 我们可以直接给出问题 (5.33) 的显式格式

$$\frac{u_{jl}^{n+1}-u_{jl}^n}{\tau}=a\left(\delta_x^2 u_{jl}^n+\delta_y^2 u_{jl}^n\right)$$

和隐式格式

$$\frac{u_{jl}^{n+1}-u_{jl}^n}{\tau}=a\left(\delta_x^2 u_{jl}^{n+1}+\delta_y^2 u_{jl}^{n+1}\right). \tag{5.34}$$

应用 Fourier 方法, 前者的稳定性条件是 $a\lambda \leqslant 1/4$, 式中 $\lambda=\tau/h^2$, 而后者是无条件稳定的. 事实上, 对于二维问题, 为了获得增长因子, 可令 $u_{jl}^n=v^n \mathrm{e}^{\mathrm{i}(k_1 jh+k_2 lh)}$, 把它代入显式格式得

$$v^{n+1}=G(\tau,\boldsymbol{k})v^n, \quad \boldsymbol{k}=[k_1,k_2],$$

式中

$$G(\tau,\boldsymbol{k})=1-4a\lambda\left(\sin^2\left(\frac{k_1 h}{2}\right)+\sin^2\left(\frac{k_2 h}{2}\right)\right).$$

从而由 $|G(\tau,\boldsymbol{k})|\leqslant 1$ 获得稳定性条件为 $a\lambda\leqslant 1/4$. 隐式格式的稳定性分析留作习题.

显然, 二维问题显式格式比一维问题显式格式的时间步长要求更小, 计算量显著增加. 隐式格式尽管是无条件稳定的, 但系数矩阵不再是三对角的, 而是五对角的, 计算量也大大高于显式格式. 可见, 在二维情形, 显式格式和隐式格式都不方便. 因此, 构造计算量不大且保持无条件稳定的差分格式具有重要的理论意义和应用价值.

考虑到一维隐式格式无条件稳定且可用追赶法快速求解, Peacemen 和 Rachford 在对微分方程 (5.33) 离散时对 u_{xx} 和 u_{yy} 做了不同处理, 其做法是引入一个过渡时间层 $n+1/2$, 计算过程由 $n\to n+1$ 转化为 $n\to n+1/2\to n+1$. 在 $n\to n+1/2$ 的过程中, 他们对 x 方向在 $n+1/2$ 时间层上用隐式格式 (相对时间导数的离散), 对 y 方向在 n 时间层上用显式格式; 而在 $n+1/2\to n+1$ 的过程中, 恰好相反. 由此给出如下著名的交替方向隐式格式 (也称 P-R 格式):

$$\begin{cases}\dfrac{u_{jl}^{n+1/2}-u_{jl}^n}{\tau/2}=a\left(\delta_x^2 u_{jl}^{n+1/2}+\delta_y^2 u_{jl}^n\right), & \text{在 } x \text{ 方向求解}, \quad (5.35)\\ \dfrac{u_{jl}^{n+1}-u_{jl}^{n+1/2}}{\tau/2}=a\left(\delta_x^2 u_{jl}^{n+1/2}+\delta_y^2 u_{jl}^{n+1}\right), & \text{在 } y \text{ 方向求解}. \quad (5.36)\end{cases}$$

该方法每步求解的线性方程组对应的耦合节点示意图如图 5.3 所示:

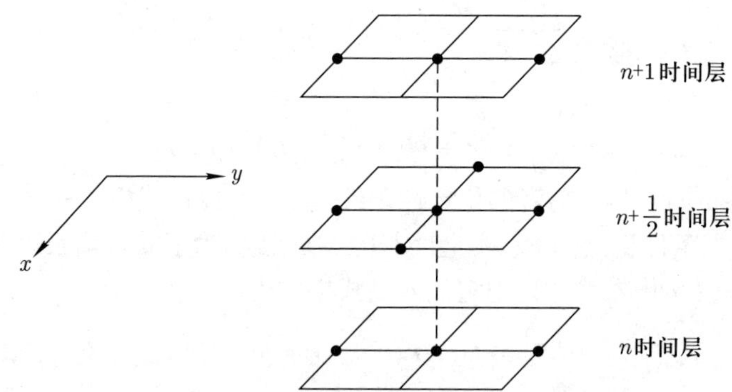

图 5.3 交替方向隐式格式节点示意图

为了分析其稳定性, 将格式 (5.35) 和 (5.36) 变形为

$$\begin{cases} \left(I-\dfrac{a\tau}{2}\delta_x^2\right)u_{jl}^{n+1/2}=\left(I+\dfrac{a\tau}{2}\delta_y^2\right)u_{jl}^{n}, \\ \left(I-\dfrac{a\tau}{2}\delta_y^2\right)u_{jl}^{n+1}=\left(I+\dfrac{a\tau}{2}\delta_x^2\right)u_{jl}^{n+1/2}, \end{cases}$$

其中 I 为恒等算子, 消去 $u_{jl}^{n+1/2}$, 有

$$\left(I-\frac{a\tau}{2}\delta_x^2\right)\left(I-\frac{a\tau}{2}\delta_y^2\right)u_{jl}^{n+1}=\left(I+\frac{a\tau}{2}\delta_x^2\right)\left(I+\frac{a\tau}{2}\delta_y^2\right)u_{jl}^{n}.$$

令 $u_{jl}^n=v^n\mathrm{e}^{\mathrm{i}(k_1jh+k_2lh)}$, 可得 $v^{n+1}=G(\tau,\boldsymbol{k})v^n$, 式中

$$G(\tau,\boldsymbol{k})=\frac{\left(1-2a\lambda\sin^2\left(\dfrac{k_1h}{2}\right)\right)\left(1-2a\lambda\sin^2\left(\dfrac{k_2h}{2}\right)\right)}{\left(1+2a\lambda\sin^2\left(\dfrac{k_1h}{2}\right)\right)\left(1+2a\lambda\sin^2\left(\dfrac{k_2h}{2}\right)\right)}.$$

易知 $|G(\tau,\boldsymbol{k})|\leqslant 1$, 因此该格式是无条件稳定的. 另外, 利用 Taylor 展开可知该方法的精度为 $O(\tau^2+h^2)$.

注 5.3 构造交替方向隐式格式的主要思想: 降维的技巧加上分数步技巧. 该格式计算量较小且无条件稳定. 另外需要注意的是, 若将 P-R 格式 ((5.35) 式和 (5.36) 式) 推广到三维问题时, 相应的格式不再是无条件稳定的, 我们把这个分析留作习题.

5.7 算子分裂方法

分数步方法是求解多维复杂问题的经济且有效的方法[6]. 早在 1971 年, 苏联数学家 Yanenko 就在其专著[7] 中对该方法进行了系统性的论述. 前面介绍的求解抛物型方程的交替方向的隐式差分格式就是一种分数步格式. 这一节我们将介绍另一种分数步方法, 与交替方向隐式格式不同的是, 该方法在每一步仅处理发展方程右端的一个算子, 因而称为算子分裂方法. 算子分裂方法有多种类型, 这里只介绍其中的一种[4,8].

5.7.1 从一个简单例子谈起

考虑问题:

$$\begin{cases} \dfrac{\mathrm{d}x}{\mathrm{d}t} = f(t) = 1, \quad 0 < t \leqslant T, \\ x(0) = 0. \end{cases} \tag{5.37}$$

将区间 $[0,T]$ 做 N 等分, 得如下格点:

$$0 = t_0 < t_1 < \cdots < t_n < t_{n+1} < \cdots < t_N = T,$$

式中, $t_n = n\tau$, $n = 0, 1, \cdots, N, \tau$ 为步长. 对时间剖分的每一个固定子区间 $[t_n, t_{n+1}]$, 我们将给出问题 (5.37) 在该区间上的一个分数步近似.

注意到

$$x(t_n) = \sum_{i=0}^{n-1} \int_{t_i}^{t_{i+1}} f(s)\mathrm{d}s = \sum_{i=0}^{n-1} \int_{t_i}^{t_{i+1}} 1\mathrm{d}s, \quad n = 1, 2, \cdots, N.$$

显然, 若把每个小区间 $[t_n, t_{n+1}]$ 上对 f 的积分作用等效在该时间段的前半部分, 则格点上的计算结果不变, 此时 $f(\tau, t)$ 在 $[t_n, t_{n+1}]$ 上的取值为

$$f(\tau, t) = \begin{cases} 2, & t_n < t \leqslant t_{n+1/2}, \\ 0, & t_{n+1/2} < t \leqslant t_{n+1}, \end{cases} \tag{5.38}$$

式中, $t_n = n\tau$, $t_{n+1/2} = (n + 1/2)\tau, n = 0, 1, \cdots, N-1$.

记 $x_\tau(t)$ 为如下问题的解:

$$\begin{cases} \dfrac{\mathrm{d}x_\tau}{\mathrm{d}t} = f_\tau(t) = f(\tau, t), \quad 0 < t \leqslant T, \\ x_\tau(0) = 0, \end{cases} \tag{5.39}$$

式中 $f(\tau, t)$ 由 (5.38) 式确定. 该问题的等价描述为: 当 $0 \leqslant n \leqslant N-1$ 时, 成立

$$\begin{cases} \dfrac{\mathrm{d}x_\tau}{\mathrm{d}t} = 2, \quad n\tau < t \leqslant \left(n+\dfrac{1}{2}\right)\tau, \\ \dfrac{\mathrm{d}x_\tau}{\mathrm{d}t} = 0, \quad \left(n+\dfrac{1}{2}\right)\tau < t \leqslant (n+1)\tau. \end{cases} \tag{5.40}$$

直观上, 当 $\tau \to 0+$ 时, 近似解 x_τ 应该在某种意义下收敛到精确解 x. 具体而言, 对任意的 $0 \leqslant t_* < t^* \leqslant T$, 有

$$x(t^*) = x(t_*) + \int_{t_*}^{t^*} f(s)\mathrm{d}s.$$

这样, 对步长为 τ 的时间划分, 如果 $f(t)$ 的近似 $f(\tau, t)$ 能在积分意义下收敛, 即

$$\int_{t_*}^{t^*} (f(\tau, s) - f(s))\mathrm{d}s \to 0, \quad \tau \to 0+, 0 \leqslant t_* < t^* \leqslant T, \tag{5.41}$$

那么近似问题的解 $x_\tau(t)$ 必逐点收敛于 $x(t)$. 我们称在 (5.41) 式的意义下, $f(\tau, t)$ 弱收敛于 $f(t)$. 我们可以证明, (5.38) 式给出的 $f(\tau, t)$ 弱收敛于 $f(t) \equiv 1$. 关于这方面的讨论详见本章文献 [7].

在示意图 5.4 中, 给出了函数 $f(t)$ 和它的近似 $f(\tau, t)$, 以及相应解 $x(t)$ 和近似解 $x_\tau(t)$ 的图形描述, 佐证了以上理论分析的正确性.

以上讨论给我们一个重要启示, 那就是为了求解问题 (5.37), 可以转而求解近似问题 (5.39) 或它的等价问题 (5.40). 而构造近似问题 (5.39) 的关键是在每个子区间 $[t_n, t_{n+1}]$ 如何合理修改右端函数. 从力学直观上看, 如果将 $f(t)$ 理解为时刻 t 受到的力, 那么若时间步长 τ 很小时, 它在 $[t_n, t_{n+1}]$ 的作用效应应和由 (5.38) 式给定的力 $f(\tau, t)$ 的作用效应差不多. 这是导出 (5.38) 式的内在原因. 推而广之, 如果系统

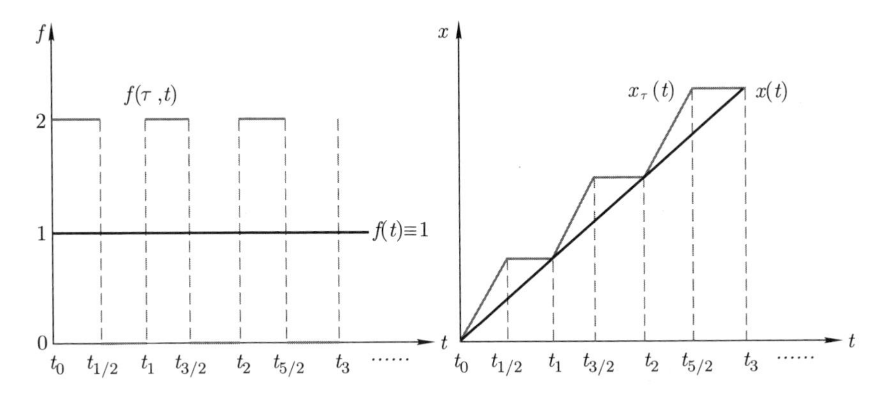

图 5.4 $f(t), x(t)$ **和** $f(\tau, t), x_\tau(t)$ **的比较**

受到多个力的作用, $f(t) = f_1(t) + \cdots + f_p(t)$, 可以定义

$$f(\tau, t) = pf_i(t), \quad t_{n+(i-1)/p} < t \leqslant t_{n+i/p},\ i = 1, 2, \cdots, p,$$

转而求解近似问题

$$\begin{cases} \dfrac{\mathrm{d}x_\tau}{\mathrm{d}t} = f_\tau(t) = f(\tau, t), \quad 0 < t \leqslant T, \\ x_\tau(0) = 0, \end{cases}$$

或等价地,

$$\frac{\mathrm{d}x_\tau}{\mathrm{d}t} = pf_i(t), \quad t_{n+(i-1)/p} < t \leqslant t_{n+i/p},\ i = 1, 2, \cdots, p.$$

于是在每个子区间 $[t_{n+(i-1)/p}, t_{n+i/p}]$ 上, 只须求解受到单个力 $f_i(t)$ 作用的问题, 从而可能将原问题转化为另一个便于处理的近似问题, 达到分而治之的目的. 这正是算子分裂法思想的精髓.

5.7.2 分裂格式的半群理解

现在让我们考虑一个更抽象的问题. 给定算子方程

$$\begin{cases} \dfrac{\mathrm{d}u}{\mathrm{d}t} = Lu, \quad 0 < t \leqslant T, \\ u(0) = u_0, \end{cases} \tag{5.42}$$

式中 L 是线性算子, 且生成一个算子半群, 我们想构造求解它的近似方法. 读者如想对算子半群有系统了解, 可参见本章文献 [9]. 为了解本节的推导, 实际上只要将 L 理解为矩阵即可. 于是根据半群理论知, 其解可表示为

$$u(t) = \mathrm{e}^{tL}u(0),$$

式中 e^{tL} 称为 L 的指数算子. 一般地,

$$u(t) = \mathrm{e}^{(t-s)L}\mathrm{e}^{sL}u(0) = \mathrm{e}^{(t-s)L}u(s).$$

同前, 将区间 $[0,T]$ 做 N 等分, 得如下格点:

$$0 = t_0 < t_1 < \cdots < t_n < t_{n+1} < \cdots < t_N = T.$$

在子区间 $[t_n, t_{n+1}]$ 上, 易知

$$u(t_{n+1}) = \mathrm{e}^{\tau L}u(t_n).$$

若 L 为两个线性算子之和, 即 $L = L_1 + L_2$, 且 L_1 和 L_2 可交换, 则有

$$u(t_{n+1}) = \mathrm{e}^{\tau L_2}\mathrm{e}^{\tau L_1}u(t_n). \tag{5.43}$$

现在我们想构造一个新的算子 L_τ, 使得它在 $[t_n, t_{n+1}]$ 上分两步计算时, 第一步完全由 L_1 决定, 第二步完全由 L_2 决定. 若这个算子存在, 则有

$$u(t_{n+1}) = \mathrm{e}^{\frac{\tau}{2}L_\tau}\mathrm{e}^{\frac{\tau}{2}L_\tau}u(t_n).$$

对比 (5.43) 式, 可令

$$L_\tau = \begin{cases} 2L_1, & n\tau < t \leqslant \left(n + \dfrac{1}{2}\right)\tau, \\ 2L_2, & \left(n + \dfrac{1}{2}\right)\tau < t \leqslant (n+1)\tau. \end{cases}$$

而由 $u(t_n)$ 导出 $u(t_{n+1})$ 的求解过程恰好对应于如下问题的求解:

$$\begin{cases} \dfrac{\mathrm{d}u}{\mathrm{d}t} = 2L_1 u, & n\tau < t \leqslant \left(n + \dfrac{1}{2}\right)\tau, \\ \dfrac{\mathrm{d}u}{\mathrm{d}t} = 2L_2 u, & \left(n + \dfrac{1}{2}\right)\tau < t \leqslant (n+1)\tau. \end{cases} \tag{5.44}$$

可以证明, 若 L_1 和 L_2 不可交换时, 由 (5.44) 得到的结果是 u 在 $t=t_{n+1}$ 处有很好的近似值[8]. 于是我们就导出了求解原问题 (5.42) 的算子分裂方法.

现在来考虑一般的初值问题

$$\begin{cases} u_t = Lu, \quad t \in (0,T], \\ t=0,\ u=u_0(x), \end{cases} \tag{5.45}$$

式中

$$L = L_1 + L_2 + \cdots + L_p.$$

仿照上面的思想, 可构造如下算子:

$$L_\tau = \alpha_1(\tau,t)L_1 + \alpha_2(\tau,t)L_2 + \cdots + \alpha_p(\tau,t)L_p,$$

式中,

$$\alpha_s(\tau,t) = p\delta_{si}, \quad t_{n+(i-1)/p} < t \leqslant t_{n+i/p},\ s=1,2,\cdots,p,$$
$$\delta_{si} = \begin{cases} 1, & s=i, \\ 0, & s \neq i. \end{cases}$$

于是算子分裂方法的思想就是将原问题 (5.42) 转化为以下问题的求解:

$$\frac{\partial u_\tau}{\partial t} = L_\tau u_\tau.$$

写成子区间描述的形式, 上式即

$$\frac{\partial u_\tau}{\partial t}(t) = pL_i u_\tau(t), \quad t_{n+(i-1)/p} < t \leqslant t_{n+i/p},\ i=1,2,\cdots,p.$$

5.7.3 算子分裂方法在抛物型方程差分方法中的应用

基于算子分裂方法, 我们可按如下步骤构建相应的数值求解方法. 首先, 通过算子分裂法获得原问题的可分步求解近似问题, 然后再对相应的子问题使用合理的数值方法进行离散, 最终获得求解原问题的高效数值方法.

考虑二维抛物型方程

$$\frac{\partial u}{\partial t} = a\left(\frac{\partial^2 u}{\partial x^2} + \frac{\partial^2 u}{\partial y^2}\right).$$

记

$$L_1 u = a\frac{\partial^2 u}{\partial x^2}, \quad L_2 u = a\frac{\partial^2 u}{\partial y^2}.$$

根据前面的讨论, 分裂格式相当于在 $[t_n, t_{n+1}]$ 上考虑如下问题的求解:

$$\begin{cases} \dfrac{\partial u_\tau}{\partial t} = 2L_1 u_\tau = 2a\dfrac{\partial^2 u_\tau}{\partial x^2}, & t_n < t \leqslant t_{n+1/2}, \\ \dfrac{\partial u_\tau}{\partial t} = 2L_2 u_\tau = 2a\dfrac{\partial^2 u_\tau}{\partial y^2}, & t_{n+1/2} < t \leqslant t_{n+1}. \end{cases}$$

如果采用 Crank-Nicholson 差分格式求解相应的子问题 (一维抛物型方程), 则最终获得如下的局部一维格式:

$$\begin{cases} \dfrac{1}{2}\cdot\dfrac{u_{jl}^{n+1/2} - u_{jl}^n}{\tau/2} = a\delta_x^2\dfrac{u_{jl}^{n+1/2} + u_{jl}^n}{2}, \\ \dfrac{1}{2}\cdot\dfrac{u_{jl}^{n+1} - u_{jl}^{n+1/2}}{\tau/2} = a\delta_y^2\dfrac{u_{jl}^{n+1} + u_{jl}^{n+1/2}}{2}. \end{cases}$$

在上述格式中, x 和 y 方向采用了相同的步长 h 进行网格剖分, 相异步长的格式类似可知.

我们还可以把算子分裂方法导出的差分格式与预测 – 校正方法相结合, 得到精度更高的格式. 预测 – 校正方法的思想是, 首先用一个精度不是很高但计算简单的格式获得粗糙的结果, 然后用精度较高的格式对该结果进行校正. 这样, 我们可对 $[t_n, t_{n+1}]$ 的前半部分采用分裂格式获得 $u_{jl}^{n+1/2}$, 然后用精度较高的 Crank-Nicolson 格式校正, 从而获得如下的预测 – 校正格式:

$$\begin{cases} \left.\begin{aligned} &\frac{u_{jl}^{n+1/4} - u_{jl}^n}{\tau/2} = a\delta_x^2 u_{jl}^{n+1/4} \\ &\frac{u_{jl}^{n+1/2} - u_{jl}^{n+1/4}}{\tau/2} = a\delta_y^2 u_{jl}^{n+1/2} \end{aligned}\right\} \Rightarrow \text{预测}, \\ \dfrac{u_{jl}^{n+1} - u_{jl}^n}{\tau} = a(\delta_x^2 + \delta_y^2)u_{jl}^{n+1/2} \quad \Rightarrow \text{校正}. \end{cases} \tag{5.46}$$

注 5.4 本节主要研究了求解高维抛物型方程的算子分裂方法的构造, 实际上, 使用相同的思想也可以构造求解高维双曲型方程的算子分裂方法. 考虑到方法的构造思想是完全相同的, 我们在此就不展开讨论了, 有兴趣的读者可参见本章文献 [7,10,11].

习 题 5

5.1 讨论扩散方程

$$\frac{\partial u}{\partial t}=\frac{\partial^2 u}{\partial x^2}$$

的差分格式

$$\frac{u_j^{n+1}-\frac{1}{2}(u_{j+1}^n+u_{j-1}^n)}{\tau}=\delta_x^2 u_j^n$$

的稳定性, 式中

$$\delta_x^2 u_j^n=\frac{u_{j-1}^n-2u_j^n+u_{j+1}^n}{h^2}.$$

5.2 给定常数 a, b 和 c ($a>0$), 讨论差分格式

$$\frac{u_j^{n+1}-u_j^n}{\tau}=a\frac{u_{j+1}^n-2u_j^n+u_{j-1}^n}{h^2}+b\frac{u_{j+1}^n-u_{j-1}^n}{2h}+cu_j^n$$

的稳定性.

5.3 若用古典隐式格式求解热传导方程 $u_t=u_{xx}$, 如何合理选取网格比 $\lambda=\tau/h^2$ 使得精度为 $O(\tau^2+h^4)$?

5.4 设 N, M 是正整数, 令 $h=1/(N+1)$, $\tau=1/M$, 对格点函数

$$\left\{u_i^n:\ 0\leqslant i\leqslant N+1,\ 0\leqslant n\leqslant M\right\},$$

考虑如下差分格式:

$$\begin{cases}\dfrac{u_i^{n+1}-u_i^n}{\tau}=\dfrac{u_{i-1}^n-2u_i^n+u_{i+1}^n}{h^2}+\varepsilon u_i^n(1-u_i^n), & 1\leqslant i\leqslant N,\ 0\leqslant n<M,\\ u_0^n=u_{N+1}^n=0, & 1\leqslant n\leqslant M,\\ u_i^0=u_0(ih), & 0\leqslant i\leqslant N+1,\end{cases}$$

式中, $u_0(x)$ 是 $[0,1]$ 上的连续函数, 且满足 $0\leqslant u_0(x)\leqslant 1, x\in[0,1]$. 证明: 若

$$\tau(\varepsilon+2/h^2)\leqslant 1,$$

则当 $1 \leqslant i \leqslant N, 0 \leqslant n \leqslant M$ 时,

$$0 \leqslant u_i^n \leqslant 1.$$

5.5　设正函数 $a(x) \in C[0,1]$. 求解变系数热传导方程初边值问题

$$\begin{cases} u_t = (a(x)u_x)_x, & 0 \leqslant x \leqslant 1, t > 0, \\ u(x,0) = \varphi(x), & 0 \leqslant x \leqslant 1, \\ u(0,t) = u(1,t) = 0, & t > 0 \end{cases}$$

的差分格式为

$$\frac{u_j^{n+1} - u_j^n}{\tau} = \frac{1}{h^2}\left[\theta\Delta\left(A_j\nabla u_j^{n+1}\right) + (1-\theta)\Delta\left(A_j\nabla u_j^n\right)\right],$$

式中, $\theta \in [0,1]$, $\nabla u_i = u_i - u_{i-1}, \Delta u_i = u_{i+1} - u_i$.

(1) 证明: 分部求和公式

$$(u, \Delta v) = u_N v_N - u_0 v_1 - (\nabla u, v],$$

式中

$$(u,v) = \sum_{i=1}^{N-1} u_i v_i, \quad (u,v] = \sum_{i=1}^{N} u_i v_i.$$

(2) 证明:

$$\begin{aligned} u_j^{n+1} - u_j^n = &\frac{\tau\theta}{2h^2}\Delta(A_j\nabla(u_j^{n+1} + u_j^n)) + \frac{\tau\theta}{2h^2}\Delta(A_j\nabla(u_j^{n+1} - u_j^n)) \\ &+ \frac{\tau(1-\theta)}{2h^2}\Delta(A_j\nabla(u_j^{n+1} + u_j^n)) - \frac{\tau(1-\theta)}{2h^2}\Delta(A_j\nabla(u_j^{n+1} - u_j^n)). \end{aligned}$$

(3) 利用以上结论, 证明:

$$\begin{aligned} &\|u^{n+1}\|_2^2 - \|u^n\|_2^2 \\ &= -\frac{\tau}{2h^2}\left[\left\|\sqrt{A}\nabla(u^{k+1} + u^k)\right\|_2^2 + (2\theta - 1)\Big(A\nabla(u^{k+1} - u^k), \nabla(u^{k+1} + u^k)\Big)\right], \end{aligned}$$

式中 $\|u\|_2^2 = (u,u)$, $\|u]|_2^2 = (u,u]$.

(4) 记 $S_k = \|u^k\|_2^2 + \dfrac{\tau}{2h^2}(2\theta - 1)(A\nabla u^k, \nabla u_k]$, 证明: $\{S_k\}$ 是递减序列.

(5) 根据以上结论讨论格式的稳定性.

5.6　热传导方程 $u_t = u_{xx}$ 的下列两个差分格式称为高精度格式:

(1) $\dfrac{u_j^{n+1} - u_j^n}{\tau} = \dfrac{1}{2}\left[\left(1 - \dfrac{1}{6\lambda}\right)\delta_x^2 u_j^{n+1} + \left(1 + \dfrac{1}{6\lambda}\right)\delta_x^2 u_j^n\right]$,

(2) $\dfrac{u_j^{n+1}-u_j^n}{\tau}=\delta_x^2u_j^n+\dfrac{\lambda}{2}h^2\left(1-\dfrac{1}{6\lambda}\right)\delta_x^4u_j^n.$

证明: 它们的截断误差均为 $O(\tau^2+h^4)$, 并研究其稳定性, 式中,

$$\lambda=\tau/h^2,\quad \delta_x^2u_j^n=\frac{u_{j-1}^n-2u_j^n+u_{j+1}^n}{h^2},\quad \delta_x^4u_j^n=\delta_x^2(\delta_x^2u_j^n).$$

5.7 证明 P-R 格式 (5.35) 和 (5.36) 是二阶精度的.

5.8 讨论预测 – 校正格式 (5.46) 的稳定性和截断误差.

5.9 证明: 三维问题的分数步格式

$$\begin{cases}\dfrac{u^{n+1/3}-u^n}{\tau/3}=a(\delta_x^2u^{n+1/3}+\delta_y^2u^n+\delta_z^2u^n),\\ \dfrac{u^{n+2/3}-u^{n+1/3}}{\tau/3}=a(\delta_x^2u^{n+1/3}+\delta_y^2u^{n+2/3}+\delta_z^2u^{n+1/3}),\\ \dfrac{u^{n+1}-u^{n+2/3}}{\tau/3}=a(\delta_x^2u^{n+2/3}+\delta_y^2u^{n+2/3}+\delta_z^2u^{n+1})\end{cases}$$

不再是无条件稳定的, 式中 u^n 是 u_{ijm}^n 的简写.

5.10 给定区域 $\Omega=(0,1)\times(0,1)$, 考虑求解以下问题

$$\begin{cases}u_t=a(u_{xx}+u_{yy}),\quad (x,y)\in\Omega,\quad t>0,\\ t=0,u=f(x,y),\quad (x,y)\in\Omega,\\ u(x,y,t)=g(x,y,t),\quad (x,y)\in\partial\Omega\end{cases}$$

的差分方法, 式中 a 为一正常数. 设格点为 (x_j,y_l,t_n), 其中 $x_j=jh, y_l=lh, t_n=n\tau$, 对于内格点, 采用 P-R 格式

$$\begin{cases}\dfrac{u_{jl}^{n+1/2}-u_{jl}^n}{\tau/2}=a(\delta_x^2u_{jl}^{n+1/2}+\delta_y^2u_{jl}^n),\\ \dfrac{u_{jl}^{n+1}-u_{jl}^{n+1/2}}{\tau/2}=a(\delta_x^2u_{jl}^{n+1/2}+\delta_y^2u_{jl}^{n+1})\end{cases}$$

求解. 对于初值条件, 令 $u_{jl}^0=f(x_j,y_l)$; 对于边界条件, 需选择适当的过渡层. 试分析以下两种过渡层选取对边界精度的影响:

(1) 当 $x_j=0$ 或 1 时, 取 $u_{jl}^{n+1/2}=g_{jl}^{n+1/2}$.

(2) 当 $x_j=0$ 或 1 时, 取

$$u_{jl}^{n+1/2}=(g_{jl}^{n+1}+g_{jl}^n)/2-\lambda h^2\delta_y^2(g_{jl}^{n+1}-g_{jl}^n)/4,$$

式中 $\lambda=\tau/h^2$ 为网格比.

5.11 考虑热传导方程的初边值问题

$$\begin{cases} u_t = u_{xx}, \quad 0 < x < 1,\ 0 < t < T, \\ u(x,0) = v(x), \quad 0 \leqslant x \leqslant 1, \\ u(0,t) = \alpha(t),\ u(1,t) = \beta(t), \quad 0 \leqslant t \leqslant T. \end{cases}$$

(1) 设空间剖分为

$$x_i = ih, \quad i = 0, 1, \cdots, N+1,\ h = \frac{1}{N+1}.$$

用二阶中心差商离散 u_{xx}, 并把半离散后的方程写为

$$\frac{\mathrm{d}\boldsymbol{u}}{\mathrm{d}t} = \boldsymbol{A}\boldsymbol{u} + \boldsymbol{f}$$

的形式, 其中 $\boldsymbol{u} = (u_1(t), \cdots, u_N(t))^{\mathrm{T}}$. 写出 $\boldsymbol{A}$ 和 $\boldsymbol{f}$ 的具体表达式.

(2) 对具体问题尝试用 MATLAB 的常微分方程求解器获得数值解.

5.12 考虑问题

$$\begin{cases} u_t = u_{xx}, \quad 0 < x < 1, \ \ 0 < t < 1, \\ u(0,t) = u(1,t) = 0, \\ u(x,0) = \sin(\pi x). \end{cases}$$

用古典显式格式离散:

$$u_j^{n+1} = u_j^n + \lambda(u_{j+1}^n - 2u_j^n + u_{j-1}^n), \quad \lambda = \tau/h^2.$$

计算 $T = 0.08$ 时, 数值解与精确解之差, 参数选取如下:

(1) $h = 0.1, \tau = 0.005$;

(2) $h = 0.05, \tau = 0.0025$;

(3) $h = 0.1, \tau = 0.0025$;

(4) 对 $h = 0.1$, τ 取何值, 迭代效果最好?

参考文献

[1] 李庆杨, 王能超, 易大义. 数值分析 [M]. 5 版. 北京: 清华大学出版社, 2008.

[2] 张平文, 李铁军. 数值分析 [M]. 北京: 北京大学出版社, 2007.

[3] 黄建国. 从中国传统数学算法谈起 [M]. 北京: 北京大学出版社, 2016.

[4] Marchuk G I. Methods of numerical mathematics [M]. 2nd ed. New York: Springer-Verlag, 1982.

[5] 林群. 微分方程与三角测量 [M]. 北京: 清华大学出版社, 2005.

[6] 吴江航, 韩庆书. 计算流体力学的理论、方法及应用 [M]. 北京: 科学出版社, 1988.

[7] Yanenko N N. The method of fractional steps [M]. Berlin: Springer-Verlag, 1971.

[8] Farago I, Havasiy A. Operator splittings and their applications [M]. New York: Nova Science Publishers, 2009.

[9] 童裕孙. 泛函分析教程 [M]. 上海: 复旦大学出版社, 2003.

[10] 胡健伟, 汤怀民. 微分方程数值方法 [M]. 2 版. 北京: 科学出版社, 2007.

[11] 陆金甫, 关治. 偏微分方程数值解法 [M]. 2 版. 北京: 清华大学出版社, 2004.

第六章　变 分 方 法

6.1　历 史 背 景

在微积分中, 经常考虑如下有限维优化问题:

$$\min_{\boldsymbol{x}\in\Omega\subset\mathbb{R}^n} f(\boldsymbol{x}). \tag{6.1}$$

但在很多实际应用中, 往往要考虑过程的优化, 从而归结出如下数学问题:

$$\min_{v\in V} J(v), \tag{6.2}$$

式中, V 为函数空间或容许集, J 为函数 v 的函数, 称为泛函. 如果 V 是有限维的容许集, 则问题 (6.2) 就退化为问题 (6.1), 因此后者可视为前者的推广.

变分问题历史悠久, 在力学、物理学、机械工程、经济学、信息论和自动控制等诸多领域均有重要应用, 对它的研究业已发展成为一门专门的学科, 称为变分学[1,2]. 而 20 世纪中叶发展起来的数值求解偏微分方程的有限元方法, 其数学基础之一就是变分方法[3].

现在列举一些典型的例子来说明何为变分问题.

例 6.1　给定两点 $A(0,0)$ 和 $B(a,0)$, 求联结 A 和 B 两点的最短曲线.

如图 6.1 所示, 设曲线方程为

$$y=f(x),\quad f(0)=f(a)=0,$$

则相应弧长为

$$L=\int_0^a\sqrt{1+f'^2(x)}\,\mathrm{d}x.$$

于是得到变分问题

$$\min_{f\in K}\int_0^a \sqrt{1+f'^2(x)}\,\mathrm{d}x,$$

式中

$$K=\left\{f: f\in C^2[0,a],\ f(0)=f(a)=0\right\}.$$

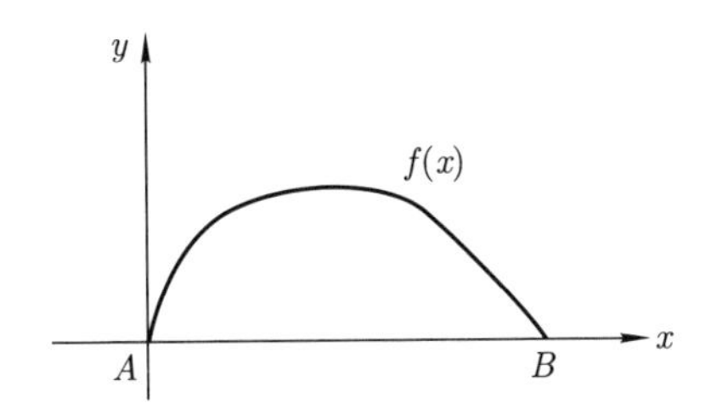

图 6.1 示意图

对于以上问题, 为了研究方便, 假设曲线是 C^2 光滑的. 另外, 如果在三维空间的曲面上考虑同样的问题, 那么就得到微分几何中的测地线或短程线问题, 详见本章文献 [1, 2].

例 6.2 (Bernoulli (伯努利) 最速降线问题 (1696)) 如图 6.2 所示, 设点 $A(0,0)$ 和 $B(x_1,y_1)$ 不在同一垂直于地面的直线上, 有一物体从 A 到 B 受重力作用自由下滑, 摩擦阻力忽略不计, 求该物体下降最快的路径.

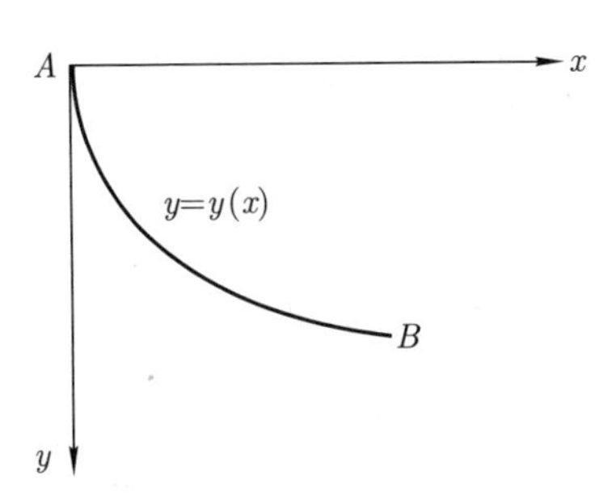

图 6.2 最速降线问题

设物体质量为 m, 则由机械能守恒定律知

$$mgy = \frac{1}{2}mv^2 \Rightarrow v = \sqrt{2gy},$$

式中 g 为重力加速度, 亦即

$$\frac{\mathrm{d}s}{\mathrm{d}t} = \sqrt{2gy},$$

式中, s 表示当前位置到起始点 A 的曲线长度, 而 t 表示相应滑行时间. 故有

$$\sqrt{1+y'^2}\frac{\mathrm{d}x}{\mathrm{d}t} = \sqrt{2gy}.$$

换言之,

$$\mathrm{d}t = \sqrt{\frac{1+y'^2}{2gy}}\mathrm{d}x.$$

故由常微分方程理论知, 从 A 到 B 的滑行时间为

$$T = \int_0^T \mathrm{d}t = \int_0^{x_1} \sqrt{\frac{1+y'^2}{2gy}}\mathrm{d}x.$$

于是问题的数学模型为

$$\min_{y\in K} \int_0^{x_1} \sqrt{\frac{1+y'^2}{2gy}}\mathrm{d}x,$$

式中

$$K = \left\{y \in C^2[0, x_1] : y(0) = 0,\ y(x_1) = y_1\right\}.$$

例 6.3 (最小旋转曲面问题[4]) 如图 6.3 所示, 求过点 $A(a, c)$ 和 $B(b, d)$ 的曲线, 使得其绕 y 轴旋转所得曲面的面积最小.

根据数学分析[5] 知识知, 旋转曲面的面积为

$$J = J(y) = 2\pi \int_a^b x\sqrt{1+y'^2(x)}\mathrm{d}x,$$

于是对应的变分问题可表述为

$$\min_{y\in K} J(y) = 2\pi \int_a^b x\sqrt{1+y'^2(x)}\mathrm{d}x,$$

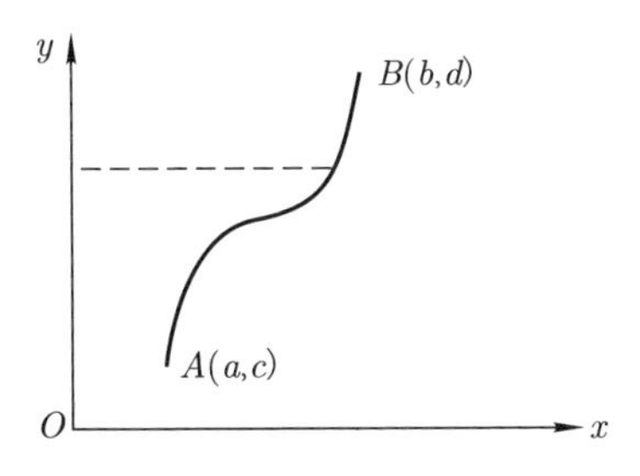

图 6.3 旋转曲面示意图

式中

$$K=\left\{y\in C^2[a,b]:\ y(a)=c,\ y(b)=d\right\}.$$

例 6.4 (火箭飞行问题) 设有一火箭做水平飞行, 其升力 L 与重力 mg 平衡, 空气阻力 R 与火箭飞行速度 v 及升力 L 的关系如下:

$$R=av^2+b_0L^2,$$

火箭的推力 T 与质量 m 的变化满足

$$T=-c\frac{\mathrm{d}m}{\mathrm{d}t},$$

式中, $a,b_0,c>0$ 为常数 (注意, $\mathrm{d}m/\mathrm{d}t<0$). 假设火箭开始做水平飞行时的质量为 m_0, 且速度可任意控制, 试问: 火箭从质量为 m_0 飞行到质量为 m_1 的过程中, 应如何调整速度使得飞行距离最远?

根据假设, $L=mg$, 故

$$R=av^2+b_0L^2=av^2+b_0g^2m^2=:av^2+bm^2.$$

由牛顿第二定律,

$$m\frac{\mathrm{d}v}{\mathrm{d}t}=T-R=-c\frac{\mathrm{d}m}{\mathrm{d}t}-R.$$

设火箭飞行的距离为 $s(t)$, 则 $v=\mathrm{d}s/\mathrm{d}t$. 消去 $\mathrm{d}t$ 并代入 R 的表达式, 得

$$\mathrm{d}s=-\frac{v(m\mathrm{d}v+c\mathrm{d}m)}{R}=-\frac{v(mv'+c)}{av^2+bm^2}\mathrm{d}m,$$

式中 $v' = \mathrm{d}v/\mathrm{d}m$, 这里视 v 为 m 的函数. 于是, 飞行距离为

$$J(v) = \int_{m_1}^{m_0} \frac{v(mv' + c)}{av^2 + bm^2}\mathrm{d}m,$$

相应的变分问题为

$$\max_{v\in K} J(v) = \int_{m_1}^{m_0} \frac{v(mv' + c)}{av^2 + bm^2}\mathrm{d}m,$$

式中 K 可取为

$$K = \left\{v(m) \in C^2[m_1, m_0] : v(m) \geqslant 0\right\}.$$

在本章文献 [4] 中, 还提供了很多变分问题案例. 另外, 在科学与工程领域有重要应用的反问题也往往可以归结为带正则化项的变分问题, 详见本章文献 [6–8].

6.2 变分问题解的必要条件

用 $C_0^\infty(a,b)$ 表示在 (a,b) 内无穷次可微, 且在端点 a, b 的某一邻域内 (邻域大小与具体函数有关) 等于零的函数类. 又对于一个给定开集 Ω 和定义其上的 Lebesgue 可积函数 f, 以 $\mathrm{supp}(f)$ 表示 f 的支集, 定义如下:

$$\mathrm{supp}\, f = \{x \in \Omega : f(x) \neq 0\} \text{ 的闭包}.$$

引理 6.1 (变分学基本引理) 设 $f(x) \in C[a,b]$, 如果

$$\int_a^b f(x)\phi(x)\mathrm{d}x = 0, \quad \phi \in C_0^\infty(a,b),$$

则 $f(x) \equiv 0, x \in [a,b]$.

证明 反证法. 假设存在 $x_0 \in [a,b]$, 使得 $f(x_0) \neq 0$, 不妨设 $f(x_0) > 0$. 由连续性, x_0 可选为内点, 此时存在 x_0 的某一邻域 $(x_0 - \varepsilon, x_0 + \varepsilon) \subset (a,b)$, 使得对任意的 $x \in (x_0 - \varepsilon, x_0 + \varepsilon)$, 有

$$f(x) \geqslant f(x_0)/2 > 0.$$

定义如下磨光函数[9]:

$$\eta(x)=\begin{cases}\exp\left(\frac{1}{|x|^2-1}\right), & |x|<1,\\ 0, & |x|\geqslant 1,\end{cases}$$

并令

$$\eta_\varepsilon(x)=\varepsilon^{-1}\eta(\varepsilon^{-1}x).$$

直接验证知 $\eta_\varepsilon\in C_0^\infty(\mathbb{R})$, 且其支集为 $[-\varepsilon,\varepsilon]$. 于是取 $\phi(x)=\eta_\varepsilon(x-x_0)$, 成立 $\phi\in C_0^\infty(a,b)$, 且支集为 $[x_0-\varepsilon,x_0+\varepsilon]$. 显然, 当 $x\in(x_0-\varepsilon,x_0+\varepsilon)$ 时, $\phi(x)>0$, 因而

$$\int_a^b f(x)\phi(x)\mathrm{d}x=\int_{x_0-\varepsilon}^{x_0+\varepsilon} f(x)\phi(x)\mathrm{d}x\geqslant\frac{f(x_0)}{2}\int_{x_0-\varepsilon}^{x_0+\varepsilon}\phi(x)\mathrm{d}x>0,$$

与引理条件矛盾. □

现在来考察一般变分问题的解应满足什么必要条件. 记

$$J(y)=\int_a^b F(x,y,y')\mathrm{d}x,$$

式中函数 F 是 C^2 光滑函数, 而容许函数集取为

$$K=\left\{y\in C^2[a,b]:y(a)=y_a,\ y(b)=y_b\right\}.$$

问题 P 寻找 $u\in K$, 使

$$J(u)=\min_{v\in K}J(v).$$

问题 P 是一个无穷维优化问题, 乍一看似乎很难求解. 破解困境的关键是将其转化为一维优化问题来处理. 事实上, 记 u 为该问题的解, 对任意的 $w\in C_0^\infty(a,b)$, 定义

$$K(u;w)=\{u+\varepsilon w:\varepsilon\in\mathbb{R}\}.$$

显然 $u\in K(u;w)\subset K$, 因此

$$J(u)=\min_{v\in K(u;w)}J(v).$$

这样一来, 可转而研究关于未知量 $\varepsilon \in \mathbb{R}$ 的目标函数 $J(u+\varepsilon w)$ 的优化问题. 此时由 Fermat (费马) 引理即知

$$\frac{\mathrm{d}}{\mathrm{d}\varepsilon}\int_a^b F(x,u+\varepsilon w,u'+\varepsilon w')\mathrm{d}x\bigg|_{\varepsilon=0}=0.$$

直接计算有

$$\begin{aligned}&\int_a^b \frac{\mathrm{d}}{\mathrm{d}\varepsilon}F(x,u+\varepsilon w,u'+\varepsilon w')\mathrm{d}x\\&=\int_a^b \frac{\partial F}{\partial u}(x,u+\varepsilon w,u'+\varepsilon w')w\mathrm{d}x+\int_a^b \frac{\partial F}{\partial u'}(x,u+\varepsilon w,u'+\varepsilon w')w'\mathrm{d}x.\end{aligned}$$

令 $\varepsilon=0$, 有

$$\int_a^b \left(\frac{\partial F}{\partial u}(x,u,u')w+\frac{\partial F}{\partial u'}(x,u,u')w'\right)\mathrm{d}x=0,$$

即

$$\int_a^b \left[\frac{\partial F}{\partial u}(x,u,u')-\frac{\mathrm{d}}{\mathrm{d}x}\left(\frac{\partial F}{\partial u'}(x,u,u')\right)\right]w\mathrm{d}x=0.$$

再利用引理 6.1 可知

$$\frac{\partial F}{\partial u}(x,u,u')-\frac{\mathrm{d}}{\mathrm{d}x}\left(\frac{\partial F}{\partial u'}(x,u,u')\right)=0. \tag{6.3}$$

上述方程称为 Euler-Lagrange (欧拉 – 拉格朗日) 方程. 这是变分问题 P 之解 u 要满足的必要条件.

定理 6.1 (一维变分原理) 问题 P 之解 u 满足 Euler-Lagrange 方程 (6.3).

火箭飞行问题的求解. 令

$$F(m,v,v')=\frac{v(mv'+c)}{av^2+bm^2},$$

由 Euler-Lagrange 方程, 得

$$F_v-\frac{\mathrm{d}}{\mathrm{d}m}F_{v'}=\frac{(-av^2+bm^2)(c+v)}{(av^2+bm^2)^2}=0.$$

根据 v 非负, 上式的解为

$$v(m)=\sqrt{\frac{b}{a}}m.$$

最远距离为

$$\begin{aligned}J&=\int_{m_1}^{m_0}\frac{v(mv'+c)}{av^2+bm^2}\mathrm{d}m=\int_{m_1}^{m_0}\frac{(\sqrt{b}/\sqrt{a})m[m(\sqrt{b}/\sqrt{a})+c]}{2bm^2}\mathrm{d}m\\&=\int_{m_1}^{m_0}\left(\frac{1}{2a}+\frac{c}{2\sqrt{ab}m}\right)\mathrm{d}m=\frac{m_0-m_1}{2a}+\frac{c}{2g\sqrt{ab_0}}\ln\frac{m_0}{m_1}.\end{aligned}$$

一般来说, Euler-Lagrange 方程是一个二阶拟线性常微分方程, 要对其显式求解还是很困难的. 幸运的是, 当 F 不显含 x 时, 有如下重要结果.

定理 6.2 (守恒定律) 如果 $F=F(y,y')$ 不显含 x, 则问题 P 之解 u 满足一个守恒律, 即 Hamilton (哈密顿) 量

$$H=u'F_{u'}(u,u')-F(u,u') \tag{6.4}$$

沿着问题 P 的解曲线是常数.

证明 问题 P 之解 u 必满足 Euler-Lagrange 方程 (6.3). 另一方面,

$$\begin{aligned}\frac{\mathrm{d}H}{\mathrm{d}x}&=\frac{\mathrm{d}}{\mathrm{d}x}(u'F_{u'})-\frac{\mathrm{d}}{\mathrm{d}x}F=u''F_{u'}+u'\frac{\mathrm{d}}{\mathrm{d}x}F_{u'}-F_uu'-F_{u'}u''\\&=u'\left(\frac{\mathrm{d}}{\mathrm{d}x}F_{u'}-F_u\right)=0.\end{aligned}$$

结果得证. □

最速降线问题的求解. 此时,

$$F(y,y')=\sqrt{\frac{1+y'^2}{2gy}},$$

不显含 x , 由守恒定律 (定理 6.2) 有

$$y'F_{y'}(y,y')-F(y,y')=c,$$

式中 c 为某一常数 (在后文中 c 仍为某一常数, 但取值可不相同). 简单计算得

$$y(1+y'^2)=c.$$

令 $p(x)=y'(x)=\tan\phi$, 则

$$y=\frac{c}{1+p^2}=c\cos^2\phi=c\frac{1+\cos t}{2}, \tag{6.5}$$

式中 $t=-2\phi$. 于是

$$p=\frac{\mathrm{d}y}{\mathrm{d}x}=c\frac{-2p}{(1+p^2)^2}\cdot\frac{\mathrm{d}p}{\mathrm{d}x},$$

即

$$\mathrm{d}x=-2c\frac{1}{(1+p^2)^2}\mathrm{d}p.$$

而 $\mathrm{d}p=\dfrac{1}{\cos^2\phi}\mathrm{d}\phi$, 故得

$$\mathrm{d}x=-2c\frac{1}{(1+p^2)^2}\cdot\frac{1}{\cos^2\phi}\mathrm{d}\phi=-2c\cos^2\phi\mathrm{d}\phi,$$

对上式积分得

$$x=-2c\int\cos^2\phi\mathrm{d}\phi=\frac{c}{2}(t+\sin t)+c_1. \tag{6.6}$$

在 (6.5) 式和 (6.6) 式中令 $t=\pi+\theta$, 我们有

$$\begin{cases}x=\dfrac{c}{2}(\theta-\sin\theta)+c_1,\\ y=\dfrac{c}{2}(1-\cos\theta).\end{cases}$$

当 $x=0$ 时, $y=0$, 则可得 $\theta=0$ 和 $c_1=0$, 最后有

$$\begin{cases}x=a(\theta-\sin\theta),\\ y=a(1-\cos\theta).\end{cases}$$

该曲线为旋轮线 (或摆线).

6.3 二次函数极值问题

本节研究对称正定线性方程组

$$\boldsymbol{A}\boldsymbol{x}=\boldsymbol{b} \tag{6.7}$$

的等价描述, 其中 $\boldsymbol{A}\in\mathbb{R}^{n\times n}$ 为对称正定矩阵, $\boldsymbol{b}\in\mathbb{R}^n$ 为列向量. 研究问题的等价描述很重要, 可以由此构建新的数值算法, 因为等价的数学描述导出的数值算法不一定等价, 这一重要数学思想也被称为 "冯康原理"[10]. 本节内容可推广至无穷维情形, 详见后文讨论.

定理 6.3 设 $(\cdot,\cdot)$ 为 $\mathbb{R}^n$ 上的欧氏内积, 则以下三个描述等价:

(1) $\boldsymbol{x}_0$ 为方程 (6.7) 的解;

(2) $\boldsymbol{x}_0$ 为以下问题的解:

$$(\boldsymbol{A}\boldsymbol{x}_0,\boldsymbol{y})=(\boldsymbol{b},\boldsymbol{y}),\quad \boldsymbol{y}\in\mathbb{R}^n; \tag{6.8}$$

(3) $\boldsymbol{x}_0$ 为以下问题的解:

$$J(\boldsymbol{x}_0)=\min_{\boldsymbol{y}\in\mathbb{R}^n}J(\boldsymbol{y})=\frac{1}{2}(\boldsymbol{A}\boldsymbol{y},\boldsymbol{y})-(\boldsymbol{b},\boldsymbol{y}). \tag{6.9}$$

证明 (1) $\Longleftrightarrow$ (2) 显然成立. 只须证明 (1) $\Longleftrightarrow$ (3).

(1) $\Rightarrow$ (3) 对任意的 $\boldsymbol{x}\in\mathbb{R}^n$, 记 $\boldsymbol{x}=\boldsymbol{x}_0+\boldsymbol{x}_1$, 则

$$\begin{aligned}
J(\boldsymbol{x})&=\frac{1}{2}(\boldsymbol{A}(\boldsymbol{x}_0+\boldsymbol{x}_1),\boldsymbol{x}_0+\boldsymbol{x}_1)-(\boldsymbol{x}_0+\boldsymbol{x}_1,\boldsymbol{b})\\
&=\frac{1}{2}(\boldsymbol{A}\boldsymbol{x}_0,\boldsymbol{x}_0)+\frac{1}{2}(\boldsymbol{A}\boldsymbol{x}_0,\boldsymbol{x}_1)+\frac{1}{2}(\boldsymbol{A}\boldsymbol{x}_1,\boldsymbol{x}_0)+\frac{1}{2}(\boldsymbol{A}\boldsymbol{x}_1,\boldsymbol{x}_1)\\
&\quad-(\boldsymbol{x}_0,\boldsymbol{b})-(\boldsymbol{x}_1,\boldsymbol{b})\\
&=\frac{1}{2}(\boldsymbol{A}\boldsymbol{x}_0,\boldsymbol{x}_0)-(\boldsymbol{x}_0,\boldsymbol{b})+(\boldsymbol{A}\boldsymbol{x}_0,\boldsymbol{x}_1)-(\boldsymbol{x}_1,\boldsymbol{b})+\frac{1}{2}(\boldsymbol{A}\boldsymbol{x}_1,\boldsymbol{x}_1)\\
&=J(\boldsymbol{x}_0)+(\boldsymbol{A}\boldsymbol{x}_0-\boldsymbol{b},\boldsymbol{x}_1)+\frac{1}{2}(\boldsymbol{A}\boldsymbol{x}_1,\boldsymbol{x}_1)\geqslant J(\boldsymbol{x}_0).
\end{aligned}$$

最后一步用到了 $\boldsymbol{A}$ 的正定性.

(3) ⇒ (1) 设 $\boldsymbol{x}^*$ 是问题 (6.9) 的解, $\boldsymbol{x}_0$ 是方程 (6.7) 的解, 则 $J(\boldsymbol{x}^*) \leqslant J(\boldsymbol{x}_0)$. 令 $\boldsymbol{x}^* = \boldsymbol{x}_0 + \boldsymbol{x}_1$, 类似上面的计算, 有

$$\begin{aligned} J(\boldsymbol{x}^*) &= J(\boldsymbol{x}_0) + (\boldsymbol{A}\boldsymbol{x}_0 - \boldsymbol{b}, \boldsymbol{x}_1) + \frac{1}{2}(\boldsymbol{A}\boldsymbol{x}_1, \boldsymbol{x}_1) \\ &= J(\boldsymbol{x}_0) + \frac{1}{2}(\boldsymbol{A}\boldsymbol{x}_1, \boldsymbol{x}_1) \leqslant J(\boldsymbol{x}_0). \end{aligned}$$

由此可得 $(\boldsymbol{A}\boldsymbol{x}_1, \boldsymbol{x}_1) \leqslant 0$, 从而 $\boldsymbol{x}_1 = \boldsymbol{0}$ 或 $\boldsymbol{x}^* = \boldsymbol{x}_0$. □

注 6.1 我们也可以采用 Fermat 引理来由 (3) 推出 (2) 或 (1), 具体如下. 设 $\boldsymbol{x}_0$ 为最优解, 对任一 $\boldsymbol{y} \in \mathbb{R}^n$, 考察点集 $\{\boldsymbol{x}_0 + \varepsilon \boldsymbol{y} : \varepsilon \in \mathbb{R}\}$, 易知当 $\varepsilon = 0$ 时, J 在这个点集取最小值, 因此

$$\frac{\mathrm{d}}{\mathrm{d}\varepsilon} J(\boldsymbol{x}_0 + \varepsilon \boldsymbol{y})\bigg|_{\varepsilon=0} = 0.$$

直接计算可得

$$(\boldsymbol{A}\boldsymbol{x}_0, \boldsymbol{y}) = (\boldsymbol{b}, \boldsymbol{y}), \quad \boldsymbol{y} \in \mathbb{R}^n.$$

注 6.2 这三个等价描述对应的物理背景如下:

(1) 称为由牛顿第二定律得到的求解模式;

(2) 称为由虚功原理得到的求解模式;

(3) 称为由最小位能原理得到的求解模式.

例如, 如图 6.4 所示, 设弹性系数为 k 的弹簧在外力 F 作用下伸长 x 达到平衡, 则有

(1) Hooke (胡克) 定律: $-kx + F = 0$;

(2) 虚功原理: 外力在平衡位置处在虚位移作用下做功为零:

$$(F - kx)\delta x = 0;$$

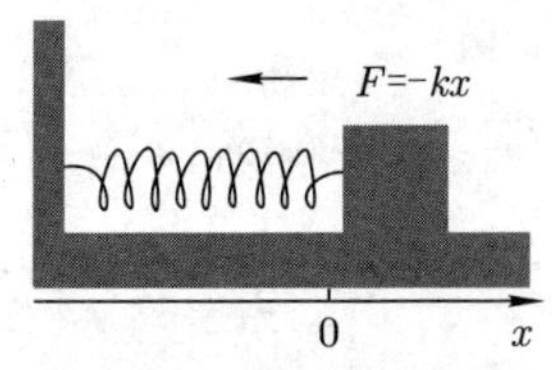

图 6.4 弹簧拉伸示意图

(3) 最小位能原理: $\min\limits_{x}\left\{\frac{1}{2}kx^2 - Fx\right\}$.

注 6.3 在数学文献中, 也称虚功原理为 Galerkin (伽辽金) 变分原理, 而称最小位能原理为 Ritz (里茨) 变分原理.

6.4 一维区域上的 Sobolev 空间

现就一维区域上的 Sobolev (索伯列夫) 空间给出完整的定义, 高维区域情形结果完全类似, 详见本章附录.

设 $I=(a,b)$, 用 $L^2(I)$ 表示定义在 I 内的平方可积函数组成的线性空间. 对于任意函数 $f(x), g(x) \in L^2(I)$, 定义它们的内积为

$$(f,g)=\int_a^b f(x)g(x)\mathrm{d}x,$$

相应的范数取为

$$\|f\|=(f,f)^{1/2}=\left(\int_a^b |f(x)|^2\mathrm{d}x\right)^{1/2}.$$

线性空间 $L^2(I)$ 关于 $(\cdot,\cdot)$ 是完备的内积空间, 因此 $L^2(I)$ 是一个 Hilbert (希尔伯特) 空间.

对于任一在 (a,b) 上一次连续可微的函数 $f(x)$ 和任意 $\phi \in C_0^\infty(I)$, 用分部积分法, 恒有

$$\int_a^b f'(x)\phi(x)\mathrm{d}x=-\int_a^b f(x)\phi'(x)\mathrm{d}x. \tag{6.10}$$

现利用 (6.10) 式推广导数的概念.

定义 6.1 设 $f \in L^2(I)$, 如果存在 $g \in L^2(I)$ 使等式

$$\int_a^b g(x)\phi(x)\mathrm{d}x=-\int_a^b f(x)\phi'(x)\mathrm{d}x, \quad \phi \in C_0^\infty(I)$$

恒成立, 则称 $g(x)$ 是 $f(x)$ 的**广义导数**, 记为

$$f'(x)=\frac{\mathrm{d}f}{\mathrm{d}x}=g(x).$$

例 6.5 设 $f(x)=|x|, x\in(-1,1)$, 记 $I=(-1,1)$, 对任意 $\phi(x)\in C_0^\infty(I)$, 由分部积分有

$$\begin{aligned}-\int_{-1}^{1}|x|\phi'(x)\mathrm{d}x &= -\int_{0}^{1}x\phi'(x)\mathrm{d}x+\int_{-1}^{0}x\phi'(x)\mathrm{d}x\\ &=\int_{0}^{1}\phi(x)\mathrm{d}x-\int_{-1}^{0}\phi(x)\mathrm{d}x\\ &=\int_{-1}^{1}g(x)\phi(x)\mathrm{d}x,\end{aligned}$$

式中

$$g(x)=\begin{cases}-1, & -1<x<0,\\ 1, & 0\leqslant x<1.\end{cases}$$

因 $g\in L^2(I)$, 故函数 $f(x)$ 有广义导数 $g(x)$.

注 6.4 如果 $f(x)$ 的古典导数 $f'(x)\in L^2(I)$, 则 $f'(x)$ 必是 $f(x)$ 的广义导数. 反之, 由广义导数的存在不能断定古典导数的存在.

定理 6.4 若 $f(x)$ 有广义导数, 则广义导数 $f'(x)$ 是唯一的.

证明 我们仅就广义导数为连续函数情形证明该结论, 一般情形的证明详见本章文献 [9]. 设 $f(x)$ 有两个连续广义导数 g_1 和 g_2, 则对任意的 $\phi\in C_0^\infty(I)$,

$$\int_a^b g_1(x)\phi(x)\mathrm{d}x=\int_a^b g_2(x)\phi(x)\mathrm{d}x=-\int_a^b f(x)\phi'(x)\mathrm{d}x,$$

所以

$$\int_a^b (g_1(x)-g_2(x))\phi(x)\mathrm{d}x=0,\quad \phi\in C_0^\infty(I).$$

由变分学基本引理 6.1 知, $g_1(x)-g_2(x)=0$, 即 $g_1(x)=g_2(x)$. □

仿照一阶广义导数的定义, 可以定义高阶广义导数.

定义 6.2 设 $f\in L^2(I)$, n 是自然数, 如果存在 $g\in L^2(I)$, 使等式

$$\int_a^b g(x)\phi(x)\mathrm{d}x=(-1)^n\int_a^b f(x)\frac{\mathrm{d}^n\phi}{\mathrm{d}x^n}\mathrm{d}x,\quad \phi\in C_0^\infty(I)$$

恒成立, 则称 $g(x)$ 是 $f(x)$ 的 n **阶广义导数**, 记为

$$f^{(n)}(x)=g(x) \quad \text{或} \quad \frac{\mathrm{d}^n f}{\mathrm{d}x^n}=g(x).$$

定义 6.3 设线性空间

$$H^1(I)=\{f(x): f\in L^2(I), f'\in L^2(I)\},$$

其中 f' 是 f 的广义导数. 引进内积

$$(f,g)_1=\int_a^b (fg+f'g')\mathrm{d}x, \quad f,g\in H^1(I) \tag{6.11}$$

和相应的范数

$$\|f\|_1=(f,f)_1^{1/2}=\left[\int_a^b (f^2+f'^2)\ \mathrm{d}x\right]^{1/2}, \tag{6.12}$$

称具有 (6.11) 式和 (6.12) 式所定义的内积和范数的线性空间 $H^1(I)$ 为 1 **阶 Sobolev 空间**.

同样可以定义 m 阶 Sobolev 空间.

定义 6.4 记线性空间

$$H^m(I)=\{f(x): f,f',\cdots,f^{(m)}\in L^2(I)\},$$

其中整数 $m\geqslant 0$, 导数都是广义导数. 对任意的 $f,g\in H^m(I)$, 定义内积和相应的范数分别为

$$(f,g)_m=\sum_{k=0}^m\int_a^b f^{(k)}(x)g^{(k)}(x)\mathrm{d}x,$$

$$\|f\|_m=(f,f)_m^{1/2}=\left(\sum_{k=0}^m\int_a^b |f^{(k)}(x)|^2\mathrm{d}x\right)^{1/2},$$

称 $H^m(I)$ 为 m **阶 Sobolev 空间**.

定义 6.5 空间 $C_0^\infty(I)$ 关于范数 $\|\cdot\|_m$ 在空间 $H^m(I)$ 内的闭包亦为 **Sobolev 空间**, 记为 $H_0^m(I)$.

可以证明 $H^m(I), H_0^m(I)$ 是 Hilbert 空间. 当 $m=0$ 时, $H^0(I)$ 就是 $L^2(I)$. 直观上来理解,

$$H_0^1(I)=\left\{f\in H^1(I):f(a)=f(b)=0\right\}.$$

在引进迹的概念后, 这样的定义是严格的, 且与定义 6.5 等价.

6.5 一维变分问题

考虑问题:

$$\begin{cases}Lu=-(p(x)u')'+q(x)u=f, & a<x<b,\\ u(a)=0,\ u'(b)=0,\end{cases} \tag{6.13}$$

式中 $p(x)$ 和 $q(x)$ 均为连续可微函数, 且存在常数 $p_0>0$, 使得

$$p(x)\geqslant p_0>0,\quad q(x)\geqslant 0.$$

研究目的与解决方法:

(1) 目的: 找出问题 (6.13) 的等价描述.

(2) 解决办法: 类比定理 6.3 的构造方法和推导过程.

我们分如下几步来推导.

步骤 1 构造容许函数空间.

先选取辅助函数空间为

$$W=\left\{v:v\in C^2[a,b]\cap H^1(I),\ v(a)=0\right\}.$$

最后的容许函数空间为步骤 2 中的 V.

步骤 2 分部积分获得 Galerkin 变分原理.

设 $u\in W$ 为问题 (6.13) 的解, 则对任意 $v\in W$, 有

$$(Lu,v)=(f,v),$$

即

$$\int_a^b \left[-(p(x)u')' + q(x)u\right] v\mathrm{d}x = \int_a^b fv\mathrm{d}x.$$

由分部积分可知

$$\int_a^b p(x)u'v'\mathrm{d}x - p(x)u'v\bigg|_a^b + \int_a^b q(x)uv\mathrm{d}x = \int_a^b fv\mathrm{d}x,$$

即

$$\int_a^b \big(p(x)u'v' + q(x)uv\big)\mathrm{d}x = \int_a^b fv\mathrm{d}x.$$

令

$$A(u,v) = \int_a^b \big(p(x)u'v' + q(x)uv\big)\mathrm{d}x, \quad F(v) = \int_a^b fv\mathrm{d}x.$$

考虑到所涉及函数的正则性可以降低, 取容许函数空间为

$$V = \big\{v : v \in H^1(I),\, v(a) = 0\big\},$$

则问题 (6.13) 的 Galerkin 变分原理可描述如下:

$$\begin{cases} \text{寻找} \quad u \in V, \quad \text{使得} \\ A(u,v) = F(v), \quad v \in V. \end{cases} \tag{6.14}$$

步骤 3 获得 Ritz 变分原理.

类比 (6.9) 式可得问题 (6.13) 的 Ritz 变分原理为

$$J(u) = \min_{v\in V} J(v) = \frac{1}{2}A(v,v) - F(v). \tag{6.15}$$

注 6.5 在构造容许空间时, 只有 Dirichlet 边界条件要作为容许函数的约束条件加入.

定理 6.5 设 $u \in C^2[a,b]$, 则三个问题描述 (6.13), (6.14) 和 (6.15) 等价.

证明 (6.13) $\Rightarrow$ (6.14) 可由上述推导获得.

接着证明 (6.14) ⇒ (6.13). 对任意 $v \in V$, 有

$$\int_a^b (pu'v' + quv)\mathrm{d}x = \int_a^b fv\mathrm{d}x.$$

注意到 $u \in C^2[a,b]$, 由分部积分得

$$\int_a^b -(pu')'v\mathrm{d}x + vpu'\Big|_a^b + \int_a^b quv\mathrm{d}x = \int_a^b fv\mathrm{d}x,$$

即

$$\int_a^b [-(pu')' + qu]v\mathrm{d}x + p(b)u'(b)v(b) = \int_a^b fv\mathrm{d}x. \tag{6.16}$$

特别地, 取 $v \in C_0^\infty(I) \subset V$, (6.16) 式亦应成立, 即

$$\int_a^b [-(pu')' + qu]v\mathrm{d}x = \int_a^b fv\mathrm{d}x, \quad v \in C_0^\infty(I).$$

由变分学基本引理 (引理 6.1) 可知

$$-(pu')' + q(x)u = f. \tag{6.17}$$

再取 $v \in C^2[a,b] \cap V$ 且 $v(b) = 1$, 由 (6.16) 式和 (6.17) 式可得 $p(b)u'(b) = 0$, 结果得证.

现证明 (6.14) ⇒ (6.15). 设 u 是问题 (6.14) 的解, 我们要证

$$J(u) \leqslant J(v), \quad v \in V.$$

令 $v = u + w$, $w \in V$, 直接计算有

$$\begin{aligned} J(v) = J(u+w) &= \frac{1}{2}A(u+w, u+w) - F(u+w) \\ &= \frac{1}{2}A(u,u) - F(u) + \frac{1}{2}A(w,w) + A(u,w) - F(w) \\ &= J(u) + \frac{1}{2}A(w,w) \geqslant J(u). \end{aligned}$$

这里用到性质 $A(w,w) \geqslant 0$.

最后证明 (6.15) $\Rightarrow$ (6.14). 设 u^* 是问题 (6.15) 的解, u 是问题 (6.14) 的解, 则 $J(u^*) \leqslant J(u)$. 令 $u^* = u + (u^* - u)$, 则类似上一步的计算有

$$\begin{aligned}J(u^*) &= J(u) + \frac{1}{2}A(u^* - u, u^* - u) + A(u, u^* - u) - F(u^* - u)\\ &= J(u) + \frac{1}{2}A(u^* - u, u^* - u).\end{aligned}$$

于是,

$$A(u^* - u, u^* - u) = 2(J(u^*) - J(u)) \leqslant 0.$$

又 $A(u^* - u, u^* - u) \geqslant 0$, 故 $A(u^* - u, u^* - u) = 0$. 由 $A(\cdot,\cdot)$ 的定义知, $u^* - u = c$ 为常数. 注意到 $u^*(a) = u(a) = 0$, 于是 $c = 0$, 从而 $u^* \equiv u$. □

6.6 二维变分问题

考虑 Poisson 方程的 Dirichlet 边值问题:

$$\begin{cases}-\Delta u = f, & (x,y) \in \Omega,\\ u = 0, & (x,y) \in \partial\Omega,\end{cases} \tag{6.18}$$

式中 Ω 为适当光滑的有界区域.

类似前面, 我们可分如下几步获得该问题对应的等价变分描述.

步骤 1 找容许函数空间. 这里令

$$W = C^2(\overline{\Omega}) \cap H_0^1(\Omega), \quad V = H_0^1(\Omega).$$

步骤 2 由分部积分获得 Galerkin 变分原理. 对任意 $v \in W$, 在方程两边乘以 v 并积分得

$$(-\Delta u, v) = (f, v), \quad v \in W,$$

式中 $(\cdot,\cdot)$ 表示 $L^2(\Omega)$ 内积. 令 $\boldsymbol{n} = [n_1, n_2]^{\mathrm{T}}$ 为 Ω 的单位外法向量. 注

意到

$$-(\Delta u, v) = -\int_\Omega \Delta u v \mathrm{d}x\mathrm{d}y = -\int_\Omega (\partial_{xx}u + \partial_{yy}u) v \mathrm{d}x\mathrm{d}y,$$

$$\int_\Omega \partial_{xx}u v \mathrm{d}x\mathrm{d}y = -\int_\Omega \partial_x u \partial_x v \mathrm{d}x\mathrm{d}y + \int_{\partial\Omega} u_x v n_1 \mathrm{d}s,$$

$$\int_\Omega \partial_{yy}u v \mathrm{d}x\mathrm{d}y = -\int_\Omega \partial_y u \partial_y v \mathrm{d}x\mathrm{d}y + \int_{\partial\Omega} u_y v n_2 \mathrm{d}s.$$

我们有

$$(-\Delta u, v) = \int_\Omega \nabla u \cdot \nabla v \mathrm{d}x\mathrm{d}y - \int_{\partial\Omega} v \partial_{\boldsymbol{n}} u \mathrm{d}s,$$

此即所谓的第一 Green (格林) 公式. 基于以上推导, 可得原问题的 Galerkin 变分原理如下:

$$\begin{cases} 寻找 \quad u \in V, \quad 使得 \\ A(u, v) = F(v), \quad v \in V, \end{cases} \tag{6.19}$$

式中,

$$A(u, v) = \int_\Omega \nabla u \cdot \nabla v \mathrm{d}x\mathrm{d}y, \quad F(v) = \int_\Omega f v \mathrm{d}x\mathrm{d}y.$$

类比问题 (6.9) 可得问题 (6.18) 的 Ritz 变分原理为

$$J(u) = \min_{v \in V} J(v) = \frac{1}{2} A(v, v) - F(v). \tag{6.20}$$

与定理 6.5 类似, 可获得以下结论.

定理 6.6 设 $u \in C^2(\overline{\Omega})$, 则三个问题描述 (6.18), (6.19) 和 (6.20) 是等价的.

对于其他边值问题, 例如

$$\begin{cases} -\Delta u + u = f, \quad (x, y) \in \Omega, \\ \partial_{\boldsymbol{n}} u = 0, \quad (x, y) \in \partial\Omega, \end{cases}$$

类似可知它的 Galerkin 变分原理为

$$\begin{cases} 寻找 \quad u \in V, \quad 使得 \\ A(u, v) = F(v), \quad v \in V, \end{cases}$$

式中,

$$V = H^1(\Omega), \quad A(u,v) = \int_\Omega (\nabla u \cdot \nabla v + uv)\,\mathrm{d}x\mathrm{d}y, \quad F(v) = \int_\Omega fv\mathrm{d}x\mathrm{d}y.$$

而 Ritz 变分原理为

$$J(u) = \min_{v\in V} J(v) = \frac{1}{2}A(v,v) - F(v).$$

其也成立相应的等价性定理. 类似问题见习题.

注 6.6 本节推导方法可以自然推广至高维情形, 在此从略.

6.7 变分问题的近似计算

一个微分方程可以转化为更有物理意义的等价描述形式. 因此可以从这些等价形式着手, 构造求解微分方程的新型数值求解方法. 根据前面的介绍, 得到如下两种等价形式:

(1) Galerkin 变分原理:

$$u \in V; \quad A(u,v) = F(v), \quad v \in V.$$

(2) Ritz 变分原理:

$$u \in V; \quad J(u) = \min_{v\in V} J(v) = \frac{1}{2}A(v,v) - F(v).$$

为了基于以上变分原理构建数值算法, 关键是找到无限维空间 V 的有限维近似 V_h, 将原来的等价形式限制到 V_h 上来研究, 从而构造近似求解方法. 具体介绍如下.

(1) Ritz 方法.

设 $V_h = \mathrm{span}\{\phi_1, \cdots, \phi_n\}$ 为包含于 V 中的近似空间, 其中 $\{\phi_i\}_{i=1}^n$ 为 V_h 的基函数, 则可寻求 $u_h \in V_h$, 使得

$$J(u_h) = \min_{v_h\in V_n} J(v_h).$$

设

$$v_h=\sum_{i=1}^n v_i\phi_i,\quad u_h=\sum_{i=1}^n u_i\phi_i,$$

则

$$\begin{aligned}J(v_h)&=\frac{1}{2}A(v_h,v_h)-F(v_h)=\frac{1}{2}A\left(\sum_{i=1}^n v_i\phi_i,\sum_{i=1}^n v_i\phi_i\right)-F\left(\sum_{i=1}^n v_i\phi_i\right)\\&=\frac{1}{2}\sum_{i,j=1}^n A(\phi_i,\phi_j)v_iv_j-\sum_{i=1}^n v_iF(\phi_i)=\frac{1}{2}\sum_{i,j=1}^n a_{ij}v_iv_j-\sum_{i=1}^n v_ib_i\\&=\frac{1}{2}(\boldsymbol{Av},\boldsymbol{v})-(\boldsymbol{b},\boldsymbol{v}),\end{aligned}$$

式中, $\boldsymbol{A}=[a_{ij}]_{1\leqslant i,j\leqslant n}=[A(\phi_i,\phi_j)]_{1\leqslant i,j\leqslant n}$ 一般是对称正定矩阵, $\boldsymbol{b}=[F(\phi_1),\cdots,F(\phi_n)]^{\mathrm{T}}$. 以上问题的求解等价于求线性方程组 $\boldsymbol{Au}=\boldsymbol{b}$.

(2) Galerkin 方法.

$$\begin{cases}\text{寻找 } u_h\in V_h,\text{ 使得}\\A(u_h,v_h)=F(v_h),\quad\forall\, v_h\in V_h.\end{cases}$$

其余步骤类似 Ritz 方法, 同样可得线性方程组 $\boldsymbol{Au}=\boldsymbol{b}$.

附录 高维 Sobolev 空间初步

本附录内容主要取自本章文献 [11], 给出了高维 Sobolev 空间的一些基本概念和结果. 给定自然数 n, 设 Ω 为 $\mathbb{R}^n$ 中的一个有界开区域, 其边界记为 $\partial\Omega$. 对于多重指标 $\boldsymbol{\alpha}=(\alpha_1,\cdots,\alpha_n)$, 记其阶为 $|\boldsymbol{\alpha}|=\sum\limits_{i=1}^n\alpha_i$. 又记 $L^1_{loc}(\Omega)$ 为区域 Ω 上所有局部 Lebesgue 可积函数构成的线性空间, 换言之, $v\in L^1_{loc}(\Omega)$ 当且仅当对任意紧包含于 Ω 中的开集 Ω_1, 有 $v\in L^1(\Omega_1)$. 类似于一维情形, 定义广义偏导数 (或弱导数) 如下.

定义 6.6 设 $u\in L^1_{loc}(\Omega)$, 若存在 $v_{\boldsymbol{\alpha}}\in L^1_{loc}(\Omega)$, 使得

$$\int_\Omega v_{\boldsymbol{\alpha}}\phi\mathrm{d}\boldsymbol{x}=(-1)^{|\boldsymbol{\alpha}|}\int_\Omega u\partial^{\boldsymbol{\alpha}}\phi\mathrm{d}\boldsymbol{x},\quad\phi\in C_0^\infty(\Omega),$$

则称 $v_{\boldsymbol{\alpha}}$ 是 u 的关于多重指标 $\boldsymbol{\alpha}$ 的一个 $|\boldsymbol{\alpha}|$ 阶的**广义偏导数** (或**弱导数**), 记作 $\partial^{\boldsymbol{\alpha}} u = v_{\boldsymbol{\alpha}}$.

在此基础上我们可以定义 Sobolev 空间及其范数和半范数.

定义 6.7　设 m 是非负整数, $1 \leqslant p \leqslant \infty$, 记

$$W = \{u \in L^p(\Omega) : \partial^{\boldsymbol{\alpha}} u \in L^p(\Omega),\ 0 \leqslant |\boldsymbol{\alpha}| \leqslant m\},$$

式中 $L^p(\Omega)$ 为定义在区域 Ω 上的所有 p 次 Lebesgue 可积函数所构成的 Banach (巴拿赫) 空间, 其范数记为 $\|\cdot\|_{0,p,\Omega}$. 在集合 W 上赋予范数

$$\|v\|_{m,p,\Omega} = \left(\sum_{0 \leqslant |\boldsymbol{\alpha}| \leqslant m} \|\partial^{\boldsymbol{\alpha}} v\|_{0,p,\Omega}^p \right)^{1/p}, \quad 1 \leqslant p < \infty,$$

$$\|v\|_{m,\infty,\Omega} = \max_{0 \leqslant |\boldsymbol{\alpha}| \leqslant m} \|\partial^{\boldsymbol{\alpha}} v\|_{0,\infty,\Omega}$$

后, 所得赋范线性空间称为一个 **Sobolev 空间**, 记为 $W^{m,p}(\Omega)$. 在 $W^{m,p}(\Omega)$ 上赋予相应的半范数为

$$|v|_{m,p,\Omega} = \left(\sum_{|\boldsymbol{\alpha}| = m} \|\partial^{\boldsymbol{\alpha}} v\|_{0,p,\Omega}^p \right)^{1/p}, \quad 1 \leqslant p < \infty,$$

$$|v|_{m,\infty,\Omega} = \max_{|\boldsymbol{\alpha}| = m} \|\partial^{\boldsymbol{\alpha}} v\|_{0,\infty,\Omega}.$$

不难证明, $W^{m,p}(\Omega)$ 是一个 Banach 空间. 当 $p = 2$ 时, $W^{m,p}(\Omega)$ 是一个 Hilbert 空间, 记作 $H^m(\Omega)$, 其范数记作 $\|\cdot\|_{m,\Omega}$. 另外, 若 Ω 是一个有界闭区域时, 常用 $W^{m,p}(\Omega)$ 表示 $W^{m,p}(\Omega^0)$, 其中 Ω^0 为 Ω 的内点集.

下面来给出 Sobolev 空间的一些重要性质, 相关详细结果可参见本章文献 [11–13].

定理 6.7 (稠密性定理)　如果区域 Ω 具有 Lipschitz (利普希茨) 边界, $1 \leqslant p < \infty$, 则 $C^\infty(\overline{\Omega})$ 在 $W^{m,p}(\Omega)$ 中稠密, 其中 $C^\infty(\overline{\Omega})$ 为 $C^\infty(\mathbb{R}^n)$ 在 $\overline{\Omega}$ 上的限制.

注 6.7　若区域 Ω 是多角形或多面体区域, 它的边界一定是 Lipschitz 的, 因此此时定理 6.7 必成立. 另外, 当 $p=\infty$ 时, 该定理不再正确.

由定理 6.7 可知, 若 Ω 具有 Lipschitz 边界, 则 $W^{m,p}(\Omega)$ 是 $C^\infty(\overline{\Omega})$ 在范数 $\|\cdot\|_{m,p}$ 下的完备化空间. 另一方面, 无须对有界区域 Ω 做任何假设, 空间 $C_0^\infty(\Omega)$ 在范数 $\|\cdot\|_{m,p}$ 意义下的完备化空间记为 $W_0^{m,p}(\Omega)$.

不难证明 $W_0^{m,p}(\Omega)$ 在范数 $\|\cdot\|_{m,p}$ 意义下也是一个 Banach 空间. 特别地, 当 $p=2$ 时, 它是一个 Hilbert 空间, 记作 $H_0^m(\Omega)$.

定理 6.8 (Poincaré-Friedrichs 不等式) 设区域 Ω 在某个方向的宽度为 d, 则有

$$|u|_{m,p,\Omega} \leqslant \|u\|_{m,p,\Omega} \leqslant C(n,m,d,p)|u|_{m,p,\Omega}, \quad u \in W_0^{m,p}(\Omega), \tag{6.21}$$

式中正常数 $C(n,m,d,p)$ 仅依赖空间维数 n, 偏导数的阶数 m, 参数 d 和 Sobolev 指标 $p, 1 \leqslant p < \infty$.

证明 考虑到 $C_0^\infty(\Omega)$ 在 $W_0^{m,p}(\Omega)$ 中稠密, 只须证明不等式 (6.21) 对 $u \in C_0^\infty(\Omega)$ 成立即可. 不失一般性, 设区域 Ω 位于超平面 $x_n = 0$ 和 $x_n = d$ 之间. 令 $\boldsymbol{x} = [\boldsymbol{x}', x_n]$, 其中 $\boldsymbol{x}' = [x_1, \cdots, x_{n-1}]$. 由 Newton-Leibniz 公式知

$$u(\boldsymbol{x}) = \int_0^{x_n} \partial_t u(\boldsymbol{x}', t)\mathrm{d}t.$$

再由 Hölder (赫尔德) 不等式可得

$$\begin{aligned}
\|u\|_{0,p,\Omega}^p &= \int_{\mathbb{R}^{n-1}} \mathrm{d}\boldsymbol{x}' \int_0^d |u(\boldsymbol{x})|^p \mathrm{d}x_n \\
&\leqslant \int_{\mathbb{R}^{n-1}} \mathrm{d}\boldsymbol{x}' \int_0^d x_n^{p-1} \mathrm{d}x_n \int_0^{x_n} |\partial_t u(\boldsymbol{x}', t)|^p \mathrm{d}t \\
&\leqslant (d^p/p)|u|_{1,p,\Omega}^p.
\end{aligned}$$

换言之,

$$|u|_{1,p,\Omega} \leqslant \|u\|_{1,p,\Omega} = \|u\|_{0,p,\Omega} + |u|_{1,p,\Omega} \leqslant (1 + d^p/p)|u|_{1,p,\Omega}.$$

由此证得结果 (6.21) 当 $m = 1$ 时成立. 对导函数 $\partial^{\boldsymbol{\alpha}} u$ ($|\boldsymbol{\alpha}| \leqslant m-1$) 相继应用以上不等式, 反复递归推导, 可知对任意的自然数 m, 结果 (6.21) 仍成立. □

设 X, Y 为 Banach 空间, 其范数分别记为 $\|\cdot\|_X$ 和 $\|\cdot\|_Y$. 若对任意的 $x \in X$, 有 $x \in Y$, 且存在与 x 无关的正常数 C, 使得 $\|x\|_Y \leqslant C\|x\|_X$, 则称恒同算子 $I : X \to Y$, $Ix = x$ 为一个**嵌入算子**, 相应的嵌入关系记作 $X \hookrightarrow Y$. Sobolev 空间有如下重要的嵌入定理.

定理 6.9 (嵌入定理)　设 Ω 是具有 Lipschitz 边界的有界区域, $1 \leqslant p < \infty$, 则有

(1) 当 $m<n/p$ 时, $W^{m+k,p}(\Omega) \hookrightarrow W^{k,q}(\Omega), 1\leqslant q \leqslant \dfrac{np}{n-mp}, k \geqslant 0$;

(2) 当 $m = n/p$ 时, $W^{m+k,p}(\Omega) \hookrightarrow W^{k,q}(\Omega), 1 \leqslant q < \infty, k \geqslant 0$;

(3) 当 $m > n/p$ 时, $W^{m+k,p}(\Omega) \hookrightarrow C^k(\overline{\Omega}), k \geqslant 0$.

注 6.8　对以上嵌入定理的数学实质, 以结论 (1) 为例做如下更具体解释. 首先, 结论 (1) 意味着有如下不等式:

$$\|v\|_{k,q,\Omega} \leqslant C\|v\|_{m+k,p,\Omega}, \quad v \in C^\infty(\overline{\Omega}), \tag{6.22}$$

式中 C 为一与 v 无关的一般常数. 其次, 根据定理 6.7 知, 存在序列 $\{v_l\}_{l=1}^\infty \subset C^\infty(\overline{\Omega})$, 使得

$$\lim_{l\to\infty} \|v_l - v\|_{m+k,p,\Omega} = 0. \tag{6.23}$$

考虑到 $W^{m+k,p}(\Omega)$ 是一个 Banach 空间, $\{v_l\}_{l=1}^\infty$ 是该空间的一个 Cauchy (柯西) 序列. 而由估计式 (6.22) 可知, 对任意正整数 l 和 r, 有

$$\|v_l - v_r\|_{k,q,\Omega} \leqslant C\|v_l - v_r\|_{m+k,p,\Omega}.$$

所以, $\{v_l\}_{l=1}^\infty$ 又是 $W^{k,q}(\Omega)$ 中的一个 Cauchy 序列. 考虑到 $W^{k,q}(\Omega)$ 也是一个 Banach 空间, 故必存在 $\overline{v} \in W^{k,q}(\Omega)$, 使得

$$\lim_{l\to\infty} \|v_l - \overline{v}\|_{k,q,\Omega} = 0. \tag{6.24}$$

根据结果 (6.23), (6.24) 和实分析理论知, $\{v_l\}_{l=1}^\infty$ 存在几乎处处收敛子列, 于是 $\overline{v}$ 和 v 在相差一个零测集的意义下是同一函数. 因此, 在

Sobolev 空间中可视 $\overline{v}$ 即为 v. 这样一来, 将结果 (6.23) 和 (6.24) 代入 (6.22), 立得

$$\|v\|_{k,q,\Omega} = \|\overline{v}\|_{k,q,\Omega} \leqslant C\|v\|_{m+k,p,\Omega}, \quad v \in W^{m+k,p}(\Omega). \tag{6.25}$$

这就是 Sobolev 嵌入定理的具体描述.

反过来说, 如果能证明不等式 (6.22), 则自然能获得结论 (1).

在上面的嵌入定理的嵌入运算定义中, 嵌入算子 $I: X \to Y$ 是一个有界线性算子. 若它还是一个紧算子, 即 I 将 X 中的任意有界闭集映为 Y 中的相对紧集, 则称相应的嵌入算子为**紧嵌入算子**, 记作 $X \overset{c}{\hookrightarrow} Y$. 可以证明, 在对幂次条件做适当修改, 定理 6.9 中结论 (1), (2), (3) 中的嵌入改成紧嵌入, 结果仍成立, 换言之,

(1) 当 $m < n/p$ 时, $W^{m+k,p}(\Omega) \overset{c}{\hookrightarrow} W^{k,q}(\Omega), 1 \leqslant q < \dfrac{np}{n-mp}, k \geqslant 0$;

(2) 当 $m = n/p$ 时, $W^{m+k,p}(\Omega) \overset{c}{\hookrightarrow} W^{k,q}(\Omega), 1 \leqslant q < \infty, k \geqslant 0$;

(3) 当 $m > n/p$ 时, $W^{m+k,p}(\Omega) \overset{c}{\hookrightarrow} C^k(\overline{\Omega}), k \geqslant 0$.

最后, 我们来简单介绍一下具有 Lipschitz 边界的有界区域 Ω 上的 Sobolev 空间的迹定理. 首先, 对于 $W^{1,p}(\Omega)$ 中的函数 $(1 \leqslant p < \infty)$, 因为 $\partial\Omega$ 是零测集, 我们无法按逐点定义的方式确定它在边界 $\partial\Omega$ 的限制函数. 但为了在 Sobolev 空间中研究微分方程的 (初) 边值问题, 又必须要给出一个合适的定义. 为此, 我们借助注 6.8 中使用的技巧来克服这个困难. 对任意的 $v \in W^{1,p}(\Omega)$, 由于 $C^\infty(\overline{\Omega})$ 在 $W^{1,p}(\Omega)(1 \leqslant p < \infty)$ 中稠密, 因此存在 $\{v_l\}_{l=1}^{\infty} \subset C^\infty(\overline{\Omega})$, 使得

$$\lim_{l \to \infty} \|v_l - v\|_{m,p,\Omega} = 0.$$

记 v_l 在 $\partial\Omega$ 上限制为 $v_l|_{\partial\Omega}$. 若对任意逼近序列 $\{v_l\}, \{v_l|_{\partial\Omega}\}$ 在 $L^q(\partial\Omega)$ 中收敛, 则称其极限函数为函数 v 在 $\partial\Omega$ 上的**迹**, 记之为 $v|_{\partial\Omega}$. 称映射

$$\nu: W^{1,p}(\Omega) \to L^q(\partial\Omega), \quad \nu(v) = v|_{\partial\Omega}$$

为**迹算子**. 若映射 $\nu: W^{1,p}(\Omega) \to L^q(\partial\Omega)$ 是连续的, 则称空间 $W^{1,p}(\Omega)$ 嵌入 $L^q(\partial\Omega)$, 记为 $W^{1,p}(\Omega) \hookrightarrow L^q(\partial\Omega)$.

定理 6.10 (迹定理)　如果 $\Omega \in \mathbb{R}^n (n \geqslant 2)$ 是具有 Lipschitz 边界的有界区域, 则有

(1) $H^1(\Omega) \hookrightarrow L^2(\partial\Omega)$.

(2) $H^1(\Omega) \hookrightarrow H^{1/2}(\partial\Omega)$, 且迹算子 ν 是到上的, 式中 $H^{1/2}(\partial\Omega)$ 为定义在 $\partial\Omega$ 上的 Lipschitz 连续函数在范数 $\|\cdot\|_{1/2,\partial\Omega}$ 下的完备化空间, 而当 $n=2$ 时,

$$\|v\|_{1/2,\partial\Omega}^2 := \|v\|_{0,\Omega}^2 + \int_{\partial\Omega\times\partial\Omega} \frac{|v(x)-v(y)|^2}{|x-y|^2} \mathrm{d}s(x)\mathrm{d}s(y),$$

式中 $s(x)$ 为 $\partial\Omega$ 上的弧长参数.

(3) $H_0^1(\Omega)$ 恰为 $H^1(\Omega)$ 中迹为零的函数构成的 Hilbert 空间.

习　题　6

6.1　记

$$C_0^2[a,b] = \{v \in C^2[a,b] : v(a) = v(b) = 0\}.$$

如果函数 $u \in L^2(a,b)$ 满足

$$\int_a^b u(x)v(x)\mathrm{d}x = 0, \quad v \in C_0^2[a,b],$$

试用反证法证明在 (a,b) 上 $u=0$.

6.2　使用 Euler-Lagrange 方程求出最小旋转曲面问题之解.

6.3　考察如下变分问题:

$$\min_{y\in K} J(y) = \int_{-1}^1 x^2 \left(y'(x)\right)^2 \mathrm{d}x,$$

式中

$$K = \left\{y \in C^1[-1,1] : y(-1) = -1, y(1) = 1\right\}.$$

(1) 设 a 为任一正数, 记

$$y_a(x) = \frac{\arctan(x/a)}{\arctan(1/a)},$$

求证:

$$J(y_a) < \frac{2a}{\arctan(1/a)}.$$

(2) 证明以上变分问题无解.

6.4 (渡江问题) 设一条河为带状, $y=0$, $y=1$ 为河的两岸, 河水的流动沿 x 轴的正向, 速度为 y 的函数, 即 $v=v(y)=6y(1-y)$. 现有人以匀速 v_0 从 $(0,0)$ 点出发游泳到达对岸 $(L,1)$ 点, $L\geqslant 0$. 问游泳者在游泳中如何调整游泳方向 $\theta(y)$, 使得到达 $(L,1)$ 点的时间最短? 利用变分法写出该问题的数学模型, 并导出相应的 Euler-Lagrange 方程.

6.5 将问题 P 中的容许集 K 修改为

$$K=\left\{y\in C^1[a,b]:y(a)=y_a,\ y(b)=y_b\right\}.$$

分两步研究其解 u 应满足的条件:

(1) 设 $f(x)\in C[a,b]$, 如果

$$\int_a^b f(x)\phi'(x)\mathrm{d}x=0,\quad \phi\in C_0^\infty(a,b),$$

则 $f(x)=$ 常数, $x\in[a,b]$.

(2) 解 u 满足

$$\int_a^x F_{u'}(x,u(x),u'(x))\mathrm{d}x-F_u(x,u(x),u'(x))=\text{常数},\quad x\in[a,b].$$

6.6 (1) 考虑如下等周变分问题:

$$u=\operatorname{argmin}J(v),$$

式中

$$J(y)=\int_a^b F(x,y,y')\mathrm{d}x,$$

而

$$v\in K=\left\{y\in C^2[a,b]:y(a)=y_a,\ y(b)=y_b\right\}$$

且

$$\int_a^b G(x,v(x),v'(x))\mathrm{d}x=l=\text{常数}.$$

这里, F 和 G 均为 C^2 光滑函数. 设 u 为该问题的解, 求证: 存在常数因子 λ, 使得

$$\frac{\partial H}{\partial u}(x,u,u')-\frac{\mathrm{d}}{\mathrm{d}x}\left(\frac{\partial H}{\partial u'}(x,u,u')\right)=0,$$

式中 $H=F+\lambda G$.

(2) 给定长为 l 的柔软而均匀绳索, 两端固定于点 $A(x_0, y_0)$ 和 $B(x_1, y_1)$, 在自重的作用下, 绳索下垂平衡, 求悬线的形状.

6.7 考虑二维微分方程的定解问题:

$$\begin{cases} -\nabla \cdot (k\nabla u) = f, \quad (x,y) \in \Omega, \\ u|_{\partial\Omega} = 0, \end{cases} \tag{6.26}$$

式中, 存在正数 $k_1 \geqslant k_0$, 使对任意 $(x,y) \in \overline{\Omega}$, $k_1 \geqslant k(x,y) \geqslant k_0$. 试推导对应的 Galerkin 和 Ritz 变分原理, 然后证明这三个描述之间的等价性.

6.8 平面区域 Ω 的边界 $\partial\Omega$ 分为互不重叠的两部分 $\partial\Omega_1$ 和 $\partial\Omega_2$, 且 $\partial\Omega_1$ 的测度大于 0. 微分方程的定解问题为

$$\begin{cases} -\Delta u = f, \quad (x,y) \in \Omega, \\ u|_{\partial\Omega_1} = 0,\ (\partial_{\boldsymbol{n}} u + \alpha u)|_{\partial\Omega_2} = g, \end{cases}$$

式中, $\alpha \geqslant 0$, $\boldsymbol{n}$ 为 $\partial\Omega$ 上的单位外法向. 试推导对应的 Galerkin 和 Ritz 变分原理, 并证明这三个描述之间的等价性.

6.9 用 Galerkin 方法或 Ritz 方法求解问题:

$$\begin{cases} -\dfrac{\mathrm{d}^2 u}{\mathrm{d}x^2} = x^2, \quad 0 < x < 1, \\ u(0) = 0,\ u'(1) = 0. \end{cases}$$

(1) 用满足本质边界条件的试探函数 $c_1 x + c_2 x^2$.

(2) 用满足本质边界条件和自然边界条件的试探函数 $c_1 x(1 - x/2)$.

6.10 用 Galerkin 方法或 Ritz 方法求解二维边值问题:

$$\begin{cases} -\Delta u = xy, \quad (x,y) \in \Omega, \\ u|_{\partial\Omega} = 0, \end{cases} \tag{6.27}$$

式中 $\Omega = \{(x,y) : 0 < x < 1, 0 < y < 1\}$. 试探函数空间的基选为

$$\varphi_1 = \sin(\pi x)\sin(\pi y), \qquad \varphi_2 = \sin(\pi x)\sin(2\pi y),$$
$$\varphi_3 = \sin(2\pi x)\sin(\pi y), \quad \varphi_4 = \sin(2\pi x)\sin(2\pi y).$$

(注意基函数的正交性)

6.11 设 Ω 是有界区域, $1 \leqslant p \leqslant q \leqslant \infty$, 证明: $L^q(\Omega) \subset L^p(\Omega)$, 并给出例子说明 $p < q$ 时的包含是严格的, 但对 Ω 无界却不然.

参考文献

[1] 张恭庆. 变分学讲义 [M]. 北京: 高等教育出版社, 2011.

[2] 老大中. 变分法基础 [M]. 3 版. 北京: 国防工业出版社, 2015.

[3] Ciarlet P G. The finite element method for elliptic problems [M]. Amsterdan: North-Holland, 1978.

[4] MacCluer C R. Calculus of variations: mechanics, control and other applications [M]. New York: Dover Publications, 2012.

[5] 陈纪修, 於崇华, 金路. 数学分析: 上册 [M]. 2 版. 北京: 高等教育出版社, 2004.

[6] 刘继军. 不适定问题的正则化方法及应用 [M]. 北京: 科学出版社, 2005.

[7] Engl H W, Hanke M, Neubauer A. Regularization of inverse problems [M]. Dordrecht: Kluwer Academic Publishers, 1996.

[8] Ito K, Jin B T. Inverse problems: Tikhonov theory and algorithms [M]. Singapore: World Scientific, 2015.

[9] 齐民友. 线性偏微分算子引论: 上册 [M]. 北京: 科学出版社, 1986.

[10] 冯康, 秦孟兆. 哈密尔顿系统的辛几何算法 [M]. 杭州: 浙江科学技术出版社, 2003.

[11] Adams R A. Sobolev spaces [M]. New York: Academic Press, 1975.

[12] Grisvard P. Elliptic problems in nonsmooth domains [M]. Boston: Pitman, 1985.

[13] 王术. Sobolev 空间与偏微分方程引论 [M]. 北京: 科学出版社, 2009.

第七章　有限元方法的构造与理论基础

有限元方法的数学基础是变分原理, 即

(1) Galerkin 变分原理:

$$\begin{cases} u \in V, \\ A(u,v) = F(v), \quad v \in V. \end{cases}$$

(2) Ritz 变分原理:

$$\begin{cases} u \in V, \\ J(u) = \min\limits_{v \in V} J(v) = \dfrac{1}{2}A(v,v) - F(v). \end{cases}$$

为了基于变分原理构造数值求解方法, 关键是合理构造容许函数空间 V 的有限维逼近空间 V_h, 最自然的想法是利用多项式子空间. 这对于一维问题效果较好, 但是对于二维及以上问题的处理有本质困难, 体现在如下方面:

(1) 边界条件难以满足, 甚至近似满足都比较困难;

(2) 稳定性差;

(3) "刚性" 程度过高.

与函数插值类似, 我们转而采用分片多项式空间来作为近似逼近空间, 由此即导出有限元方法. 有限元方法首先成功应用于结构力学和固体力学计算, 随后广泛应用于流体力学、热物理等科学与工程领域的数值模拟, 如今该方法已经成为数值求解偏微分方程的最重要方法之一. 本章将主要介绍有限元方法的基础知识, 相关内容亦可参考本章文献 [1–8].

7.1　一维椭圆问题的有限元方法 —— 线性元

考虑问题:

$$\begin{cases} -(pu')' + qu = f, \quad x \in (a,b), \\ u(a) = 0,\ p(b)u'(b) + \alpha u(b) = g, \end{cases} \tag{7.1}$$

式中 $p(x)$ 和 $q(x)$ 均为连续函数, 且存在常数 $p_0 > 0$, 使得 $p(x) \geqslant p_0$, 并有 $q(x) \geqslant 0$ 和 $\alpha \geqslant 0$.

根据 6.5 节类似推导易知, 与问题 (7.1) 等价的 Galerkin 变分原理为

$$\begin{cases} \text{寻找 } u \in V, \text{ 使得} \\ A(u,v) = F(v), \quad v \in V, \end{cases}$$

式中,

$$V = \left\{v \in H^1(a,b) : v(a) = 0\right\},$$

$$A(u,v) = \int_a^b (pu'v' + quv)\,\mathrm{d}x + \alpha u(b)v(b),$$

$$F(v) = \int_a^b fv\mathrm{d}x + gv(b).$$

7.1.1 有限元空间的构造

将区间 $[a,b]$ 分成 L 个小单元:

$$a = x_0 < x_1 < \cdots < x_L = b.$$

记 $e_i = [x_{i-1}, x_i], i = 1,2,\cdots,L$, 令单元长度 $h_i = x_i - x_{i-1}$, $i = 1,2,\cdots,L$, 剖分直径 $h = \max\limits_{1\leqslant i\leqslant L} h_i$. 基于此, 试探函数所在的函数空间取定如下: 对任意的 $v_h \in U_h$, 满足 (如图 7.1 所示)

(1) v_h 是分段线性的;

(2) v_h 是 $[a,b]$ 上的连续函数.

考虑到边界条件, 设

$$V_h = \left\{v_h \in U_h : v_h(a) = 0\right\},$$

则有限元方法为: 寻找 $u_h \in V_h$, 使得

$$A(u_h, v_h) = F(v_h), \quad v_h \in V_h.$$

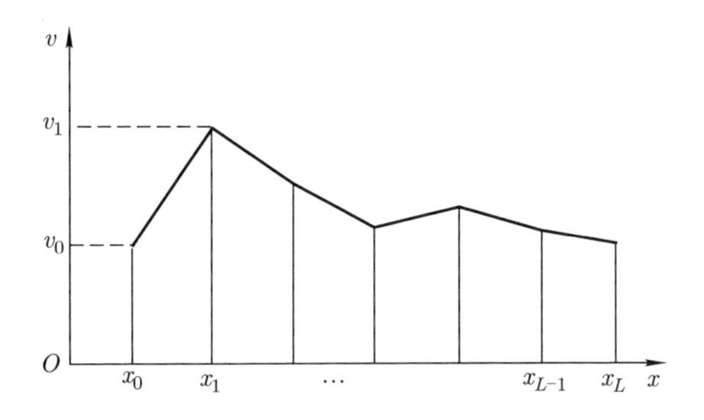

图 7.1 一维线性有限元

先来具体分析一下 U_h 的结构.

(1) 从局部观点考察, $v_h \in U_h$ 在任一单元 e_i 上成立

$$\begin{aligned} v_h(x)\big|_{e_i} &= v_h(x_{i-1})\frac{x_i - x}{x_i - x_{i-1}} + v_h(x_i)\frac{x - x_{i-1}}{x_i - x_{i-1}} \\ &=: v_h(x_{i-1})N_i + v_h(x_i)M_i, \quad i = 1, 2, \cdots, L. \end{aligned} \tag{7.2}$$

(2) 从整体看, 设 ϕ_i 代表第 i 个顶点取值为 1, 其他顶点取值为 0 的连续分段线性函数 (见图 7.2), 则

$$v_h(x) = \sum_{i=0}^{L} v_h(x_i)\phi_i(x).$$

以上分析表明

$$U_h = \operatorname{span}\{\phi_0, \phi_1, \cdots, \phi_L\}.$$

再考虑 V_h. 注意到

$$V_h = \big\{v_h \in U_h : v_h(a) = 0\big\}.$$

故对任意 $v_h \in V_h$ 有 $v_h(x_0) = 0$, 于是

$$V_h = \operatorname{span}\{\phi_1, \phi_2, \cdots, \phi_L\}.$$

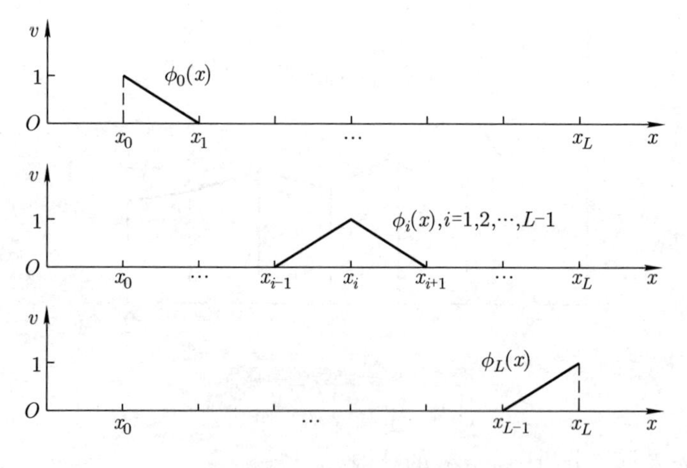

图 7.2 一维线性元基函数

7.1.2 有限元方程组的形成

为了研究方便, 记 $[v_h(x_1), v_h(x_2), \cdots, v_h(x_L)]^{\mathrm{T}} = \{v\}_1$, 则需找 $\{u\}_1 \in \mathbb{R}^L$, 使得

$$\begin{cases} u_h = \sum_{i=1}^{L} u_i \phi_i, \\ A(u_h, v_h) = F(v_h), \quad \{v\}_1 \in \mathbb{R}^L. \end{cases}$$

换言之, 要有

$$A\left(\sum_{i=1}^{L} u_i \phi_i, \sum_{j=1}^{L} v_j \phi_j\right) = \sum_{j=1}^{L} v_j F(\phi_j), \quad \{v\}_1 \in \mathbb{R}^L,$$

于是有

$$\sum_{j=1}^{L} \sum_{i=1}^{L} u_i v_j A(\phi_i, \phi_j) = \sum_{j=1}^{L} v_j F(\phi_j).$$

设 $\boldsymbol{A} = [a_{ij}]_{L \times L}$, 式中 $a_{ij} = A(\phi_j, \phi_i)$, 则上式即为

$$(\boldsymbol{A}\{u\}_1, \{v\}_1) = (\boldsymbol{F}, \{v\}_1), \quad \{v\}_1 \in \mathbb{R}^L,$$

式中 $\boldsymbol{F} = [F_1, F_2, \cdots, F_L]^{\mathrm{T}}$, 而对 $i = 1, 2, \cdots, L, F_i = F(\phi_i)$. 由此获得线性方程组 $\boldsymbol{AU} = \boldsymbol{F}$, 式中 $\boldsymbol{U} = \{u\}_1$.

以上方法是直接利用基函数形成线性方程组, 执行简单但不便推广到高维情形. 在实际计算中, 要采用所谓子结构法完成这个任务, 其基本原理是从局部着手解决问题. 具体而言, 考虑到

$$A(u_h, v_h) = \sum_{i=1}^{L} \int_{e_i} (pu_h' v_h' + qu_h v_h) \mathrm{d}x + \alpha u_h(b) v_h(b),$$

因此整体双线性型可视为由限制在每个单元上的局部双线性型进行叠加而得, 按这种思想获得线性代数方程组即所谓子结构法.

以下分步说明该方法执行步骤.

步骤 1 单元刚度矩阵和荷载向量的计算.

记

$$A_i(u_h, v_h) = \int_{e_i} (pu_h' v_h' + qu_h v_h) \mathrm{d}x, \quad 1 \leqslant i \leqslant L-1,$$

$$A_L(u_h, v_h) = \int_{e_L} (pu_h' v_h' + qu_h v_h) \mathrm{d}x + \alpha u_h(b) v_h(b).$$

由于

$$u_h|_{e_i} = u_{i-1} N_i + u_i M_i, \quad v_h|_{e_i} = v_{i-1} N_i + v_i M_i,$$

式中 N_i 和 M_i 由 (7.2) 式确定, 因此经直接计算知

$$\begin{aligned}
&\int_{e_i} (pu_h' v_h' + qu_h v_h) \mathrm{d}x \\
&= \int_{x_{i-1}}^{x_i} \big[p(u_{i-1} N_i' + u_i M_i')(v_{i-1} N_i' + v_i M_i') \\
&\quad + q(u_{i-1} N_i + u_i M_i)(v_{i-1} N_{i-1} + v_i M_i)\big] \mathrm{d}x \\
&= ([K]_{e_i} \{u\}_{e_i}, \{v\}_{e_i}) =: (\boldsymbol{K}_1^i \{u\}_{e_i}, \{v\}_{e_i}),
\end{aligned}$$

式中 $\{v\}_{e_i} = [v_h(x_{i-1}), v_h(x_i)]^{\mathrm{T}}$. 类似地, 可得

$$\begin{aligned}
\alpha u_h(b) v_h(b) &= \alpha u_L v_L = \left(\alpha \begin{bmatrix} 0 & 0 \\ 0 & 1 \end{bmatrix} \{u\}_{e_L}, \{v\}_{e_L}\right) \\
&=: (\boldsymbol{K}_2^L \{u\}_{e_L}, \{v\}_{e_L}).
\end{aligned}$$

于是,

$$A_i(u_h, v_h) = (\boldsymbol{K}^i\{u\}_{e_i}, \{v\}_{e_i}),$$

式中, 当 $1 \leqslant i \leqslant L-1$ 时, $\boldsymbol{K}^i = \boldsymbol{K}_1^i$, 而 $\boldsymbol{K}^L = \boldsymbol{K}_1^L + \boldsymbol{K}_2^L$. 由此可得单元刚度矩阵. 再看右端,

$$F(v_h) = \sum_{i=1}^{L} \int_{e_i} f v_h \mathrm{d}x + g v_h(b),$$

$$\int_{e_i} f v_h \mathrm{d}x = \int_{x_{i-1}}^{x_i} f(v_{i-1}N_i + v_i M_i)\mathrm{d}x = \left(\{F\}_{e_i}, \{v\}_{e_i}\right),$$

$$\{F\}_{e_i} = \left[\int_{x_{i-1}}^{x_i} f N_i \mathrm{d}x, \int_{x_{i-1}}^{x_i} f M_i \mathrm{d}x\right]^{\mathrm{T}},$$

$$g v_h(b) = \left(g\begin{bmatrix}0\\1\end{bmatrix}, \{v\}_{e_L}\right).$$

仿上可得单元荷载向量.

步骤 2 总刚度矩阵和总荷载向量的形成.

显然, 双线性型 $A_i(\cdot,\cdot)$ 是关于 $\{u\}_{e_i}$ 和 $\{v\}_{e_i}$ 的局部双线性型, 它自然是关于总体变量 $\{u\}$ 和 $\{v\}$ 的双线性型, 这里

$$\{u\} = [u_h(x_0), u_h(x_1), \cdots, u_h(x_L)]^{\mathrm{T}} = [u_0, u_1, \cdots, u_L]^{\mathrm{T}},$$

$$\{v\} = [v_h(x_0), v_h(x_1), \cdots, v_h(x_L)]^{\mathrm{T}} = [v_0, v_1, \cdots, v_L]^{\mathrm{T}}.$$

记此时相应的矩阵为 $\overline{\boldsymbol{K}}^i$. 易知, 该矩阵在 (i,i) 位置的元素为 $\boldsymbol{K}^i$ 在位置 $(1,1)$ 的元素, 在 $(i,i+1)$ 位置的元素为 $\boldsymbol{K}^i$ 在位置 $(1,2)$ 的元素, 在 $(i+1,i)$ 位置的元素为 $\boldsymbol{K}^i$ 在位置 $(2,1)$ 的元素, 在 $(i+1,i+1)$ 位置的元素为 $\boldsymbol{K}^i$ 在位置 $(2,2)$ 的元素, 而在其他位置的元素为 0. 于是, 易知总刚度矩阵为

$$[K] = \sum_{i=1}^{L} \overline{\boldsymbol{K}}^i.$$

类似可得总荷载向量 $\{F\}$.

步骤 3 约束条件的处理.

显然,

$$A(u_h, v_h) = ([K]\{u\}, \{v\}).$$

这是不考虑 V_h 中存在约束条件相应的结果. 但若存在边界约束条件, 例如本节介绍的例子: 由 $v_h(a) = 0$ 可知 $v_0 = 0$, 此时,

$$A(u_h, v_h) = \left([K] \begin{bmatrix} 0 \\ * \\ \vdots \end{bmatrix}, \begin{bmatrix} 0 \\ * \\ \vdots \end{bmatrix} \right) = (\boldsymbol{A}\{u\}_1, \{v\}_1),$$

式中

$$[K] = \begin{bmatrix} * & \cdots \\ \vdots & \boldsymbol{A} \end{bmatrix}.$$

换言之, 只须删除总刚度矩阵 $[K]$ 相应于带约束条件的节点编号对应的行和列, 则可以得到有限元线性方程组对应的系数矩阵. 类似可由总荷载向量 $\{F\}$ 获得有限元线性方程组对应的右端向量.

下面通过一个简单的例子来具体说明如何使用子结构方法.

例 7.1 采用线性有限元方法求解以下问题:

$$\begin{cases} -u''(x) = f(x), \quad x \in (0, 1), \\ u(0) = 0, \ u'(1) = g, \end{cases}$$

式中 $f(x)$ 及常数 g 均为给定量.

相应的变分问题为: 寻找 $u \in V$, 使得

$$A(u, v) = F(v), \quad v \in V,$$

式中,

$$V = \big\{ v \in H^1(0, 1) : v(0) = 0 \big\},$$
$$A(u, v) = \int_0^1 u'v'\mathrm{d}x, \quad F(v) = \int_0^1 fv\mathrm{d}x + gv(1).$$

采用 $L+1$ 个节点 $x_i,\ i=0,1,\cdots,L$, 对区间 $[0,\ 1]$ 进行剖分: $0=x_0<x_1<\cdots<x_L=1$. 记 $h_j=x_j-x_{j-1}$ 为单元直径, $e_j=[x_{j-1},\ x_j]$ 为剖分单元, $j=1,2,\cdots,L$. 构造有限元空间

$$V_h=\left\{v\in C[0,1]:v|_{e_i}\in\mathbb{P}_1(e_i)\,,1\leqslant i\leqslant L,v(0)=0\right\},$$

式中 $\mathbb{P}_1(e_i)$ 表示定义在 e_i 上的所有次数不超过一次的多项式所构成的集合. 对任意自然数 m, 可类似定义 $\mathbb{P}_m(e_i)$. 而有限元解为 $u_h\in V_h$, 满足

$$A(u_h,v_h)=F\left(v_h\right),\quad v_h\in V_h.$$

以下形成刚度矩阵及荷载向量.

(1) 局部刚度矩阵与局部荷载向量.

注意到

$$\int_{e_i}u'v'\mathrm{d}x=\int_{x_{i-1}}^{x_i}\left(u_{i-1}N_i+u_iM_i\right)'\left(v_{i-1}N_i+v_iM_i\right)'\mathrm{d}x,$$

式中,

$$N_i=\frac{x_i-x}{h_i},\quad M_i=\frac{x-x_{i-1}}{h_i},\quad N_i'=-\frac{1}{h_i},\quad M_i'=\frac{1}{h_i}.$$

所以,

$$\begin{aligned}\int_{e_i}u'v'\mathrm{d}x&=\frac{1}{h_i^2}\int_{x_{i-1}}^{x_i}\left(u_i-u_{i-1}\right)\left(v_i-v_{i-1}\right)\mathrm{d}x\\&=\frac{1}{h_i}\left(u_iv_i-u_iv_{i-1}-u_{i-1}v_i+u_{i-1}v_{i-1}\right).\end{aligned}$$

从而

$$[K]_{e_i}=\frac{1}{h_i}\begin{bmatrix}1&-1\\-1&1\end{bmatrix},\quad i=1,2,\cdots,L.$$

若用梯形公式进行数值积分, 有

$$\int_{e_i}fv\mathrm{d}x=\frac{1}{2}h_i\big(f(x_{i-1})v_{i-1}+f(x_i)v_i\big),\quad i=1,2,\cdots,L,$$

可知

$$\{F\}_{e_i} = \frac{h_i}{2}\begin{bmatrix} f(x_{i-1}) \\ f(x_i) \end{bmatrix}, \quad i = 1, 2, \cdots, L.$$

(2) 整体刚度矩阵和整体荷载向量的形成.

$$[K]_{e_1} \to \frac{1}{h_1}\begin{bmatrix} 1 & -1 & \cdots & 0 \\ -1 & 1 & \cdots & 0 \\ \vdots & \vdots & & \vdots \\ 0 & 0 & \cdots & 0 \end{bmatrix}_{(L+1)\ \times(L+1)},$$

$$\{F\}_{e_1} \to \frac{h_1}{2}\begin{bmatrix} f(x_0) \\ f(x_1) \\ \vdots \\ 0 \end{bmatrix}_{(L+1)\ \times 1},$$

$$[K]_{e_2} \to \frac{1}{h_2}\begin{bmatrix} 0 & 0 & 0 & \cdots & 0 \\ 0 & 1 & -1 & \cdots & 0 \\ 0 & -1 & 1 & \cdots & 0 \\ \vdots & \vdots & \vdots & & \vdots \\ 0 & 0 & 0 & \cdots & 0 \end{bmatrix}_{(L+1)\ \times(L+1)},$$

$$\{F\}_{e_2} \to \frac{h_2}{2}\begin{bmatrix} 0 \\ f(x_1) \\ f(x_2) \\ \vdots \\ 0 \end{bmatrix}_{(L+1)\ \times 1}.$$

$[K]_{e_i}$ 与 $\{F\}_{e_i}, i = 3, 4, \cdots, L$ 均可类似处理, 且

$$\{F\}_{e_L} \to \begin{bmatrix} 0 \\ \vdots \\ \frac{h_L}{2}f(x_{L-1}) \\ \frac{h_L}{2}f(x_L) + g \end{bmatrix}_{(L+1)\ \times 1}.$$

全部叠加起来有

$$[K]=\begin{bmatrix} \frac{1}{h_1} & -\frac{1}{h_1} & 0 & \cdots & 0 & 0 \\ -\frac{1}{h_1} & \frac{1}{h_1}+\frac{1}{h_2} & -\frac{1}{h_2} & \cdots & 0 & 0 \\ 0 & -\frac{1}{h_2} & \frac{1}{h_2}+\frac{1}{h_3} & \cdots & 0 & 0 \\ \vdots & \vdots & \vdots & & \vdots & \vdots \\ 0 & 0 & 0 & \cdots & \frac{1}{h_{L-1}}+\frac{1}{h_L} & -\frac{1}{h_L} \\ 0 & 0 & 0 & \cdots & -\frac{1}{h_L} & \frac{1}{h_L} \end{bmatrix}_{(L+1)\times(L+1)},$$

$$\{F\}=\begin{bmatrix} \frac{f(x_0)}{2}h_1 \\ \frac{f(x_1)}{2}(h_1+h_2) \\ \frac{f(x_2)}{2}(h_2+h_3) \\ \vdots \\ \frac{f(x_{L-1})}{2}(h_{L-1}+h_L) \\ \frac{f(x_L)}{2}h_L+g \end{bmatrix}_{(L+1)\times 1}.$$

(3) 约束条件的处理.

将约束条件的分量对应的行列去掉, 得

$$[K]=\begin{bmatrix} \frac{1}{h_1}+\frac{1}{h_2} & -\frac{1}{h_2} & \cdots & 0 & 0 \\ -\frac{1}{h_2} & \frac{1}{h_2}+\frac{1}{h_3} & \cdots & 0 & 0 \\ \vdots & \vdots & & \vdots & \vdots \\ 0 & 0 & \cdots & \frac{1}{h_{L-1}}+\frac{1}{h_L} & -\frac{1}{h_L} \\ 0 & 0 & \cdots & -\frac{1}{h_L} & \frac{1}{h_L} \end{bmatrix}_{L\times L} =: \boldsymbol{A},$$

$$\{F\} = \begin{bmatrix} \dfrac{f(x_1)}{2}(h_1+h_2) \\ \vdots \\ \dfrac{f(x_{L-1})}{2}(h_{L-1}+h_L) \\ \dfrac{f(x_L)}{2}h_L+g \end{bmatrix}_{L\times 1} =: \boldsymbol{b}.$$

最后求解线性方程组

$$\boldsymbol{AU} = \boldsymbol{b}, \tag{7.3}$$

获得 $\boldsymbol{U} = [u_1, u_2, \cdots, u_L]^{\mathrm{T}}$, 由此可得近似解 $u_h = \sum\limits_{i=1}^{L} u_i\phi_i$.

7.2 一维椭圆问题线性有限元方法的理论分析 *

7.2.1 可解性分析

一个自然的问题是有限元线性方程组

$$\boldsymbol{Ax} = \boldsymbol{b}$$

是否唯一可解, 即 $\boldsymbol{A}$ 是否可逆?

定理 7.1 $\boldsymbol{A}$ 为对称正定矩阵.

证明 因 $a_{ij} = A(\phi_j, \phi_i)$, 而 $A(u,v) = A(v,u)$, 故 $a_{ij} = a_{ji}$, 即 $\boldsymbol{A}$ 是对称的.

下面证明正定性. 对任意的 $\boldsymbol{v} = [v_1, v_2, \cdots, v_L]^{\mathrm{T}} \in \mathbb{R}^L$, 记 $v_h = \sum\limits_{i=1}^{L} v_i\phi_i(x)$. 易知

$$A(v_h, v_h) = (\boldsymbol{Av}, \boldsymbol{v}).$$

且由定义知

$$\begin{aligned} A(v_h, v_h) &= \sum_{i=1}^{L} \int_{e_i} (pv_h'v_h' + qv_hv_h)\mathrm{d}x + \alpha v_h(b)v_h(b) \\ &\geqslant \int_a^b p(v_h')^2\mathrm{d}x \geqslant p_0 \int_a^b (v_h')^2\,\mathrm{d}x \geqslant 0. \end{aligned}$$

等号成立当且仅当

$$\int_a^b (v_h')^2 \mathrm{d}x = 0,$$

即

$$v_h'\big|_{e_i} = 0, \quad i = 1, 2, \cdots, L.$$

这说明 v_h 在每一个单元上都为常数, 而 v_h 又在 $[a, b]$ 上连续, 故

$$v_h \equiv C = 常数.$$

由 $v_h(a) = 0$ 可得 $C = 0$. 上面的分析表明, $(\boldsymbol{Av}, \boldsymbol{v}) \geqslant 0$, 且等号成立当且仅当 $\boldsymbol{v} = \boldsymbol{0}$. □

7.2.2 收敛性分析

在空间 V 中引入范数

$$\|v\|_1 = \left(\int_a^b (v')^2 \mathrm{d}x\right)^{1/2}, \quad v \in V.$$

引理 7.1 存在正常数 M_1, M_2, 使得

$$M_1 \|v\|_1^2 \leqslant A(v, v), \quad v \in V, \tag{7.4}$$

$$|A(u, v)| \leqslant M_2 \|u\|_1 \|v\|_1, \quad u, v \in V. \tag{7.5}$$

证明 **步骤 1** 导出估计式 (7.4).

对任意 $v \in V$,

$$\begin{aligned} A(v, v) &= \int_a^b \left[p(v')^2 + qv^2\right] \mathrm{d}x + \alpha v^2(b) \\ &\geqslant p_0 \int_a^b (v')^2 \mathrm{d}x = p_0 \|v\|_1^2. \end{aligned}$$

取 $M_1 = p_0$, 即证得 (7.4) 式.

步骤 2 导出 V 中 $\|\cdot\|_0$, $\|\cdot\|_{0,\infty}$ 和 $\|\cdot\|_1$ 之间的关系.

直接计算有

$$
\begin{aligned}
\|v\|_0^2 &= \int_a^b v^2(x)\mathrm{d}x = \int_a^b \left(\int_a^x v'(s)\mathrm{d}s\right)^2 \mathrm{d}x \\
&\leqslant \int_a^b \left(\int_a^x 1\mathrm{d}s\right)\left(\int_a^x |v'(s)|^2 \mathrm{d}s\right)\mathrm{d}x \\
&\leqslant \int_a^b (x-a)\mathrm{d}x \int_a^b |v'(s)|^2 \mathrm{d}s \\
&= \frac{1}{2}(b-a)^2 \|v\|_1^2 .
\end{aligned}
$$

故

$$
\|v\|_0 \leqslant c_1 \|v\|_1 , \quad v \in V, \tag{7.6}
$$

式中 $c_1 = \dfrac{\sqrt{2}}{2}(b-a)$. 类似地, 可知

$$
\|v\|_{0,\infty} \leqslant c_2 \|v\|_1, \quad v \in V, \tag{7.7}
$$

式中 $c_2 = \sqrt{b-a}$.

步骤 3 给出估计式 (7.5).

记 $M = \max\limits_{a\leqslant x\leqslant b} \max(|p(x)|, |q(x)|)$. 对任意的 $u, v \in V$, 由 (7.6) 式, (7.7) 式和 Cauchy-Schwarz (柯西 – 施瓦茨) 不等式可得

$$
\begin{aligned}
A(u,v) &= \int_a^b (pu'v' + quv)\mathrm{d}x + \alpha u(b)v(b) \\
&\leqslant M \int_a^b |u'v'|\,\mathrm{d}x + M \int_a^b |uv|\,\mathrm{d}x + \alpha\,|u(b)v(b)| \\
&\leqslant M\,\|u'\|_0\,\|v'\|_0 + M\,\|u\|_0\,\|v\|_0 + \alpha\,|u(b)|\,|v(b)| \\
&\leqslant (M + Mc_1^2 + \alpha c_2^2)\|u\|_1\|v\|_1 = M_2\|u\|_1\|v\|_1,
\end{aligned}
$$

式中, $M_2 = M + Mc_1^2 + \alpha c_2^2$. □

引理 7.2 设 u 为原问题 (7.1) 的解, u_h 为有限元解, 则

$$
\|u - u_h\|_1 \leqslant C \cdot \inf_{v\in V_h} \|u - v\|_1 ,
$$

式中及后文中, C 均为一与 h 无关的一般常数, 在不同的地方可取不同值.

证明 由 $V_h \subset V$ 知

$$A(u-u_h, v_h)=0, \quad v_h \in V_h.$$

于是

$$A(u-u_h, u-u_h)=A(u-u_h, u-v_h), \quad v_h \in V_h.$$

而由引理 7.1 知,

$$\begin{aligned} \text{等式左边} &\geqslant M_1 \|u-u_h\|_1^2, \\ \text{等式右边} &\leqslant M_2 \|u-u_h\|_1 \cdot \|u-v_h\|_1, \end{aligned}$$

所以

$$\|u-u_h\|_1 \leqslant \frac{M_2}{M_1}\|u-v_h\|_1.$$

再由 $v_h \in V_h$ 的任意性立知结果. □

注 7.1 现在的问题是如何选取 v. 显然 v 的信息由 v 在单元顶点 $x_0, x_1, \cdots, x_L$ 上的值完全确定, 自然地要求

$$v(x_i)=u(x_i), \quad i=0,1,2,\cdots,L.$$

因此, 取 v 为 u 的连续分段线性插值函数, 记为 $\Pi_h u$. 这样, 问题的关键转化为如何估计 $\|u-\Pi_h u\|_1$.

引理 7.3 设 $u \in V \cap C^2[a,b]$, Π_h 为连续分段线性插值算子, 则有

$$\|u-\Pi_h u\|_1 \leqslant h|u|_2,$$

式中,

$$|u|_2=\left(\int_a^b |u''|^2 \, \mathrm{d}x\right)^{1/2},$$

而 h 为网格剖分直径.

证明 根据插值算子的定义, 直接计算并利用 Lagrange 中值定理有

$$
\begin{aligned}
\|u-\Pi_h u\|_1^2 &= \int_a^b \left[(u-\Pi_h u)'\right]^2 \mathrm{d}x = \sum_{i=1}^{L}\int_{x_{i-1}}^{x_i} \left[(u-\Pi_h u)'\right]^2 \mathrm{d}x \\
&= \sum_{i=1}^{L}\int_{x_{i-1}}^{x_i} \left(u'(x) - \frac{u(x_i)-u(x_{i-1})}{x_i - x_{i-1}}\right)^2 \mathrm{d}x \\
&= \sum_{i=1}^{L}\int_{x_{i-1}}^{x_i} \left(u'(x)-u'(\xi_i)\right)^2 \mathrm{d}x,
\end{aligned}
$$

式中 $\xi_i \in (x_{i-1}, x_i)$. 于是

$$
\begin{aligned}
\|u-\Pi_h u\|_1^2 &= \sum_{i=1}^{L}\int_{x_{i-1}}^{x_i} \left(\int_{\xi_i}^{x} u''(s)\,\mathrm{d}s\right)^2 \mathrm{d}x \\
&\leqslant \sum_{i=1}^{L}\int_{x_{i-1}}^{x_i} \left(\left|\int_{\xi_i}^{x} 1^2 \mathrm{d}s\right| \left|\int_{\xi_i}^{x} (u'')^2 \mathrm{d}s\right|\right) \mathrm{d}x \\
&\leqslant \sum_{i=1}^{L}\int_{x_{i-1}}^{x_i} (u'')^2 \mathrm{d}x \int_{x_{i-1}}^{x_i} |x-\xi_i|\,\mathrm{d}x \\
&\leqslant h^2 \sum_{i=1}^{L}\int_{x_{i-1}}^{x_i} (u'')^2 \mathrm{d}x = h^2 |u|_2^2.
\end{aligned}
$$

□

定理 7.2 有限元解 u_h 满足误差估计

$$
\|u-u_h\|_1 \leqslant Ch\,\|u\|_2 .
$$

证明 由引理 7.2 和引理 7.3 立知. □

7.3 后验误差估计及自适应有限元方法

本节仍考虑一维椭圆型方程, 我们关注的是网格剖分对有限元方法计算效果的影响.

7.3.1　网格剖分的重要性

设

$$\triangle = \{x_0, x_1, \cdots, x_L : \ 0 = x_0 < x_1 < \cdots < x_L = 1\}, \quad \#\triangle = L$$

为区域 $[0,1]$ 的一个剖分, 而 $S_\triangle$ 是基于网格剖分 $\triangle$ 的分片常数有限元空间. 现在的问题是, p 取何值可使以下估计成立:

$$\inf_{v \in S_\triangle} \|u - v\|_{0,\infty} \leqslant CL^{-p} \int_0^1 |u'(x)|\mathrm{d}x, \quad u \in W^{1,1}(0,1). \tag{7.8}$$

对一般的网格剖分来说, $p = 0$. 为了说明这一点, 构造图 7.3 中的函数. 假设 $x_* > 0$ 已经足够小, 使得均匀网格剖分的 x_1 节点始终位于 x_* 右侧. 易知

$$\int_0^1 |u'(x)|\mathrm{d}x = \int_0^{x_*} \frac{1}{x_*}\mathrm{d}x = 1,$$

且对上面给出的剖分,

$$\inf_{v \in S_\triangle} \|u - v\|_{0,\infty} = \frac{1}{2}.$$

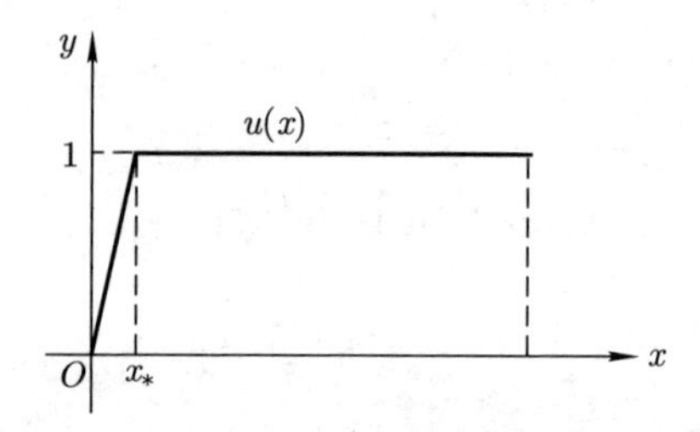

图 7.3　函数形式

于是

$$\inf_{v \in S_\triangle} \|u - v\|_{0,\infty} \leqslant \frac{1}{2} \int_0^1 |u'(x)|\mathrm{d}x,$$

换言之, $p = 0$.

那么, 对给定的函数 $u \in W^{1,1}(0,1)$, 能否找到合理的剖分 $\triangle$ 使 (7.8) 式对 $p=1$ 成立呢? 不妨假设

$$\int_0^1 |u'(x)|\mathrm{d}x = 1.$$

定义

$$\phi(x) = \int_0^x |u'(t)|\mathrm{d}t,$$

则 $\phi(0)=0$, $\phi(1)=1$, 且 $\phi(x)$ 关于 x 单调递增. 取 x_i, 使 $\phi(x_i) = i/L, i=1,2,\cdots,L$, 此时

$$\int_{x_{i-1}}^{x_i} |u'(t)|\mathrm{d}t = \phi(x_i) - \phi(x_{i-1}) = \frac{1}{L}, \quad i=1,2,\cdots,L.$$

在 $[x_{i-1},x_i]$ 中, 取 $c_i = u(x_{i-1})$, $i=1,2,\cdots,L$, 则

$$|u(x)-c_i| = \left|\int_{x_{i-1}}^{x} u'(t)\mathrm{d}t\right| \leqslant \int_{x_{i-1}}^{x_i} |u'(t)\ |\,\mathrm{d}t = \frac{1}{L}.$$

故知结果 (7.8) 式当 $C=1$ 和 $p=1$ 时成立.

根据以上分析可知, 要提高有限元方法的计算效率, 合理选取网格剖分至关重要. 这也是有限元后验误差估计和自适应有限元方法成为有限元方法研究核心之一的原因[9−11].

7.3.2 后验误差估计

与先验估计不同的是, 后验估计利用数值解 u_h 和微分方程定解问题的给定信息来给出误差估计, 它是构建自适应有限元方法的关键.

考虑问题

$$\begin{cases} -u''(x) + c(x)u(x) = f(x), & 0 < x < 1, \\ u(0) = u(1) = 0, \end{cases}$$

式中 $c(x) \geqslant 0$. 相应的变分问题为: 寻找 $u \in V := H_0^1(0,1)$, 使得

$$A(u,v) = F(v), \quad v \in V,$$

式中,

$$A(u,v)=\int_0^1 (u'v'+cuv)\mathrm{d}x, \quad F(v)=\int_0^1 fv\mathrm{d}x.$$

取

$$V_h=\left\{v\in C[0,1]:\ v|_{e_i}\in\mathbb{P}_1(e_i), 1\leqslant i\leqslant L, v(0)=v(1)=0\right\}.$$

相应的有限元方法为: 寻找 $u_h\in V_h$, 使

$$A(u_h,v_h)=f(v_h), \quad v_h\in V_h. \tag{7.9}$$

对于网格剖分 $\triangle$, 记 $h_i=x_i-x_{i-1}$, $h=\max\limits_{1\leqslant i\leqslant L} h_i$. 令 $e=(0,h)$, 记插值算子 Π_h 在 e 上的限制为 Π_e, 则

$$\Pi_e v=v(0)\frac{h-x}{h}+v(h)\frac{x}{h},$$

且

$$\begin{aligned}
&\|v-\Pi_e v\|_{L^2(e)}^2=\int_0^h\left(v(x)-v(0)\frac{h-x}{h}-v(h)\frac{x}{h}\right)^2\mathrm{d}x\\
&\leqslant 2\int_0^h (v(x)-v(0))^2\left(\frac{h-x}{h}\right)^2\mathrm{d}x+2\int_0^h (v(x)-v(h))^2\frac{x^2}{h^2}\mathrm{d}x\\
&\leqslant 2\|v'\|_{L^2(e)}^2\left(\int_0^h x\left(\frac{h-x}{h}\right)^2\mathrm{d}x+\int_0^h (h-x)\frac{x^2}{h^2}\mathrm{d}x\right)\\
&=4\|v'\|_{L^2(e)}^2\int_0^h\frac{x^2(h-x)}{h^2}\mathrm{d}x=\frac{h^2}{3}\|v'\|_{L^2(e)}^2.
\end{aligned}$$

因此, 有估计

$$\|v-\Pi_{e_i}v\|_{L^2(e_i)}\leqslant\frac{\sqrt{3}}{3}h_i\|v'\|_{L^2(e_i)}. \tag{7.10}$$

对任意的 $v\in V$, 有

$$\begin{aligned}
A(u-u_h,v)&=A(u,v)-A(u_h,v)\\
&=\int_0^1 fv\mathrm{d}x-\sum_{i=1}^L\int_{x_{i-1}}^{x_i}(u_h'v'+cu_hv)\mathrm{d}x\\
&=\sum_{i=1}^L\int_{e_i}(f+u_h''-cu_h)v\mathrm{d}x+\sum_{i=1}^L\left[u_h'\right](x_i)v(x_i),
\end{aligned}$$

式中

$$[u_h'](x_i) = u_h'(x_i+0) - u_h'(x_i-0).$$

注意, 有限元函数 u_h 在节点 $x=x_i$ 处连续, 而其导函数则未必连续. 但最后的间断项可利用 Galerkin 正交性 $A(u-u_h,\Pi_h v)=0$ 消去, 即

$$A(u-u_h,v) = A(u-u_h,v-\Pi_h v) = \sum_{i=1}^{L}\int_{e_i}(f+u_h''-cu_h)(v-\Pi_h v)\,\mathrm{d}x.$$

由估计式 (7.10) 知

$$A(u-u_h,v) \leqslant \frac{\sqrt{3}}{3}\sum_{i=1}^{L} h_i\|R(u_h)\|_{L^2(e_i)}\cdot\|v'\|_{L^2(e_i)},$$

式中,

$$R(u_h) = f + u_h'' - cu_h.$$

特取 $v=u-u_h\in H_0^1(0,1)$, 则知

$$\|(u-u_h)'\|_{L^2(0,1)}^2 \leqslant \frac{\sqrt{3}}{3}\left(\sum_{i=1}^{L}h_i^2\|R(u_h)\|_{L^2(e_i)}^2\right)^{1/2}\|(u-u_h)'\|_{L^2(0,1)},$$

即

$$\|(u-u_h)'\|_{L^2(0,1)} \leqslant \frac{\sqrt{3}}{3}\left(\sum_{i=1}^{L}h_i^2\|R(u_h)\|_{L^2(x_{i-1},x_i)}^2\right)^{1/2}. \tag{7.11}$$

定理 7.3 对于有限元方法 (7.9), 成立后验误差估计 (7.11).

(7.11) 式中的 $R(u_h)=f+u_h''-cu_h$ 恰是数值解关于原方程的残差, 因而这种估计也称为残差型后验误差估计. 有关后验误差估计的详细讨论, 可参见本章文献 [9–11].

7.3.3 自适应有限元方法

根据后验误差估计 (7.11), 可以给出如下的自适应有限元方法.

设 $\varepsilon, \eta \in (0,1)$ 为常数, 记 $k=-1$, 初始网格剖分为

$$\triangle_0 : 0 = x_1^{(0)} \leqslant x_2^{(0)} \leqslant \cdots \leqslant x_{L_0}^{(0)} = 1,$$

并令

$$e_i^{(0)} = (x_{i-1}^{(0)}, x_i^{(0)}), \quad h_i^{(0)} = x_i^{(0)} - x_{i-1}^{(0)}, \quad i = 1, 2, \cdots, L_0.$$

自适应有限元方法的计算步骤如下:

步骤 1　令 $k := k+1$, 求出相应的有限元解 $u_h^{(k)}$. 如果 $u_h^{(k)}$ 满足

$$\frac{\sqrt{3}}{3}\left(\sum_{i=1}^{L_k}\left(h_i^{(k)}\right)^2\left\|R\left(u_h^{(k)}\right)\right\|^2_{L^2\left(x_{i-1}^{(k)}, x_i^{(k)}\right)}\right)^{1/2} < \varepsilon,$$

则停止, 否则转至下一步.

步骤 2　使用 Dörfler 策略[9−11] 标记细分单元, 即寻找单元 $\{e_{i_j}^{(k)}\}_{j=1}^{j_k}$ 使其满足

$$\begin{aligned}&\left(\sum_{j=1}^{j_k}(h_{i_j}^{(k)})^2\left\|R\left(u_h^{(k)}\right)\right\|^2_{L^2(e_{i_j}^{(k)})}\right)^{1/2}\\ \geqslant\ & \eta\left(\sum_{i=1}^{L_k}(h_i^{(k)})^2\left\|R\left(u_h^{(k)}\right)\right\|^2_{L^2(e_i^{(k)})}\right)^{1/2}.\end{aligned} \tag{7.12}$$

然后, 对这些单元进行二分细分, 得新网格剖分 $\triangle_{k+1}$, 转步骤 1.

7.4　二维椭圆问题的有限元方法

考虑问题:

$$\begin{cases}-\Delta u = f, & (x,y) \in \Omega,\\ \partial_{\boldsymbol{n}} u + \alpha u = g, & (x,y) \in \partial\Omega.\end{cases}$$

假设 $\alpha(x,y) \geqslant 0$, 且 $\alpha(x,y)$ 不恒为 0. 它的等价 Galerkin 变分原理为: 求 $u \in H^1(\Omega)$, 使

$$A(u,v) = F(v), \quad v \in H^1(\Omega),$$

式中,

$$A(u,v)=\int_{\Omega}\nabla u\cdot\nabla v\mathrm{d}x\mathrm{d}y+\int_{\partial\Omega}\alpha uv\mathrm{d}s,$$

$$F(v)=\int_{\Omega}fv\mathrm{d}x\mathrm{d}y+\int_{\partial\Omega}gv\mathrm{d}s.$$

对于如下 Neumann 边界条件问题:

$$\begin{cases}-\Delta u=f, & (x,y)\in\Omega,\\ \partial_{\boldsymbol{n}}u=g, & (x,y)\in\partial\Omega,\end{cases}$$

其解不一定存在, 要有解则应满足相容性条件

$$\int_{\Omega}(-\Delta u)\cdot 1\mathrm{d}x\mathrm{d}y=\int_{\Omega}f\mathrm{d}x\mathrm{d}y,$$

即

$$\int_{\Omega}f\mathrm{d}x\mathrm{d}y+\int_{\partial\Omega}g\mathrm{d}s=0.$$

该条件是问题有解的必要条件, 实际上也是充分条件.

7.4.1 单元剖分及试探函数空间的形成

为研究方便, 设 Ω 为平面多角形区域. 首先对区域 Ω 进行三角剖分, 满足:

(1) 任一三角形单元只能与相邻三角形单元共边或共顶点;

(2) 每一个三角形单元不可太尖或太钝, 大小亦不可相差太大;

(3) 多角形区域的角点均应为单元顶点;

(4) 三角形单元充满整体多角形区域.

对单元编号: 设有 NE 个单元, 记为 $e_k, k=1,2,\cdots,NE$.

对顶点编号: 设有 NP 个顶点, 记为 $P_i=(x_i,y_i), i=1,2,\cdots,NP$. 记三角形单元的最大直径为 h.

定义 7.1 有限元空间 U_h 为基于以上三角单元剖分的连续分片线性函数全体所构成的有限维空间 $(\dim U_h=NP)$.

下面是 $v \in U_h$ 的具体结构:

(1) 从整体看, 当 ϕ_i 为在顶点 P_i 处取值为 1, 其他顶点处取值为 0 的连续分片线性函数, $i = 1, 2, \cdots, NP$ 时, $v = \sum_{i=1}^{NP} v(P_i)\phi_i$. 显然 ϕ_i 的支集很小, 形如小山, 故也称为山形函数.

(2) 从局部考察 v 在任一单元 e 上的结构. 设 $e = \Delta P_i P_j P_m$ (逆时间方向), $v|_e = ax + by + c$, 满足条件

$$\begin{aligned} ax_i + by_i + c &= v(P_i) =: v_i, \\ ax_j + by_j + c &= v(P_j) =: v_j, \\ ax_m + by_m + c &= v(P_m) =: v_m, \end{aligned}$$

亦即

$$\begin{bmatrix} x_i & y_i & 1 \\ x_j & y_j & 1 \\ x_m & y_m & 1 \end{bmatrix} \begin{bmatrix} a \\ b \\ c \end{bmatrix} = \begin{bmatrix} v_i \\ v_j \\ v_m \end{bmatrix}.$$

记

$$\triangle_e = \frac{1}{2} \begin{vmatrix} x_i & y_i & 1 \\ x_j & y_j & 1 \\ x_m & y_m & 1 \end{vmatrix}$$

为三角形 e 的面积, 由 Cramer (克拉默) 法则可求得

$$a = \frac{1}{2\triangle_e} \sum_{l=i,j,m} \overline{a}_l v_l, \quad b = \frac{1}{2\triangle_e} \sum_{l=i,j,m} \overline{b}_l v_l, \quad c = \frac{1}{2\triangle_e} \sum_{l=i,j,m} \overline{c}_l v_l.$$

从而有

$$\begin{aligned} v|_e &= \frac{1}{2\triangle_e} \left(\overline{a}_i v_i + \overline{a}_j v_j + \overline{a}_m v_m\right) x + \frac{1}{2\triangle_e} \left(\overline{b}_i v_i + \overline{b}_j v_j + \overline{b}_m v_m\right) y \\ &\quad + \frac{1}{2\triangle_e} \left(\overline{c}_i v_i + \overline{c}_j v_j + \overline{c}_m v_m\right) \\ &= N_i v_i + N_j v_j + N_m v_m, \end{aligned}$$

式中 N_i, N_j, N_m 为线性基函数:

$$\begin{cases} N_i = \dfrac{1}{2\triangle_e}\left(\overline{a}_i x + \overline{b}_i y + \overline{c}_i\right), \\ N_j = \dfrac{1}{2\triangle_e}\left(\overline{a}_j x + \overline{b}_j y + \overline{c}_j\right), \\ N_m = \dfrac{1}{2\triangle_e}\left(\overline{a}_m x + \overline{b}_m y + \overline{c}_m\right). \end{cases}$$

显然, 它们满足性质

$$\begin{cases} N_i + N_j + N_m = 1, \\ x_i N_i + x_j N_j + x_m N_m = x, \\ y_i N_i + y_j N_j + y_m N_m = y, \end{cases}$$

且

$$N_l(v_k) = \delta_{lk} = \begin{cases} 1, & l = k, \\ 0, & l \neq k. \end{cases}$$

为了方便, 重新记 $N_k := a_k x + b_k y + c_k, k = i, j, m$, 其中

$$a_k = \frac{1}{2\triangle_e}\bar{a}_k, \quad b_k = \frac{1}{2\triangle_e}\bar{b}_k, \quad c_k = \frac{1}{2\triangle_e}\bar{c}_k.$$

7.4.2 有限元方程的形成

在一维问题中, 我们已经给出了如何由 $A(u_h, v_h) = F(v_h)$ 获得线性方程组 $\boldsymbol{Ax} = \boldsymbol{b}$ 的子结构方法, 该方法同样适用于二维情形. 此时

$$A(u_h, v_h) = \sum_{n=1}^{NE} \int_{e_n} \nabla u_h \cdot \nabla v_h \mathrm{d}x\mathrm{d}y + \int_{\partial\Omega} \alpha u_h v_h \mathrm{d}s, \tag{7.13}$$

$$F(v_h) = \sum_{n=1}^{NE} \int_{e_n} f v_h \mathrm{d}x\mathrm{d}y + \int_{\partial\Omega} g v_h \mathrm{d}s.$$

步骤 1 面积分导出的局部刚度矩阵和荷载向量的形成.

设 e_n 为任一三角形单元. 记

$$\left[\overline{K}\right]_{e_n} := \begin{bmatrix} a_i & a_j & a_m \\ b_i & b_j & b_m \end{bmatrix}^{\mathrm{T}} \begin{bmatrix} a_i & a_j & a_m \\ b_i & b_j & b_m \end{bmatrix},$$

$$\{u\}_{e_n} := \begin{bmatrix} u_i \\ u_j \\ u_m \end{bmatrix}, \quad \{v\}_{e_n} := \begin{bmatrix} v_i \\ v_j \\ v_m \end{bmatrix}.$$

考虑到限制在单元 e_n 上时有 $u_h = \sum\limits_{l=i,j,m} N_l u_l$ 和 $v_h = \sum\limits_{l=i,j,m} N_l v_l$, 于是

$$\begin{aligned}
&\int_{e_n} \nabla u_h \cdot \nabla v_h \mathrm{d}x\mathrm{d}y \\
&= \int_{e_n} \nabla\left(N_i u_i + N_j u_j + N_m u_m\right) \cdot \nabla\left(N_i v_i + N_j v_j + N_m v_m\right) \mathrm{d}x\mathrm{d}y \\
&= \int_{e_n} \begin{bmatrix} a_i u_i + a_j u_j + a_m u_m \\ b_i u_i + b_j u_j + b_m u_m \end{bmatrix} \cdot \begin{bmatrix} a_i v_i + a_j v_j + a_m v_m \\ b_i v_i + b_j v_j + b_m v_m \end{bmatrix} \mathrm{d}x\mathrm{d}y \\
&= \left(\begin{bmatrix} a_i & a_j & a_m \\ b_i & b_j & b_m \end{bmatrix} \begin{bmatrix} u_i \\ u_j \\ u_m \end{bmatrix} \right)^{\mathrm{T}} \left(\begin{bmatrix} a_i & a_j & a_m \\ b_i & b_j & b_m \end{bmatrix} \begin{bmatrix} v_i \\ v_j \\ v_m \end{bmatrix} \right) \triangle_{e_n} \\
&= \begin{bmatrix} u_i \\ u_j \\ u_m \end{bmatrix}^{\mathrm{T}} \begin{bmatrix} a_i & a_j & a_m \\ b_i & b_j & b_m \end{bmatrix}^{\mathrm{T}} \begin{bmatrix} a_i & a_j & a_m \\ b_i & b_j & b_m \end{bmatrix} \begin{bmatrix} v_i \\ v_j \\ v_m \end{bmatrix} \triangle_{e_n} \\
&= \left(\left[\overline{K}\right]_{e_n} \{u\}_{e_n}, \{v\}_{e_n} \right) \triangle_{e_n}.
\end{aligned}$$

类似地, 也有

$$\int_{e_n} f v_h \mathrm{d}x\mathrm{d}y = \int_{e_n} f\left(N_i v_i + N_j v_j + N_m v_m\right) \mathrm{d}x\mathrm{d}y = \left(\{F\}_{e_n}, \{v\}_{e_n}\right).$$

步骤 2 边界积分导出的局部刚度矩阵和荷载向量的形成.

还需处理由单元边界积分导出的局部刚度矩阵和荷载向量. 由双线性型的定义, 只须计算位于求解区域边界的线单元上的积分即可. 设 γ_n 为对应单元 e_n 的边, 则有

$$\int_{\partial\Omega} \alpha u_h v_h \mathrm{d}s = \sum_n \int_{\gamma_n} \alpha u_h v_h \mathrm{d}s.$$

我们要计算

$$\int_{\gamma_n} \alpha u_h v_h \mathrm{d}s = \int_{\gamma_n} \alpha \left(N_i u_i + N_j u_j + N_m u_m\right)\left(N_i v_i + N_j v_j + N_m v_m\right) \mathrm{d}s. \tag{7.14}$$

不妨设 γ_n 的两个端点为 P_i 和 P_j (逆时针), 其长度记为 l. 显然 N_i 限制在 γ_n 上恰为一维情形的基函数, 即满足 $N_i(P_i)=1, N_i(P_j)=0, i\neq j$. 设 γ_n 上任一点到 P_i 的距离为 t, 则 N_i, N_j, N_m 在参数 t 下可表示为

$$N_i(t)=\frac{l-t}{l}, \quad N_j(t)=\frac{t}{l}, \quad N_m(t)=0.$$

因此可将 (7.14) 式重写为

$$\int_0^l \alpha\left(\frac{l-t}{l}u_i+\frac{t}{l}u_j\right)\left(\frac{l-t}{l}v_i+\frac{t}{l}v_j\right)\mathrm{d}t=\left(\left[\overline{\overline{K}}\right]_{e_n}\{u\}_{e_n},\{v\}_{e_n}\right).$$

类似有

$$\int_{\gamma_n} g v_h \mathrm{d}s = \int_0^l g\left(\frac{l-t}{l}v_i+\frac{t}{l}v_j\right)\mathrm{d}t=\left(\left\{\overline{\overline{F}}\right\}_{e_n},\{v\}_{e_n}\right).$$

步骤 3 总体刚度矩阵和总体荷载向量的形成.

设

$$\left[\overline{K}\right]_{e_n}=\begin{bmatrix} k_{ii}^n & k_{ij}^n & k_{im}^n \\ k_{ji}^n & k_{jj}^n & k_{jm}^n \\ k_{mi}^n & k_{mj}^n & k_{mm}^n \end{bmatrix}, \quad \left\{\overline{F}\right\}_{e_n}=\begin{bmatrix} f_i^n \\ f_j^n \\ f_m^n \end{bmatrix},$$

将它们分别扩充为

$$
\left[\widetilde{K}\right]_{e_n}=\begin{bmatrix} & \vdots & & \vdots & & \vdots & \\ \cdots & k_{ii}^n & \cdots & k_{ij}^n & \cdots & k_{im}^n & \cdots \\ & \vdots & & \vdots & & \vdots & \\ \cdots & k_{ji}^n & \cdots & k_{jj}^n & \cdots & k_{jm}^n & \cdots \\ & \vdots & & \vdots & & \vdots & \\ \cdots & k_{mi}^n & \cdots & k_{mj}^n & \cdots & k_{mm}^n & \cdots \\ & \vdots & & \vdots & & \vdots & \end{bmatrix}_{NP\times NP},
$$

$$
\left\{\widetilde{F}\right\}_{e_n}=\begin{bmatrix} \vdots \\ f_i^n \\ \vdots \\ f_j^n \\ \vdots \\ f_m^n \\ \vdots \end{bmatrix}_{NP\times 1},
$$

即 $\left[\overline{K}\right]_{e_n}$ 中的 9 个元素分布在 $\left[\widetilde{K}\right]_{e_n}$ 的第 i, j, m 行和第 i, j, m 列, $\left\{\overline{F}\right\}_{e_n}$ 中的 3 个元素分布在 $\left\{\widetilde{F}\right\}_{e_n}$ 的第 i, j, m 行, 除此之外 $\left[\widetilde{K}\right]_{e_n}$ 和 $\left\{\widetilde{F}\right\}_{e_n}$ 的其他元素都为零.

若 e_n 的边界有贡献, 类似可将

$$
\left[\overline{\overline{K}}\right]_{e_n}=\begin{bmatrix} \widehat{k}_{ii}^n & \widehat{k}_{ij}^n \\ \widehat{k}_{ji}^n & \widehat{k}_{jj}^n \end{bmatrix},\quad \left\{\overline{\overline{F}}\right\}_{e_n}=\begin{bmatrix} \widehat{f}_i^n \\ \widehat{f}_j^n \end{bmatrix}
$$

分别扩充为

$$
\left[\widehat{K}\right]_{e_n}=\begin{bmatrix} & \vdots & & \vdots & \\ \cdots & \widehat{k}_{ii}^n & \cdots & \widehat{k}_{ij}^n & \cdots \\ & \vdots & & \vdots & \\ \cdots & \widehat{k}_{ji}^n & \cdots & \widehat{k}_{jj}^n & \cdots \\ & \vdots & & \vdots & \end{bmatrix}_{NP\times NP},\quad \left\{\widehat{F}\right\}_{e_n}=\begin{bmatrix} \vdots \\ \widehat{f}_i^n \\ \vdots \\ \widehat{f}_j^n \\ \vdots \end{bmatrix}_{NP\times 1}.
$$

令

$$[K]_{e_n}=\left[\widetilde{K}\right]_{e_n}+\left[\widehat{K}\right]_{e_n},\quad \{F\}_{e_n}=\left\{\widetilde{F}\right\}_{e_n}+\left\{\widehat{F}\right\}_{e_n}.$$

若 e_n 的边界无贡献, 后一项取消. 通过叠加, 我们就得到总体刚度矩阵 $\boldsymbol{K}$ 和总体荷载向量 $\boldsymbol{F}$, 即

$$\boldsymbol{K}=\sum_{n=1}^{NP}[K]_{e_n},\quad \boldsymbol{F}=\sum_{n=1}^{NP}\{F\}_{e_n}.$$

注 7.2 若用有限元求解发展型方程 (抛物型或双曲型), 还需要计算与 (7.13) 式中的项 $\int_{e_n}\nabla u_h\cdot\nabla v_h\mathrm{d}x\mathrm{d}y$ 相似的项 $\int_{e_n}u_hv_h\mathrm{d}x\mathrm{d}y$, 以获得质量矩阵. 采用以上类似的做法可知

$$\begin{aligned}
&\int_{e_n}u_hv_h\mathrm{d}x\mathrm{d}y\\
=&\int_{e_n}(N_iu_i+N_ju_j+N_mu_m)\cdot(N_iv_i+N_jv_j+N_mv_m)\,\mathrm{d}x\mathrm{d}y\\
=&\int_{e_n}\begin{bmatrix}u_i\\u_j\\u_m\end{bmatrix}^{\mathrm{T}}(N_i,N_j,N_m)^{\mathrm{T}}(N_i,N_j,N_m)\begin{bmatrix}v_i\\v_j\\v_m\end{bmatrix}\mathrm{d}x\mathrm{d}y\\
=&\left(\left[\overline{M}\right]_{e_n}\{u\}_{e_n},\{v\}_{e_n}\right)\triangle_{e_n},
\end{aligned}$$

式中,

$$\left[\overline{M}\right]_{e_n}:=\begin{bmatrix}\int_{e_n}N_iN_i\mathrm{d}x\mathrm{d}y & \int_{e_n}N_iN_j\mathrm{d}x\mathrm{d}y & \int_{e_n}N_iN_m\mathrm{d}x\mathrm{d}y\\ \int_{e_n}N_jN_i\mathrm{d}x\mathrm{d}y & \int_{e_n}N_jN_j\mathrm{d}x\mathrm{d}y & \int_{e_n}N_jN_m\mathrm{d}x\mathrm{d}y\\ \int_{e_n}N_mN_i\mathrm{d}x\mathrm{d}y & \int_{e_n}N_mN_j\mathrm{d}x\mathrm{d}y & \int_{e_n}N_mN_m\mathrm{d}x\mathrm{d}y\end{bmatrix},$$

$$\{u\}_{e_n}:=\begin{bmatrix}u_i\\u_j\\u_m\end{bmatrix},\quad \{v\}_{e_n}:=\begin{bmatrix}v_i\\v_j\\v_m\end{bmatrix}.$$

利用以上公式可以求得单元质量矩阵 $\left[\overline{M}\right]_{e_n}$ 为

$$\left[\overline{M}\right]_{e_n} = \frac{1}{12}\triangle_{e_n}\begin{bmatrix}2 & 1 & 1\\ 1 & 2 & 1\\ 1 & 1 & 2\end{bmatrix}.$$

与获得 $\left[\widetilde{K}\right]_{e_n}$ 类似, 我们将 $\left[\overline{M}\right]_{e_n}$ 扩充为 $\left[\widetilde{M}\right]_{e_n}$, 再通过叠加得到总体质量矩阵 $\boldsymbol{M}$, 即

$$\boldsymbol{M} = \sum_{n=1}^{NP}\left[\widetilde{M}\right]_{e_n}. \tag{7.15}$$

7.4.3　约束条件处理

若需求解的问题为

$$\begin{cases}-\Delta u = f, & (x,y)\in\Omega,\\ u|_{\partial\Omega} = 0,\end{cases}$$

可知容许函数空间的函数 v_h 应满足在 $\partial\Omega$ 上有 $v_h = 0$. 此时和一维问题有限元方法一样, 只须删除无约束条件时所得总刚度矩阵 $\boldsymbol{K}$ 相应于带约束条件的节点编号对应的行和列, 即可得到有限元线性方程组对应的系数矩阵. 类似可由无约束条件时所得总荷载向量 $\boldsymbol{F}$ 获得有限元线性方程组对应的右端向量.

7.4.4　单元积分的计算

若求解的问题为

$$\begin{cases}-\nabla\left(k\left(x,y\right)\nabla u\right) = f, & (x,y)\in\Omega,\\ u|_{\partial\Omega} = 0,\end{cases}$$

则 $V = H_0^1(\Omega)$, 且

$$A(u,v) = \int_\Omega k\nabla u\cdot\nabla v\mathrm{d}x\mathrm{d}y, \quad F(v) = \int_\Omega fv\mathrm{d}x\mathrm{d}y.$$

对线性有限元, $\nabla u_h \cdot \nabla v_h$ 在单元 e_n 为常数, 因此

$$\int_{e_n} k\nabla u_h \cdot \nabla v_h \mathrm{d}x\mathrm{d}y = \int_{e_n} k(x,y)\mathrm{d}x\mathrm{d}y\,(\nabla u_h \cdot \nabla v_h)\,|_{e_n}.$$

当 $k(x,y)$ 为多项式情形时, 可通过引入重心坐标来精确计算. 简记 e_n 为 e, 其以 P_1, P_2 和 P_3 为顶点 (逆时针排列). 对三角形内的任意一点 $P(x,y)$, 记

$$\lambda_1 = \frac{|\triangle PP_3P_2|}{|\triangle P_1P_2P_3|}, \quad \lambda_2 = \frac{|\triangle P_1P_3P|}{|\triangle P_1P_2P_3|}, \quad \lambda_3 = \frac{|\triangle P_1PP_2|}{|\triangle P_1P_2P_3|},$$

式中, 对一给定点集 $E, |E|$ 表示它的测度, 则易知

$$\begin{cases} x = x_1\lambda_1 + x_2\lambda_2 + x_3\lambda_3, \\ y = y_1\lambda_1 + y_2\lambda_2 + y_3\lambda_3, \end{cases} \quad \lambda_1 + \lambda_2 + \lambda_3 = 1,$$

式中, P_i 坐标为 $(x_i, y_i), i = 1,2,3$. 做变换 $(x,y) \Leftrightarrow (\lambda_1, \lambda_2)$, 则 (x,y) 平面内的任意三角形变成一个等腰直角三角形 $\widehat{e}$, 称后者为标准参考元. 在该变换下, 有

$$\begin{aligned} \int_e k(x,y)\,\mathrm{d}x\mathrm{d}y &= \int_{\widehat{e}} \widehat{k}(\lambda_1,\lambda_2,\lambda_3)\,J\mathrm{d}\lambda_1\mathrm{d}\lambda_2 \\ &= 2\triangle_e \int_{\widehat{e}} \widehat{k}(\lambda_1,\lambda_2,\lambda_3)\mathrm{d}\lambda_1\mathrm{d}\lambda_2, \end{aligned}$$

式中, J 为变换的 Jacobi 行列式, 显然等于面积比: $\dfrac{\triangle_e}{1/2} = 2\triangle_e$. 根据 Beta (贝塔) 函数和 Gamma (伽马) 函数的关系, 可得

$$\begin{aligned} &\int_{\widehat{e}} \lambda_1^{\alpha_1}\lambda_2^{\alpha_2}\lambda_3^{\alpha_3}\mathrm{d}\lambda_1\mathrm{d}\lambda_2 \\ &= \int_0^1 \mathrm{d}\lambda_1 \int_0^{1-\lambda_1} \lambda_1^{\alpha_1}\lambda_2^{\alpha_2}\,(1-\lambda_1-\lambda_2)^{\alpha_3}\,\mathrm{d}\lambda_2 \\ &= \int_0^1 \lambda_1^{\alpha_1}\,(1-\lambda_1)^{\alpha_2+\alpha_3+1}\,\mathrm{d}\lambda_1 \int_0^1 t^{\alpha_2}\,(1-t)^{\alpha_3}\,\mathrm{d}t \\ &= \frac{\alpha_1!\alpha_2!\alpha_3!}{(\alpha_1+\alpha_2+\alpha_3+2)!}. \end{aligned}$$

对于一般情形, 积分项一般用数值积分处理. 如图 7.4 所示, 设 a 为三角形 e 的重心, 而 $\{m_i\}_{i=1}^3$ 为三角形 e 的三条边的中点, 则成立如下求积公式:

$$\int_e f(x,y)\mathrm{d}x\mathrm{d}y \approx f(a)|e|, \tag{7.16}$$

$$\int_e f(x,y)\mathrm{d}x\mathrm{d}y \approx \frac{|e|}{3}(f(m_1)+f(m_2)+f(m_3)). \tag{7.17}$$

可以证明, 当 $f\in\mathbb{P}_1(e)$, (7.16) 式是精确的, 而当 $f\in\mathbb{P}_2(e)$, (7.17) 式是精确的.

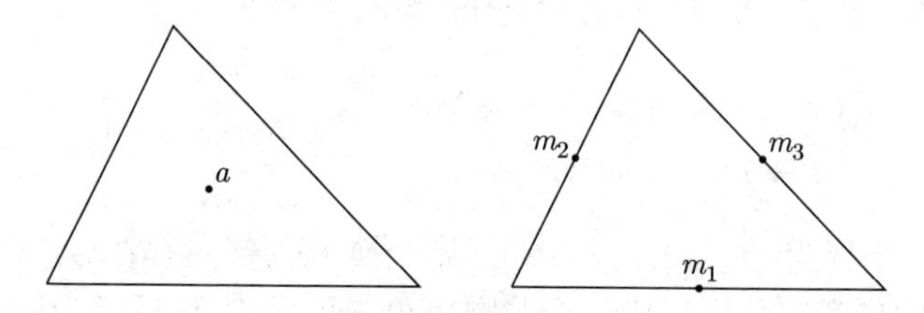

图 7.4 数值积分公式求积节点示意图

习 题 7

7.1 用 4 个长度相等的线性元求解边值问题:

$$\begin{cases} -\dfrac{\mathrm{d}^2u}{\mathrm{d}x^2}=\sin x+\cos x, & 0<x<1, \\ u(0)=u(1)=0. \end{cases}$$

7.2 考虑问题:

$$\begin{cases} -u''+au=f(x), & 0<x<1, \\ u(0)=0,\ u'(1)=0, \end{cases}$$

式中 $a\geqslant 0$ 是常数.

(1) 对均匀剖分, 计算线性元给出的方程组的系数矩阵.

(2) 利用求解问题的差分方法在最大模意义下的误差估计来导出有限元方法的相应误差估计.

7.3 在习题 7.2 中令 $a=0$, 考察有限元格式与有限差分格式之间的关系.

7.4 给出一维问题的高次有限元插值的基函数, 并导出相应的插值算子误差估计.

7.5 设 $u(x)=x^2$, $x\in\Omega=(0,1)$. 证明: 对

$$\|u-\Pi_h u\|_{0,\Omega}=\min,\quad \|u-\Pi_h u\|_{0,\infty,\Omega}=\min,$$
$$\|u-\Pi_h u\|_{1,\Omega}=\min$$

的最优网格剖分为均匀剖分, 式中 Π_h 是连续分段线性插值算子.

7.6 在习题 7.5 的条件下, 证明:

$$\inf_{\alpha_i}\left\|u-\sum_{i=0}^{J}\alpha_i g_i\right\|_{0,\infty,\Omega}=O(4^{-(J+1)}),$$

这里

$$g_0(x)=x,\quad g_1(x)=\begin{cases}2x, & 0\leqslant x<1/2,\\ 2(1-x), & 1/2\leqslant x\leqslant 1,\end{cases}$$
$$g_k(x)=g_1\circ g_{k-1},\quad k\geqslant 2.$$

(提示: 使用习题 7.5 的结论, 并考察 $g_k(x)$ 的图像.)

7.7 设 Π_e 为定义在 $e=(0,h)$ 上的线性插值算子.

(1) 求证: 成立恒等式

$$\|v'\|_{0,e}^2=\|(v-\Pi_e v)'\|_{0,e}^2+\|(\Pi_e v)'\|_{0,e}^2,\quad v\in H^1(e).$$

(2) 利用 Fourier 分析的方法证明: 以下估计式

$$\|v-\Pi_e v\|_{0,e}\leqslant\frac{h}{\pi}\|v'\|_{0,e},\quad v\in H^1(e)$$

成立.

7.8 验证三角形单元 e 的面积为

$$\triangle_e=\frac{1}{2}\begin{vmatrix}x_i & y_i & 1\\ x_j & y_j & 1\\ x_m & y_m & 1\end{vmatrix},$$

式中, (x_i,y_i), (x_j,y_j) 和 (x_m,y_m) 是 e 的三个顶点的坐标, 而顶点的编号 (i,j,m) 是逆时针排列的.

7.9 给定单元 e, 利用 7.4.4 小节的仿射变换计算一般函数的积分 (写成累次积分的形式)

$$\int_e f(x,y)\mathrm{d}x\mathrm{d}y,$$

并对具体的函数用数值积分求解.

7.10 尝试给出四面体 e 的重心坐标 $(\lambda_1,\lambda_2,\lambda_3,\lambda_4)$, 式中 $\lambda_i=\lambda_i(x,y,z)$, 并计算

$$\int_e \lambda_1^\alpha\lambda_2^\beta\lambda_3^\gamma\lambda_4^\delta \mathrm{d}x\mathrm{d}y\mathrm{d}z.$$

7.11 对于 Poisson 方程的第三类边值问题:

$$\begin{cases} -\Delta u=f, & (x,y)\in\Omega, \\ \partial_{\boldsymbol{n}}u+\alpha u=g, & (x,y)\in\partial\Omega, \end{cases}$$

式中 $\boldsymbol{n}$ 为区域 Ω 的单位外法线方向, α 是一个不恒为零的非负连续函数, 求证: 若用三角形线性元求解, 有限元线性方程组的系数矩阵是一个对称正定矩阵.

7.12 给定 Poisson 方程的非齐次 Dirichlet 边值问题:

$$\begin{cases} -\Delta u=f, & (x,y)\in\Omega, \\ u=g, & (x,y)\in\partial\Omega. \end{cases}$$

若用三角形线性元求解, 试给出相应的求解步骤.

参 考 文 献

[1] 杜其奎, 陈金如. 有限元方法的数学理论 [M]. 北京: 科学出版社, 2012.

[2] 胡健伟, 汤怀民. 微分方程数值方法 [M]. 2 版. 北京: 科学出版社, 2007.

[3] 陆金甫, 关治. 偏微分方程数值解法 [M]. 2 版. 北京: 清华大学出版社, 2004.

[4] 李开泰, 黄艾香, 黄庆怀. 有限元方法及其应用 [M]. 北京: 科学出版社, 2006.

[5] 李荣华, 冯果忱. 微分方程数值解法 [M]. 3 版. 北京: 高等教育出版社, 1996.

[6] 李治平. 偏微分方程数值解讲义 [M]. 北京: 北京大学出版社, 2010.

[7] 王烈衡, 许学军. 有限元方法的数学基础 [M]. 北京: 科学出版社, 2004.

[8] Ciarlet P G. The finite element method for elliptic problems [M]. Amsterdam: North-Holland, 1978.

[9] Chen Z M, Wu H J. Selected topics in finite element methods [M]. Beijing: Science Press, 2010.

[10] Brenner S C, Scott L R. The mathematical theory of finite element methods [M]. 3rd ed. New York: Springer-Verlag, 2008.

[11] Verfürth R. A posteriori error estimation techniques for finite element methods [M]. Oxford: Oxford University Press, 2013.

第八章　椭圆型方程有限元方法的 MATLAB 编程

由于有限元方法保持连续问题物理特性, 适用于求解各类数学物理问题, 因此受到了工业与工程领域的高度重视, 并获得了广泛而深入的应用. 有限元分析的一个重要软件平台是 ANSYS, 有兴趣的读者可参见本章文献 [1] 了解它的用法及在计算力学中的应用. 但基于该软件平台的二次开发有很强的技巧性. 在本章中, 将基于 MATLAB 软件平台, 提供求解二阶 Poisson 方程边值问题的有限元方法实现代码, 相应的有限元使用的是三角形上 $\mathbb{P}_1$ 协调元和平行四边形上 $\mathbb{Q}_1$ 协调元. 相关代码简明易读, 只须使用少数几个数据文件, 且经过简单修改后, 可以用于更为复杂问题的求解, 拓展性很强. 本章的部分内容参考了本章文献 [2] 中的相关介绍.

8.1　模 型 问 题

设 $\Omega \subset \mathbb{R}^2$ 为任一有界多边形区域, 其边界 Γ 分成两不交集 Γ_D 和 Γ_N, 且 $|\Gamma_D| \neq 0$. 对于给定的 $f \in L^2(\Omega)$, $u_D \in H^1(\Omega)$ 和 $g \in L^2(\Gamma_N)$, 欲求 $u \in H^1(\Omega)$ 满足

$$\begin{cases} -\Delta u = f, & \text{在 } \Omega \text{ 中}, & (8.1) \\ u = u_D, & \text{在 } \Gamma_D \text{ 上}, & (8.2) \\ \partial_{\boldsymbol{n}} u = g, & \text{在 } \Gamma_N \text{ 上}. & (8.3) \end{cases}$$

由后文的 Lax–Milgram (拉克斯 – 米尔格拉姆) 定理 (定理 9.1) 易知这个 Poisson 方程带混合边界条件问题的弱解存在且唯一.

非齐次 Dirichlet 条件 (8.2) 可以通过位移变换 $v = u - u_D$ 进行处

理, 于是在 Γ_D 上 $v=0$, 即

$$v \in H_D^1(\Omega) \ := \big\{w \in H^1(\Omega) : w = 0 \text{ 在 } \Gamma_D \text{ 上}\big\}.$$

边值问题 (8.1)—(8.3) 的弱形式为: 求 $v \in H_D^1(\Omega)$, 使得

$$\int_\Omega \nabla v \cdot \nabla w \,\mathrm{d}\boldsymbol{x} = \int_\Omega f w \,\mathrm{d}\boldsymbol{x} + \int_{\Gamma_N} g w \,\mathrm{d}s - \int_\Omega \nabla u_D \cdot \nabla w \mathrm{d}\boldsymbol{x}, \quad w \in H_D^1(\Omega). \tag{8.4}$$

8.1.1 问题的 Galerkin 离散

本节采用标准的 Galerkin 方法离散变分问题 (8.4), 用有限维空间 S 和 $S_D = S \cap H_D^1$ 来分别逼近空间 $H^1(\Omega)$ 和 $H_D^1(\Omega)$. 设 $U_D \in S$ 在 Γ_D 上为 u_D 在 Γ_D 上的近似 (在 Γ_D 上我们定义 U_D 为 u_D 的节点插值). 于是, 相应的离散问题为: 求 $V \in S_D$, 使得

$$\int_\Omega \nabla V \cdot \nabla W \,\mathrm{d}\boldsymbol{x} = \int_\Omega f W \,\mathrm{d}\boldsymbol{x} + \int_{\Gamma_N} g W \,\mathrm{d}s - \int_\Omega \nabla U_D \cdot \nabla W \,\mathrm{d}\boldsymbol{x}, \quad W \in S_D. \tag{8.5}$$

设 $(\eta_1, \eta_2, \cdots, \eta_N)$ 为有限维空间 S 的基, $(\eta_{i_1}, \eta_{i_2}, \cdots, \eta_{i_M})$ 为 S_D 的基, 其中 $I = \{i_1, i_2, \cdots, i_M\} \subseteq \{1, 2, \cdots, N\}$ 为满足 $M \leqslant N-2$ 的指标集. 于是 (8.5) 式等价于

$$\int_\Omega \nabla V \cdot \nabla \eta_j \,\mathrm{d}\boldsymbol{x} = \int_\Omega f \eta_j \,\mathrm{d}\boldsymbol{x} + \int_{\Gamma_N} g \eta_j \,\mathrm{d}s - \int_\Omega \nabla U_D \cdot \nabla \eta_j \,\mathrm{d}\boldsymbol{x}, \quad j \in I. \tag{8.6}$$

进一步, 设

$$V = \sum_{k \in I} v_k \eta_k, \quad U_D = \sum_{k=1}^N U_k \eta_k,$$

则由方程 (8.6) 可得线性方程组

$$\boldsymbol{A}\boldsymbol{v} = \boldsymbol{b}. \tag{8.7}$$

系数矩阵 $\boldsymbol{A} = [A_{jk}]_{\ j,\,k \in I} \in \mathbb{R}^{M \times M}$ 和右端项 $\boldsymbol{b} = [b_j]_{\ j \in I} \in \mathbb{R}^M$ 分别

定义为

$$A_{jk} = \int_\Omega \nabla\eta_j \cdot \nabla\eta_k \mathrm{d}\boldsymbol{x}, \quad j,k \in I, \tag{8.8}$$

$$b_j = \int_\Omega f\eta_j \mathrm{d}\boldsymbol{x} + \int_{\Gamma_N} g\eta_j \mathrm{d}s - \sum_{k=1}^{N} U_k \int_\Omega \nabla\eta_j \cdot \nabla\eta_k \mathrm{d}\boldsymbol{x}, \quad j \in I. \tag{8.9}$$

因为系数矩阵是对称正定的, 所以方程 (8.7) 有唯一解 $\boldsymbol{v} \in \mathbb{R}^M$, 从而可得 Galerkin 解

$$U = U_D + V = \sum_{j=1}^{N} U_j\eta_j + \sum_{k\in I} v_k\eta_k.$$

8.1.2 区域 Ω 的剖分信息

由于区域 Ω 为多角形, $\overline{\Omega}$ 可由三角形和四边形的正规剖分 $\mathcal{T}$ 覆盖, 即 $\overline{\Omega} = \bigcup\limits_{T\in\mathcal{T}} T$, 且每个单元 T 为闭三角形或闭四边形.

正规剖分的含义可见本章文献 [3], 要求网格的节点是三角形或四边形的顶点, 剖分单元不会重叠, 三角形或四边形的边上没有节点, 且单元 $T \in \mathcal{T}$ 中的边 $E \subset \Gamma$ 要么位于 $\overline{\Gamma}_N$, 要么位于 $\overline{\Gamma}_D$.

图 8.1 给出了一个网格剖分的例子, 左侧是剖分的节点坐标, 存储为 `node.mat`. 每一行的格式如下:

x-coordinates y-coordinates,

而行的索引对应节点的编号. 编写代码将区域 Ω 划分为三角形或四边形, 对节点采用逆时针方向编号. `elem3.mat` 包含了每个三角形顶点的编号信息, 每一行格式如下:

node1 node2 node3,

而行的索引对应三角形单元的编号. 类似地, `elem4.mat` 给出了四边形的数据, 采用如下格式:

node1 node2 node3 node4.

elem3.mat		
2	3	13
3	4	13
4	5	15
5	6	15

elem4.mat			
1	2	13	12
12	13	14	11
13	4	15	14
11	14	9	10
14	15	8	9
15	6	7	8

`neumann.mat` 和 `dirichlet.mat` 的每一行给出相应边界边的起点和终点编号:

neumann.mat	
5	6
6	7
1	2
2	3

dirichlet.mat	
3	4
4	5
7	8
8	9
9	10
10	11
11	12
12	1

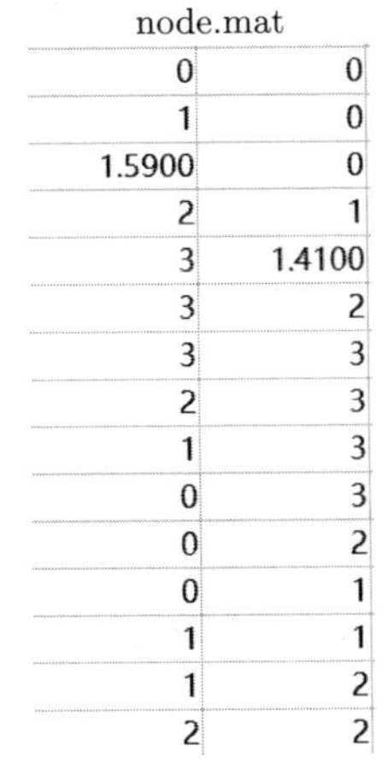

node.mat	
0	0
1	0
1.5900	0
2	1
3	1.4100
3	2
3	3
2	3
1	3
0	3
0	2
0	1
1	1
1	2
2	2

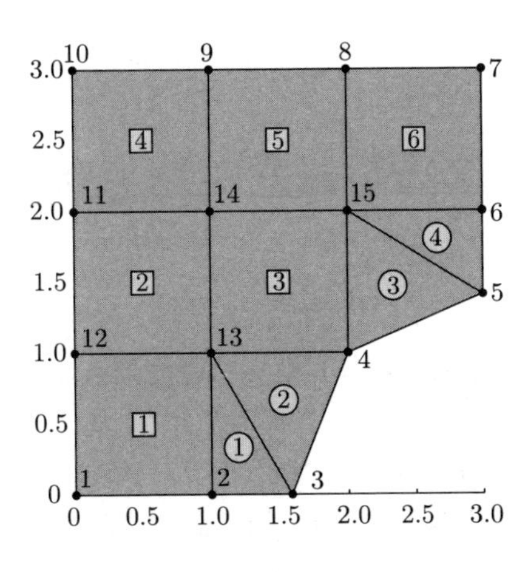

图 8.1 三角形与四边形混合剖分网格示意图

图 8.2 绘出了两类典型的帽子函数 η_j, 它们均可由网格节点定义如下:

$$\eta_j(x_k, y_k) = \delta_{jk}, \quad j, k = 1, 2, \cdots, N.$$

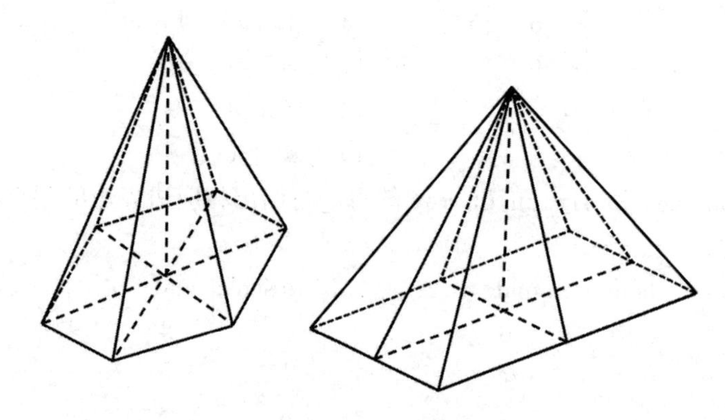

图 8.2　帽子函数

给定有限元空间的基, (8.8) 式与 (8.9) 式中的积分可表示为所有单元及 Γ_N 上的积分之和, 即

$$A_{jk} = \sum_{T \in \mathcal{T}} \int_T \nabla \eta_j \cdot \nabla \eta_k \, \mathrm{d}\boldsymbol{x}, \quad j, k \in I, \tag{8.10}$$

$$\begin{aligned} b_j = & \sum_{T \in \mathcal{T}} \int_T f \eta_j \, \mathrm{d}\boldsymbol{x} + \sum_{E \subset \Gamma_N} \int_E g \eta_j \, \mathrm{d}s \\ & - \sum_{k=1}^{N} U_k \sum_{T \in \mathcal{T}} \int_T \nabla \eta_j \cdot \nabla \eta_k \, \mathrm{d}\boldsymbol{x}, \quad j \in I. \end{aligned} \tag{8.11}$$

8.1.3　刚度矩阵的组装

单元刚度矩阵由相应单元的顶点坐标决定, 并由函数 `stima3.m` 和 `stima4.m` 求出.

对三角形单元 T, 设 (x_1, y_1), (x_2, y_2) 和 (x_3, y_3) 为顶点且 η_1, η_2 和 η_3 分别为 S 中相应的基函数, 即

$$\eta_j(x_k, y_k) = \delta_{jk}, \quad j, k = 1, 2, 3,$$

则可得

$$\eta_j(x,y)=\det\begin{bmatrix}1 & x & y\\ 1 & x_{j+1} & y_{j+1}\\ 1 & x_{j+2} & y_{j+2}\end{bmatrix}\Bigg/\det\begin{bmatrix}1 & x_j & y_j\\ 1 & x_{j+1} & y_{j+1}\\ 1 & x_{j+2} & y_{j+2}\end{bmatrix}, \tag{8.12}$$

且有

$$\nabla\eta_j(x,y)=\frac{1}{2|T|}\begin{bmatrix}y_{j+1}-y_{j+2}\\ x_{j+2}-x_{j+1}\end{bmatrix}.$$

这里, $|T|$ 表示 T 的面积, 即

$$2|T|=\det\begin{bmatrix}x_2-x_1 & x_3-x_1\\ y_2-y_1 & y_3-y_1\end{bmatrix}.$$

单元刚度矩阵 $\boldsymbol{M}$ 的每一元素为

$$\begin{aligned}M_{jk}&=\int_T(\nabla\eta_j)^{\mathrm{T}}\nabla\eta_k\mathrm{d}\boldsymbol{x}\\ &=\frac{|T|}{(2|T|)^2}[y_{j+1}-y_{j+2},\ x_{j+2}-x_{j+1}]\begin{bmatrix}y_{k+1}-y_{k+2}\\ x_{k+2}-x_{k+1}\end{bmatrix},\end{aligned}$$

从而有

$$\boldsymbol{M}=\frac{|T|}{2}\boldsymbol{G}\boldsymbol{G}^{\mathrm{T}},\quad 式中\quad \boldsymbol{G}:=\begin{bmatrix}1 & 1 & 1\\ x_1 & x_2 & x_3\\ y_1 & y_2 & y_3\end{bmatrix}^{-1}\begin{bmatrix}0 & 0\\ 1 & 0\\ 0 & 1\end{bmatrix}.$$

对于三维情形能获得相似的公式. 以下是维数 $d=2$ 和 $d=3$ 时的 MATLAB 子程序 `stima3.m`:

```
1  function M = stima3(vertices)
2  d = size(vertices,2);
3  G =[ones(1,d+1);vertices']\[zeros(1,d);eye(d)];
4  M =det([ones(1,d+1);vertices'])*(G*G')/prod(1:d);
```

对四边形单元 T, 设 $(x_1, y_1), (x_2, y_2), (x_3, y_3), (x_4, y_4)$ 为其顶点且相应的帽子函数为 $\eta_1, \eta_2, \eta_3, \eta_4$. 由于 T 为平行四边形, 因此存在仿射变换

$$\begin{bmatrix} x \\ y \end{bmatrix} = \Phi_T(\xi, \zeta) = \begin{bmatrix} x_2 - x_1 & x_4 - x_1 \\ y_2 - y_1 & y_4 - y_1 \end{bmatrix} \begin{bmatrix} \xi \\ \zeta \end{bmatrix} + \begin{bmatrix} x_1 \\ y_1 \end{bmatrix}$$

将 $[0, 1]^2$ 映射到 T 上. 于是 $\eta_j(x, y) = \varphi_j(\Phi_T^{-1}(x, y))$, 且形函数为

$$\begin{aligned} \varphi_1(\xi, \zeta) &:= (1-\xi)(1-\zeta), & \varphi_2(\xi, \zeta) &:= \xi(1-\zeta), \\ \varphi_3(\xi, \zeta) &:= \xi\zeta, & \varphi_4(\xi, \zeta) &:= (1-\xi)\,\zeta. \end{aligned}$$

由 (8.10) 式, 刚度矩阵 $\boldsymbol{M}$ 的每一元素为

$$\begin{aligned} M_{jk} :=& \int_T \nabla\eta_j(x,y)\ \cdot\nabla\eta_k(x,y)\mathrm{d}x\mathrm{d}y \\ =& \int_{(0,1)^2} (\nabla(\varphi_k \circ \Phi_T^{-1})\ (\Phi_T(\xi,\zeta)))^{\mathrm{T}} \\ & \cdot\nabla(\varphi_j \circ \Phi_T^{-1})\ (\Phi_T(\xi,\zeta))|\det(D\Phi_T)|\mathrm{d}\xi\mathrm{d}\zeta \\ =& \det(D\Phi_T)\int_{(0,1)^2} \nabla\varphi_j(\xi,\zeta)\ ((D\Phi_T)^{\mathrm{T}} D\Phi_T)^{-1}(\nabla\varphi_k(\xi,\zeta))^{\mathrm{T}}\mathrm{d}\xi\mathrm{d}\zeta, \end{aligned}$$

式中, $D\Phi_T$ 为变换的 Jacobi 矩阵. 求出这些积分可得四边形单元的单元刚度矩阵为

$$\begin{aligned} \boldsymbol{M} =& \frac{\det(D\Phi_T)}{6} \\ & \cdot\begin{bmatrix} 3b+2(a+c) & -2a+c & -3b-(a+c) & a-2c \\ -2a+c & -3b+2(a+c) & a-2c & 3b-(a+c) \\ -3b-(a+c) & a-2c & 3b+2(a+c) & -2a+c \\ a-2c & 3b-(a+c) & -2a+c & -3b+2(a+c) \end{bmatrix}, \end{aligned}$$

式中

$$((D\Phi_T)^{\mathrm{T}} D\Phi_T)^{-1} = \begin{bmatrix} a & b \\ c & d \end{bmatrix}.$$

故子程序 `stima4.m` 为

```
1  function M = stima4(vertices)
2  D_Phi = [vertices(2,:)-vertices(1,:); vertices(4,:)
         -vertices(1,:)]';
3  B = inv(D_Phi'*D_Phi);
4  C1 = [2,-2;-2,2]*B(1,1)+[3,0;0,-3]*B(1,2)+[2,1;1,2]*
        B(2,2);
5  C2 = [-1,1;1,-1]*B(1,1)+[-3,0;0,3]*B(1,2)+[-1,-2;-2,-1]
        *B(2,2);
6  M = det(D_Phi)*[C1 C2; C2 C1]/6;
```

8.1.4 右端项的组装

体积力 f 被用来集成右端项. 利用 f 在 T 的重心 (x_S, y_S) 处的值, (8.11) 式中的积分 $\int_T f\eta_j \, \mathrm{d}\boldsymbol{x}$ 能被近似求出, 即

$$\int_T f\eta_j \, \mathrm{d}\boldsymbol{x} \approx \frac{1}{k_T}\det\begin{bmatrix} x_2 - x_1 & x_3 - x_1 \\ y_2 - y_1 & y_3 - y_1 \end{bmatrix} f(x_S, y_S),$$

式中, 若 T 是三角形, 则 $k_T = 6$; 若 T 是平行四边形, 则 $k_T = 4$. 以下程序给出了如何形成由右端项导出的单元荷载:

```
1  % Volume Forces
2  NT3 = size(elem3,1); NT4 = size(elem4,1);
3  for j = 1:NT3
4      index = elem3(j,:);
5      b(index) = b(index) ...
6          + det([1,1,1; node(index,:)']) *f(sum(node
           (index,:))/3)/6;
7  end
8  for j = 1:NT4
```

```
9       index = elem4(j,:);
10      b(index) = b(index) ...
11          + det([1,1,1; node(index(1:3),:)']])*f(sum(node
            (index,:))/4)/4;
12  end
```

MATLAB 函数 f.m 给出函数 f 在 Ω 中给定点处的函数值. 对于图 8.3 中的例子, 我们取

```
1  function VolumeForce = f(x)
2  VolumeForce = ones(size(x,1),1);
```

相似地, Neumann 边界条件能贡献到右端项. 我们可以用 g 在 E 的中点 (x_M, y_M) 处的值来近似 (8.11) 式中的积分 $\int_E g\eta_j \,\mathrm{d}s$, 即

$$\int_E g\eta_j \mathrm{d}s \approx \frac{|E|}{2} g(x_M, y_M),$$

式中 $|E|$ 为 E 的长度. 以下程序给出了如何形成由 Neumann 边界条件导出的总体荷载向量:

```
1  % Neumann conditions
2  for j = 1 :  size(neumann,1)
3      index = neumann(j,:);
4      b(index) = b(index)+norm(node(index(1),:)-...
5         node(index(2),:))  * g(sum(node(index,:))/2)/2;
6  end
```

注意到, 在 MATLAB 中空矩阵的维数为零, 且 1 到 0 的循环是不执行的. 在这些情形下, 就认为不存在 Neumann 边界数据.

根据给定的问题, g 的值由函数 g.m 给出. 函数的自变量为 Γ_N 中的点的坐标, 返回相应的应力. 在图 8.3 的例子中, g.m 取为

```
1  function Stress = g(x)
2  Stress = zeros(size(x,1),1);
```

8.1.5 Dirichlet 条件的处理

由上节的叙述, 对节点适当编号后, 我们可以得到还没有处理 Dirichlet 条件的线性代数方程组:

$$\begin{bmatrix} \boldsymbol{A}_{11} & \boldsymbol{A}_{12} \\ \boldsymbol{A}_{12}^{\mathrm{T}} & \boldsymbol{A}_{22} \end{bmatrix} \begin{bmatrix} \boldsymbol{U} \\ \boldsymbol{U}_D \end{bmatrix} = \begin{bmatrix} \boldsymbol{b} \\ \boldsymbol{b}_D \end{bmatrix}, \tag{8.13}$$

式中 $\boldsymbol{U} \in \mathbb{R}^M$ 表示待求的自由节点处的值, $\boldsymbol{U}_D \in \mathbb{R}^{N-M}$ 表示已知的 Dirichlet 边界上节点处的值. 于是有

$$\boldsymbol{A}_{11}\boldsymbol{U} = \boldsymbol{b} - \boldsymbol{A}_{12}\boldsymbol{U}_D.$$

实际上, 这表示在非 Dirichlet 节点处取 $\boldsymbol{U}_D = \boldsymbol{0}$ 时的公式 (8.6).

既然方程组 (8.13) 中的未知量 $\boldsymbol{b}_D$ 无关紧要, 我们就可以由以下方式处理:

```
1  % Dirichlet conditions
2  N = size(node,1); u = sparse(N,1);
3  u(unique(dirichlet)) = u_d(node(unique(dirichlet),:));
4  b = b - A * u;
```

根据给定的问题, u_D 在 Γ_D 中节点处的值由函数 u_d.m 给出. 函数的自变量为 Γ_D 中的点的坐标. 在此数值例子中, u_d.m 为

```
1  function DirichletBoundaryValue = u_d(x)
2  DirichletBoundaryValue = zeros(size(x,1),1);
```

8.1.6 数值解的计算和显示

方程组 (8.13) 中自由节点形成的系数矩阵 $\boldsymbol{A}_{11}$ 是对称正定的, 在 MATLAB 程序中, 可通过自由节点的编号在总的系数矩阵 $\boldsymbol{A}$ 中提取.

最终获得的方程组可以由 MATLAB 中的运算符 "\" 求解, 而得离散化问题数值解.

```
1  FreeNodes = setdiff(1:N,unique(dirichlet));
2  u(FreeNodes)= A(FreeNodes,FreeNodes)\b(FreeNodes);
```

MATLAB 能高效求解具有对称正定稀疏系数矩阵的线性代数方程组. 函数 show.m 给出数值解的图形表示, 程序如下:

```
1  function show(elem3,elem4,node,u)
2  trisurf(elem3,node(:,1),node(:,2),u','facecolor','interp')
3  hold on
4  trisurf(elem4,node(:,1),node(:,2),u','facecolor','interp')
5  hold off
6  view(10,40);
```

这里, MATLAB 命令 trisurf(ELEMENTS, X, Y, U) 用来画数值解的图像. 矩阵 ELEMENTS 的每一行决定一个多边形, 每一多边形角点的 x, y 和 z 坐标分别由 X, Y 和 U 给定. 多边形的色彩由 U 的值给定. 附加参数 'facecolor', 'interp' 产生插值处理的彩图. 图 8.3 显示了基于 8.1.2 小节给出的网格, 8.1.4 小节和 8.1.5 小节分别给出的文件 f.m, g.m, u_d.m, 通过前述有限元方法所得数值解的图像描述.

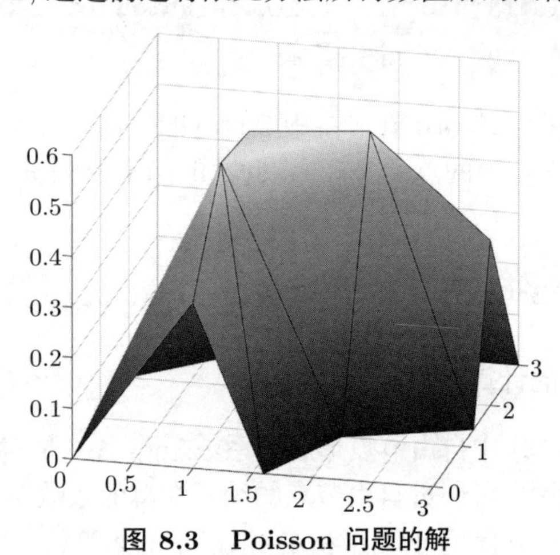

图 8.3 Poisson 问题的解

8.1.7 求解二维 Poisson 问题的完整 MATLAB 程序

下面给出求解二维 Poisson 问题的完整 MATLAB 程序, 主程序为 fem2d.m, 它调用了函数 stima3.m, stima4.m, show.m, 以及描述问题及进行离散的数据文件和函数文件, 包括 node.mat, elem3.mat, elem4.mat, dirichlet.mat, neumann.mat, f.m, g.m, u_d.m. 当采用不同网格剖分下的线性有限元方法求解其他二阶椭圆型微分方程时, 这些文件要进行适当的修改, 但这个过程相对显然, 比较容易实现.

```
1  % FEM2D two-dimensional finite element method for
   Laplacian.
2  % ----- Initialisation ----------
3  load node.mat; load elem3.mat; load elem4.mat;
4  load dirichlet.mat; load neumann.mat;
5  N=size(node,1); NT3=size(elem3,1); NT4=size(elem4,1);
6  FreeNodes = setdiff(1:N,unique(dirichlet));
7  A = sparse(N,N); b = sparse(N,1);
8  % -------- Assembly ---------
9  for j = 1:NT3
10     index = elem3(j,:);
11     A(index,index)=A(index,index)+stima3(node(index,:));
12 end
13 for j = 1:NT4
14     index = elem4(j,:);
15     A(index,index)=A(index,index)+stima4(node(index,:));
16 end
17 % ------- Volume Forces ------
18 for j = 1:NT3
19     index = elem3(j,:);
20     b(index) = b(index) ...
21         +det([1,1,1; node(index,:)']) *f(sum(node
           (index,:))/3)/6;
```

```
22  end
23  for j = 1:NT4
24      index = elem4(j,:);
25      b(index) = b(index) ...
26          +det([1,1,1; node(index(1:3),:)']).*f(sum(node
            (index,:))/4)/4;
27  end
28  % -------- Neumann conditions ---------
29  for j = 1 :  size(neumann,1)
30      index = neumann(j,:);
31      b(index) = b(index)+norm(node(index(1),:)-...
32          node(index(2),:))*g(sum(node(index,:))/2)/2;
33  end
34  % -------- Dirichlet conditions --------
35  u = sparse(N,1);
36  u(unique(dirichlet)) = u_d(node(unique(dirichlet),:));
37  b = b - A * u;
38  % ------- Computation of the solution ------
39  u(FreeNodes) = A(FreeNodes,FreeNodes)\b(FreeNodes);
40  % ---- graphic representation ------
41  show(elem3,elem4,node,full(u));
```

主程序说明如下:

• 3~7 行: 载入网格信息及初始化.

• 9~16 行: 采用两个循环集成刚度矩阵, 其中一个循环针对三角形单元, 另一个循环针对四边形单元.

• 18~27 行: 采用两个循环处理荷载项, 一个循环针对三角形单元, 另一个循环针对四边形单元.

• 29~33 行: 处理 Neumann 边界条件.

• 35~37 行: 处理 Dirichlet 边界条件.

• 39 行: 求解线性代数方程组.

• 41 行: 数值解的图示.

8.2 数 值 实 验

本节给出一些用有限元方法求解一维和二维椭圆型方程的数值算例. 所有程序均在 MATLAB R2018a 上测试通过.

8.2.1 一维椭圆型方程的求解算例

例 8.1 采用线性有限元方法求解以下问题:

$$\begin{cases} -u''(x) = \pi^2 \cos(\pi x), & x \in (0, 0.5), \\ u(0) = 0, u'(0.5) = -\pi. \end{cases}$$

其真解为 $u(x) = \cos(\pi x) - 1$.

对求解域采用均匀剖分, 根据例 7.1 介绍的有限元法编程, 经运行程序获得了数值解 U 的图像及误差 $u - U$ 的图像 (步长为 5×10^{-3}), 见图 8.4.

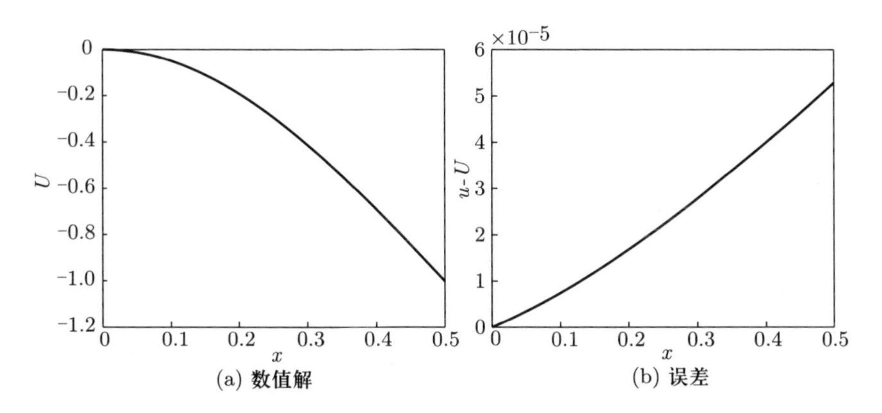

(a) 数值解 (b) 误差

图 8.4 一维问题数值解与误差

该程序的源代码如下所示:

```
1  clc;clear;
2  L = 0.5; % x in (0,0.5);
3  N = 100; M = N+1; % 剖分区间个数与总节点数
4  h = L/N; % 均匀剖分步长
5  x = (0:h:L)'; % 节点坐标
6  K = 1/h*[1,-1;-1,1]; % 单元刚度矩阵
7  A = zeros(M,M); F = zeros(M,1); % 定义整体刚度矩阵与整
       体荷载向量
8  f = @(x) pi^2*cos(pi*x); % 定义右端函数
9  for i = 1:N
10      index = [i,i+1];
11      A(index,index) = A(index,index) + K;% 装配刚度矩阵
12      fe = h/2*[f(x(i));f(x(i+1))];% 单元荷载向量
13      F(index) = F(index)+fe;% 装配荷载向量
14  end
15  A(1,:)  = [];% 本质边界条件处理
16  A(:,1)  = [];% 本质边界条件处理
17  F(M,:)  = F(M,:)-pi;% 自然边界条件处理
18  F(1,:)  = [];% 本质边界条件处理
19  U = A\F; % 求解
20  U = [0;U];
21  figure,
22  plot(x,U,' LineWidth',2);% 数值解图示
23  title('Numerical Solution'); xlabel('x'); ylabel('U');
24  figure,
25  u = cos(pi*x)-1;% 真解
26  error = u-U;% 误差
27  plot(x,error,'LineWidth',2);% 误差图
28  title('Error'); xlabel('x'); ylabel('u-U');
```

8.2.2 二维椭圆型方程的求解算例

例 8.2 采用线性有限元方法求解以下问题:

$$\begin{cases} -\Delta u(x,y) = (\pi^2 y^2 - 2)\sin \pi x, & \text{在 } \Omega \text{ 中}, \\ u = 0, \quad \text{在 } \Gamma_D \text{ 上}, \\ \partial_{\boldsymbol{n}} u = 2\sin(\pi x), \quad \text{在 } \Gamma_N \text{ 上}, \end{cases}$$

式中 $\Omega := (0,1) \times (0,1)$, Neumann 边界 $\Gamma_N := (0,1) \times \{1\}$, Dirichlet 边界 $\Gamma_D := ([0,1] \times \{0\}) \cup (\{0,1\} \times [0,1])$, 问题的真解为

$$u(x,y) = y^2 \sin(\pi x).$$

为了获得求解网格, 可以直接利用 MATLAB 编写代码, 也可利用 MATLAB 自带的偏微分方程工具箱 (PDE Toolbox) 自动生成网格, 这里介绍后者. 在 MATLAB 工作空间的命令行中输入 “pdetool”, 并按回车键即进入偏微分方程工具箱的图形用户界面. 于是可输入正方形求解区域, 并按照 Neumann 边界、Dirichlet 边界的顺序依次对四条边进行标记, 再点击网格剖分按钮生成网格, 最后点击 “Export Mesh” 按钮得到网格信息变量 p, e, t (见注 8.1). 区域的边界标记及网格剖分如图 8.5 所示.

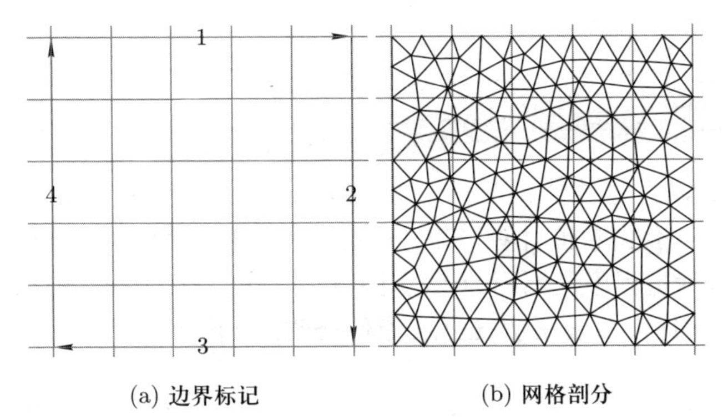

(a) 边界标记　　(b) 网格剖分

图 8.5 边界标记与网格剖分

注: (a) 中 1 对应 Neumann 边界, 其他为 Dirichlet 边界.

注 8.1 MATLAB 网格剖分的关键信息是 p, e, t, 它们分别给出三角剖分点、被剖分后的边界边以及三角单元编号等信息, 我们在本章的最后一节给出这方面的说明. 关于偏微分方程工具箱的使用, 读者可参见本章文献 [4].

我们继续在 MATLAB 工作空间的命令行中运行以下代码, 就得到了与主程序相匹配的数据文件 node.mat, elem3.mat (这里令 elem4 = []):

```
1  % ------ 节点与单元-------
2  load p; load e; load t;
3  node = p'; elem3 = t(1:3,:)'; elem4 = [];
4  % ------ 边界条件-------
5  e = e([1,2,5],:);
6  % Neumann:  边界标记为1
7  id1 = find(e(3,:)==1); neumann = e(1:2,id1)';
8  % Dirichlet
9  id2 = find(e(3,:)>1); dirichlet = e(1:2,id2)';
10  save node node
11  save elem3 elem3
12  save elem4 elem4
13  save dirichlet dirichlet
15  save neumann neumann
```

有了以上这些数据文件, 就可运行 8.1.7 小节中给出的主程序 fem2d.m 以获得数值计算结果. 需要注意的是, 所有这些数据文件及程序 (包括主程序及调用的子程序) 需放在同一目录中. 根据求解问题, 对子程序 f.m, g.m 及 u_d.m 有所修改, 如下所示:

```
1  % f.m
2  function VolumeForce = f(x)
3  VolumeForce = (pi^2*x(2)^2-2)*sin(pi*x(1));
```

```
4
5  % g.m
6  function Stress = g(x)
7  Stress = 2*sin(pi*x(1));
8
9  % u_d.m
10  function DirichletBoundaryValue = u_d(x)
11  DirichletBoundaryValue = zeros(size(x,1),1);
```

图 8.6 给出了数值解 U 的图像.

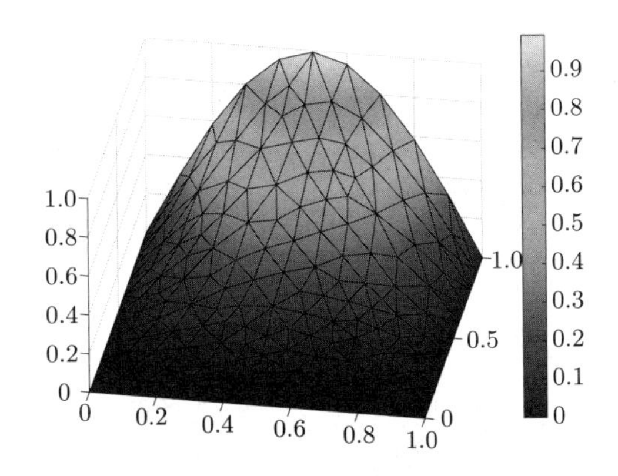

图 8.6 例 8.2 的数值解图示

8.3 MATLAB 网格数据与区域描述

8.3.1 MATLAB 网格数据的使用

MATLAB 提供了三角形网格的生成函数 initmesh 和网格加密函数 refinemesh, 我们希望把 MATLAB 生成的网格纳入前面的编程过程中. 为此, 我们需要节点的坐标和连通性等信息, 这可从两个函数返回的数据 p,e,t 中获得. 下面逐一说明.

我们用图 8.7 说明, 程序如下:

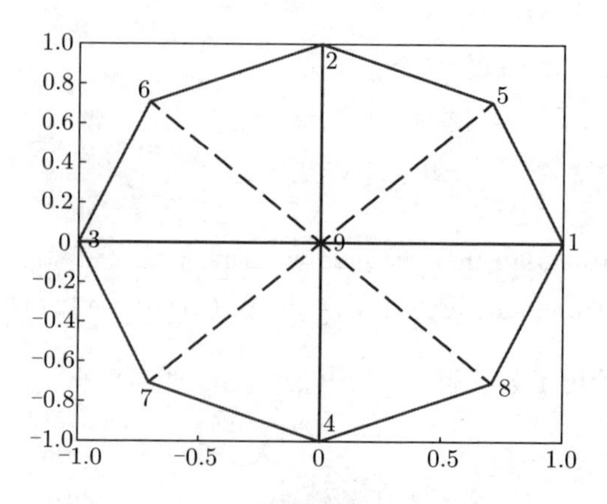

图 8.7 圆形的网格剖分例子

```
1  g='circleg'; % 区域
2  [p,e,t]=initmesh(g,'hmax',1); % 初始化网格
3  figure,pdemesh(p,e,t) % 绘制网格图
4  m=size(p,2);
5  aa=1:m;
6  for i=1:m
7      a1i=num2str(aa(i));
8      text(p(1,i),p(2,i),a1i)
9  end
```

注 8.2 对矩形区域, MATLAB 提供了标准三角剖分的调用函数. 当矩形区域的 g 给定后 (g 是后面要说明的 “几何结构分解矩阵”), 可用如下命令获得 p,e,t:

```
1  a=0; b=1; c=0; d=1;
2  % 几何结构分解矩阵
3  g=[2    2    2    2
```

```
4      a    b    b    a
5      b    b    a    a
6      c    c    d    d
7      c    d    d    c
8      1    1    1    1
9      0    0    0    0];
10  [p,e,t] = poimesh(g,5,5);
```

图 8.8 为剖分图. 命令中横纵各分为 5 等份, 若想横纵分别为 4 等份和 5 等份, 则可写为

```
    [p,e,t] = poimesh(g,4,5);
```

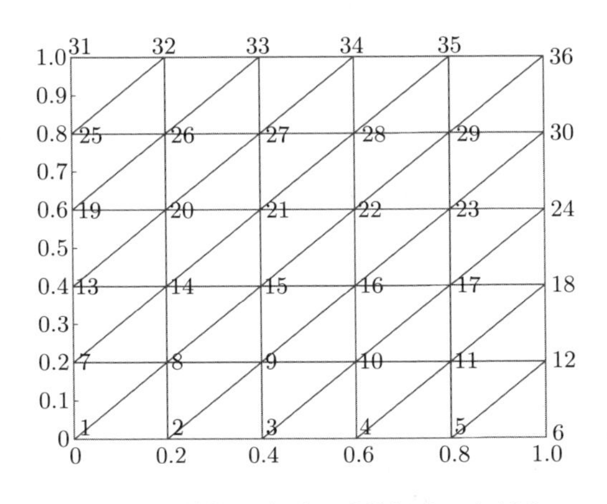

图 8.8 单位正方形区域的标准三角剖分

现在结合图 8.7 来说明 p, e, t 的含义, 以及如何用它们获得前面提及的网格数据.

(1) 点矩阵 p

点矩阵 p 共两行, 存储每个节点的坐标. 第一行存储每个点的横坐标, 第二行存储每个点的纵坐标, 如图 8.9 所示.

	1	2	3	4	5	6	7	8	9
1	1	6.1232e-17	-1	-1.8370e-16	0.7071	-0.7071	-0.7071	0.7071	-5.5511e-17
2	0	1	1.2246e-16	-1	0.7071	0.7071	-0.7071	-0.7071	2.7756e-17

图 8.9　点矩阵 p

(2) 边矩阵 e

边矩阵 e 的构成要复杂点, 第一行记录的是剖分之后, 每条小的边界边的起点标号, 第二行记录的则是相应的终点标号. 图 8.10 为对应的边矩阵.

	1	2	3	4	5	6	7	8
1	1	5	2	6	3	7	4	8
2	5	2	6	3	7	4	8	1
3	0	0.5000	0	0.5000	0	0.5000	0	0.5000
4	0.5000	1	0.5000	1	0.5000	1	0.5000	1
5	1	1	2	2	3	3	4	4
6	1	1	1	1	1	1	1	1
7	0	0	0	0	0	0	0	0

图 8.10　边矩阵 e

第一行记录的边上节点顺序是: 1—5—2—6—3—7—4—8, 它恰是按图上的顺序给出的. 但是要特别注意的是, 只有在初始剖分时, 第一行才是按顺序给出的节点顺序.

(3) 三角形矩阵 t

三角形矩阵 t 只须关注前三行. 按逆时针方向, 第一行是每个三角形的第 1 个点的标号, 第二行是每个三角形的第 2 个点的标号, 第三行是每个三角形的第 3 个点的标号, 如图 8.11 所示.

	1	2	3	4	5	6	7	8
1	8	5	6	7	1	2	3	4
2	1	2	3	4	5	6	7	8
3	9	9	9	9	9	9	9	9
4	1	1	1	1	1	1	1	1

图 8.11　三角形矩阵 t

8.3.2 MATLAB 区域描述方法

网格剖分的关键是给出区域的描述, MATLAB 提供了四种方法, 分别是自定义区域、几何结构分解矩阵、用 decsg 函数创建区域和用 pdetool GUI 绘制区域. 第一种方法最麻烦, 第三种方法是第二种方法的简化, 第四种方法是绘图法, 对复杂区域第四种方法尤为重要. 第二种方法较为常用, 下面只介绍第二种方法.

在前面讨论网格数据时, 绘图程序中给出了语句:

```
g='circleg'; % 区域
```

它就是我们需要的几何结构分解矩阵 (decomposed geometry matrix). 我们以图 8.12 的 L 形区域进行说明.

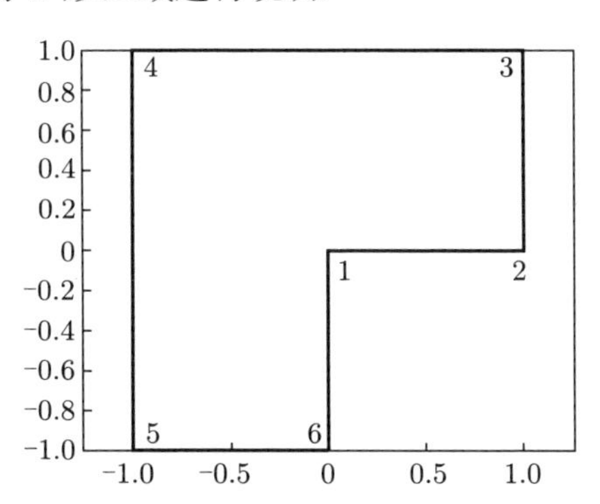

图 8.12 几何结构分解矩阵 L 形区域的例子

几何结构分解矩阵把几何结构分解成最小区域 (在例子中将展示称其为最小区域的原因). 几何结构分解矩阵 g 有很多列, 区域的每条线段 (edge segment) 都对应 g 的一列, g 的第一行表示边的类型, 以下面的矩阵为例:

```
g = [2  2  2  2  2  2
     0  1  1 -1 -1  0
     1  1 -1 -1  0  0
     0  0  1  1 -1 -1
```

```
    0  1  1 -1 -1  0
    1  1  1  1  1  1
    0  0  0  0  0  0];
```

它对应的就是图 8.12 的 L 形区域. 这个矩阵有 6 列, 表示有 6 个类型. 类型有:

A. 圆形线段: 用 1 表示;

B. 线条形线段: 用 2 表示;

C. 椭圆形线段: 用 4 表示.

g 的第一行全为 2, 表示六个线段都是线条形的, 即为图 8.12 中 L 形区域六个边界线段.

下面解释其他行, 这对上面三种类型都适用.

(1) 第 2, 3 行是线段的起点和终点的 x 坐标. 对上面例子, 第 1 列表示线段 1—2 起点和终点的 x 坐标分别为 0, 1; 第 2 列表示线段 2—3 起点和终点的 x 坐标分别为 1, 1 ……

(2) 第 4, 5 行是线段的起点和终点的 y 坐标. 对上面例子, 第 1 列表示线段 1—2 起点和终点的 y 坐标分别为 0, 0; 第 2 列表示线段 2—3 起点和终点的 y 坐标分别为 0, 1 ……

(3) 第 6 行是该线段左边最小区域的个数 (左边的含义是逆时针方向). 对上面例子, 第 1 列表示线段 1—2, 它的左侧只有所给的 1 个大区域, 因此第 6 行的第 1 个数为 1; 类似地, 其他全为 1 (该行及下一行实际上是为了确定到底边界的哪边是区域).

表 8.1 几何结构分解矩阵的行说明

行标号	行说明
1	线段类型 (圆 1, 线条 2, 椭圆 4)
2	线段起点的 x 坐标
3	线段终点的 x 坐标
4	线段起点的 y 坐标
5	线段终点的 y 坐标
6	线段左边最小区域的个数 (左边的含义是逆时针方向)
7	线段右边最小区域的个数

(4) 第 7 行是该线段右边最小区域的个数, 显然例子中全为 0.

注 8.3 对圆形等图形, 几何结构分解矩阵还有额外的行, 见后面的例子.

有了这个几何结构分解矩阵 g, 我们就可以按照之前的方式对区域进行剖分, 程序如下:

```
1    g = [2  2  2  2  2  2
2         0  1  1 -1 -1  0
3         1  1 -1 -1  0  0
4         0  0  1  1 -1 -1
5         0  1  1 -1 -1  0
6         1  1  1  1  1  1
7         0  0  0  0  0  0];
8   [p,e,t]=initmesh(g,'hmax',1); % 初始化网格
9   for ite=1:1 % 加密网格
10      [p,e,t]=refinemesh(g,p,e,t);
11   end
12   figure,pdemesh(p,e,t) % 绘制网格图
13   m=size(p,2);
14   a=1:m;
15   for i=1:m
16       a1{i}=num2str(a(i));
17       text(p(1,i),p(2,i),a1{i})
18   end
```

加密一次的结果见图 8.13.

例 8.3 (L 形区域) 图 8.14 是用 lshapeg 给出的 L 形区域 (MATLAB 自带的, 已经剖分了一次), 我们将给出此时 L 形区域对应的 g.

与前面不同的是, 这个 L 形区域的部分边界再分了, 如 4—6 又细分为 4—7, 6—7, 这就是最小的含义, 即后者才是我们给出的初始边界.

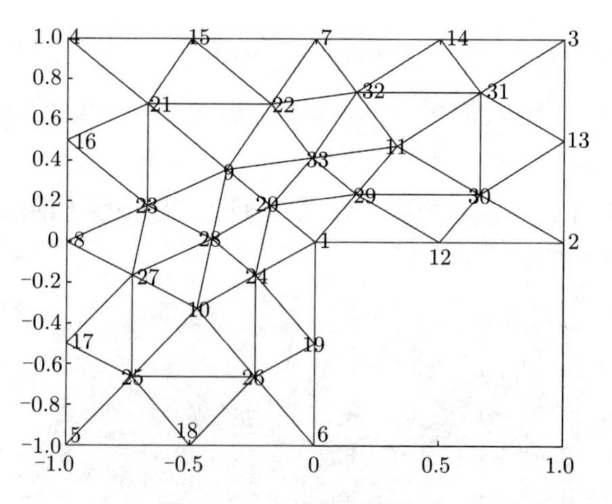

图 8.13 L 形区域的剖分

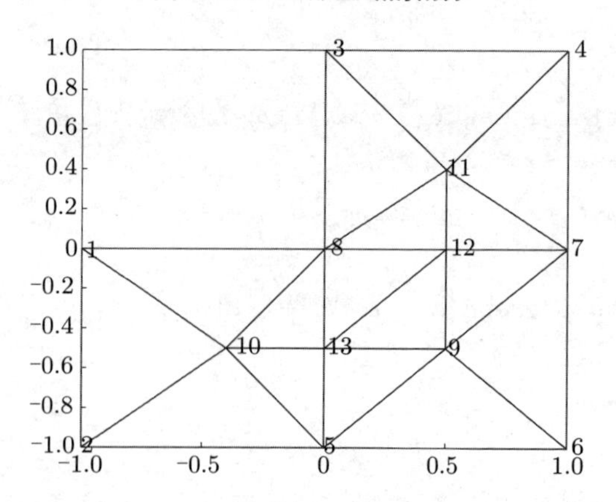

图 8.14 lshapeg 给出的 L 形区域

显然有 10 个边界线段, 它的顺序为

1—2, 3—4, 2—5, 5—6, 6—7, 4—7, 1—8, 7—8, 5—8, 3—8,

矩阵 g 为

```
g =[ 2  2  2  2  2  2  2  2  2  2
    -1  0 -1  0  1  1 -1  1  0  0
    -1  1  0  1  1  1  0  0  0  0
```

```
      0  1 -1 -1 -1  1  0  0 -1  1
     -1  1 -1 -1  0  0  0  0  0  0
      2  0  1  2  2  0  0  1  1  1
      0  2  0  0  0  1  1  1  1  0];
```

用前面网格剖分程序可以发现 lshapeg 和上面的 g 给出同样的剖分.

例 8.4 (圆形区域) 圆形区域的初始网格区域如图 8.15 所示, 即用

```
g='circleg';
[p,e,t]=initmesh(g,'hmax',1); % 初始化网格
```

给出图形, 如图 8.15 所示. 注意, 圆形的初始顶点实际上只有 1,2,3,4, 其他是网格初始化产生的.

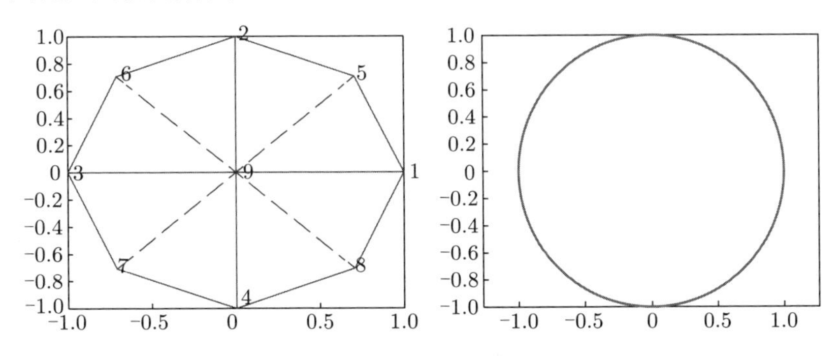

图 8.15 circleg 给出的圆形区域

圆形线段的类型标记是 1, 因此 g 的第一行全是 1. 按照前面的说明, 我们可以得到矩阵 g 的部分信息如下:

```
          1   1   1   1
          1   0  -1   0
          0  -1   0   1
          0   1   0  -1
          1   0  -1   0
          1   1   1   1
          0   0   0   0
```

这里之所以说是部分, 是因为对于圆形还有额外的行. 上面共 7 行, 对圆形, 第 8, 9 行是所在圆弧圆心的横纵坐标, 第 10 行是半径. 因此完整的矩阵 g 为

```
g=[1   1   1   1
   1   0  -1   0
   0  -1   0   1
   0   1   0  -1
   1   0  -1   0
   1   1   1   1
   0   0   0   0
   0   0   0   0
   0   0   0   0
   1   1   1   1];
```

例 8.5 (椭圆形区域) 这个例子剖分图 8.16 中的椭圆, 椭圆形线段用 4 标记. g 的前 9 行类似圆, 它还有第 10, 11, 12 行, 其中 10, 11 行分别是长半轴和短半轴. 12 行是每段弧的旋转角度, 这里不需要旋转, 为 0 (弧度制). 因此矩阵 g 如下:

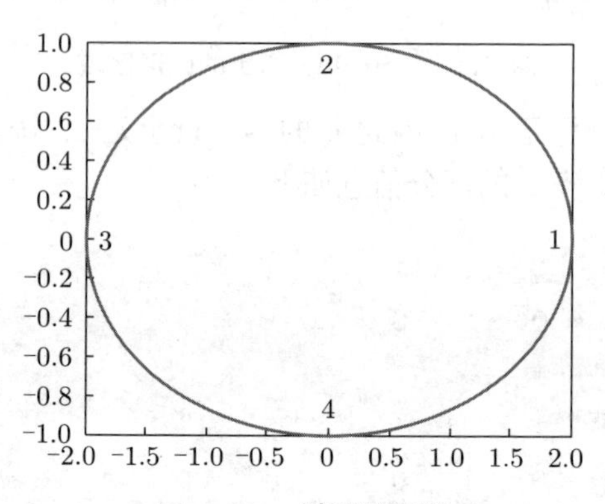

图 8.16 椭圆形区域

```
g=[4   4   4   4
   2   0  -2   0
   0  -2   0   2
   0   1   0  -1
   1   0  -1   0
   1   1   1   1
   0   0   0   0
   0   0   0   0
   0   0   0   0
   2   2   2   2
   1   1   1   1
   0   0   0   0];
```

网格剖分如图 8.17 所示.

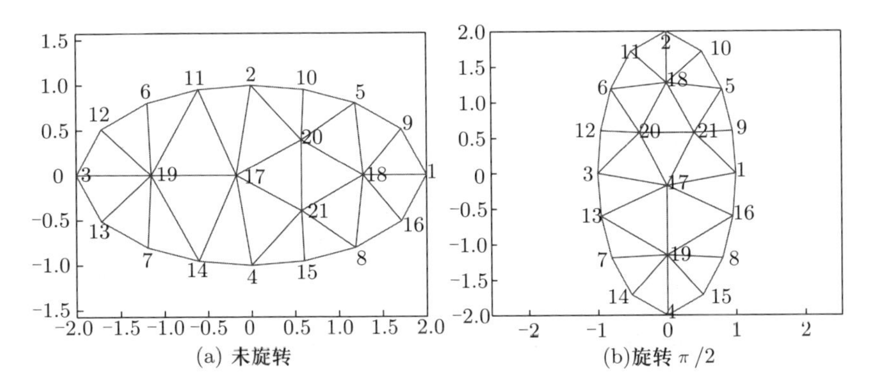

图 8.17 椭圆形区域剖分图

例 8.6 (混合型区域) 现在我们实现图 8.18 的网格剖分, 边界 1—2 是椭圆, 它的信息有 12 行: 边界 2—3 是线条, 它的信息有 7 行. 我们只须要对 7 行后面填补 0 即可.

因此矩阵 g 如下:

```
g=[4    2   2     4    4
   2    0   0    -2    0
   0    0  -2     0    2
   0    1   0     0   -1
   1    0   0    -1    0
   1    1   1     1    1
   0    0   0     0    0
   0    0   0     0    0
   0    0   0     0    0
   2    0   0     2    2
   1    0   0     1    1
   0    0   0     0    0];
```

网格剖分如图 8.19 所示.

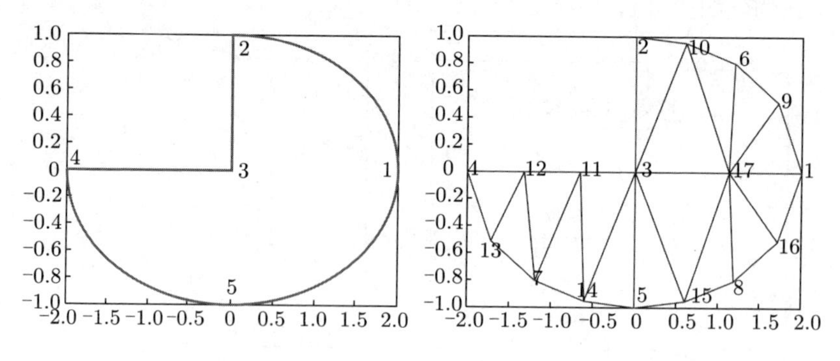

图 8.18　混合型区域

图 8.19　混合型区域的剖分

习　题　8

8.1　对于一维椭圆型方程的边值问题

$$\begin{cases} -(p(x)u'(x))' + u(x) = f(x), & 0 < x < 1, \\ u(0) = 0, p(1)u'(1) + u(1) = \beta, \end{cases}$$

式中 $p(x) = 1 + x^2$, 构造满足条件的 $u(x)$ 以确定 f 和 β. 试用有限元方法求解该问题, 具体步骤包括:

(1) 给出该问题的虚功原理;

(2) 构造合适的有限元空间获得有限元方法;

(3) 画出数值解在不同网格剖分下的结果;

(4) 用表格说明有限元解的误差随网格尺度变化的关系 (如收敛性、误差阶).

8.2　设 P 是 $2m+k+1$ 次单变量多项式, 且对 $a=0,1$ 以及 $j=0,1,\cdots,m$ 有 $P^{(j)}(a)=0$. 此外对 $0<\xi_1<\cdots<\xi_k<1$ 有 $P(\xi_j)=0,\ j=1,2,\cdots,k$, 证明 $P\equiv 0$.

8.3　编程实现一维热方程的初边值问题的数值计算, 这里用有限元离散空间变量, 用差分离散时间变量.

8.4　试给出圆环区域的几何结构分解矩阵 g, 对该区域进行网格剖分, 并画出函数 $u(x,y)=x^2+y^2$ 在网格剖分下的图像.

8.5　设区域 Ω 如图 8.20 所示:

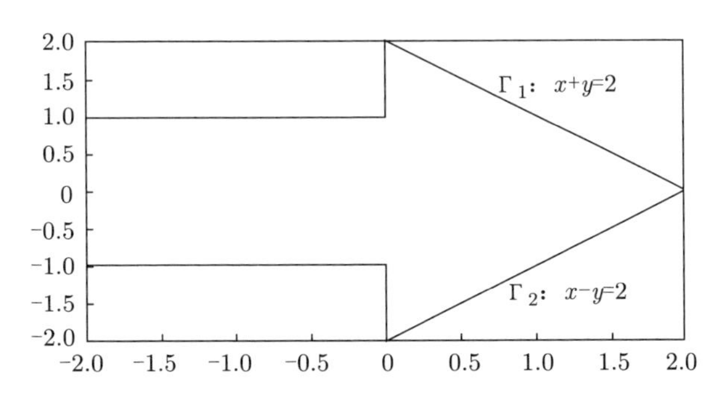

图 8.20　区域 Ω 示意图

使用有限元方法求解如下椭圆型方程边值问题:

$$\begin{cases} \dfrac{\partial^2 u}{\partial x^2}+\dfrac{\partial^2 u}{\partial y^2}=0, \\ u|_{x=-2}=0, u|_{\Gamma_1}=u|_{\Gamma_2}=10x+1, \\ \partial_{\boldsymbol{n}} u=0, \quad \text{在其余边界上}. \end{cases}$$

8.6　使用 MATLAB 的 PDE 工具箱求解习题 8.5, 并写出详细步骤.

8.7　8.1.7 小节是对单元循环实现系数矩阵和右端的装配的, 尝试使用 MATLAB 中的 sparse 函数进行快速装配.

参 考 文 献

[1] 曾攀. 有限元分析及应用 [M]. 北京: 清华大学出版社, 2004.

[2] Alberty J, Carstensen C, Funken S A. Remarks around 50 lines of Matlab: short finite element implementation [J]. Numerical Algorithms, 1999, 20(2/3): 117-137.

[3] Ciarlet P G. The finite element method for elliptic problems [M]. Amsterdam: North-Holland, 1978.

[4] 陆君安, 尚涛, 谢进, 等. 偏微分方程的 MATLAB 解法 [M]. 武汉: 武汉大学出版社, 2001.

第九章 二维问题有限元方法的误差分析

前文已经介绍了有限元方法的基本原理与算法实现, 在本章中将重点研究二维情形偏微分方程有限元方法的构造和误差分析. 对于二维椭圆型方程, 仿照一维情形容易获得相应的有限元方法, 故我们重点给出在 H^1 范数及 L^2 范数下的误差估计. 在此基础上, 我们将进一步研究抛物型和双曲型问题的有限元方法的构造和误差估计. 本章继续使用第七章中的一些术语和记号. 相关内容亦可参见本章文献 [1–10]. 另外, 为方便起见, 用 "$a \lesssim b$" 表示 "$a \leqslant Cb$", 式中常数 C 与网格尺度无关且在不同的地方可取不同值.

9.1 二维椭圆型方程有限元方法的误差估计 I

为对有限元方法进行误差分析, 先给出若干抽象结果.

9.1.1 抽象误差估计

定理 9.1 (Lax-Milgram 定理[6,8]) 设 V 为配置范数 $\|\cdot\|_V$ 的 Hilbert 空间, 双线性型 $A(\cdot,\cdot): V \times V \longrightarrow \mathbb{R}$ 满足连续性条件

$$A(u, v) \leqslant M\|u\|_V \cdot \|v\|_V, \quad u, v \in V, \tag{9.1}$$

及 V- 椭圆性条件 (也称作强制性条件)

$$A(v,v) \geqslant \alpha\|v\|_V^2, \quad v \in V, \tag{9.2}$$

式中 M 和 α 为正实数, 又设 $f: V \to \mathbb{R}$ 是一个连续线性泛函, 则存在唯一解 $u \in V$, 使得

$$A(u,v) = f(v), \quad v \in V. \tag{9.3}$$

证明 记 V 的对偶空间为 V', 相应范数为 $\|\cdot\|_{V'}$, 且记 $(\cdot,\cdot)$ 为 V 上的内积. 由 (9.1) 式可知, 对任意固定的 $u\in V$, 映射 $v\in V\mapsto A(u,v)$ 连续, 故存在唯一的 $\mathcal{A}u\in V'$, 使得

$$\mathcal{A}u(v)=A(u,v),\quad v\in V.$$

易知 $\mathcal{A}$ 是 V 到 V' 的线性映射, 且有

$$\|\mathcal{A}u\|_{V'}=\sup_{v\in V}\frac{|\mathcal{A}u(v)|}{\|v\|_V}\leqslant M\|u\|_V,\quad u\in V,$$

即 $\|\mathcal{A}\|_{L(V\to V')}\leqslant M$, 这里 $L(V\to V')$ 表示 V 到 V' 的全体线性有界算子所构成的集合. 令 $\tau: V'\to V$ 为 Riesz 映射, 满足

$$f(v)=(\tau f,v),\quad f\in V',\,v\in V,$$

则变分问题 (9.3) 等价于求 $u\in V$, 使得

$$\tau\mathcal{A}u=\tau f. \tag{9.4}$$

为了证明以上方程存在唯一解, 定义线性映射

$$\varphi(v)=v-\rho(\tau\mathcal{A}v-\tau f),\quad v\in V,$$

式中 $\rho>0$ 为待定参数. 由 (9.1) 式和 (9.2) 式可知

$$\begin{aligned}(\tau\mathcal{A}(v),\,v)=\mathcal{A}v(v)=A(v,\,v)\geqslant\alpha\|v\|_V^2,\\ \|\tau\mathcal{A}v\|_V=\|\mathcal{A}v\|_{V'}\leqslant M\|v\|_V,\end{aligned}$$

故对任意的 $\rho\in(0,\,2\alpha/M^2)$ 和任意的 $w\in V$, 有

$$\begin{aligned}\|\varphi(w+v)-\varphi(w)\|_V^2&=\|v\|_V^2-2\rho(\tau\mathcal{A}v,\,v)+\rho^2\|\tau\mathcal{A}v\|_V^2\\&\leqslant(1-2\rho\alpha+\rho^2M^2)\|v\|_V^2,\end{aligned}$$

式中, $0<1-2\rho\alpha+\rho^2M^2<1$, 从而 $\varphi: V\to V$ 为压缩映射. 因此, 由 Banach 压缩映射原理可知, 问题 (9.4) 或 (9.3) 有唯一解. □

应用 Lax-Milgram 定理可以证明变分问题解的存在和唯一性. 例如考虑二维问题:

$$\begin{cases} -\Delta u = f, & (x, y) \in \Omega, \\ u = 0, & (x, y) \in \partial\Omega. \end{cases} \tag{9.5}$$

这里假设 $f \in L^2(\Omega)$, 而 Ω 是具有 Lipschitz 边界的有界区域. 此时只要利用 Lax-Milgram 定理及 Poincaré-Friedrichs 不等式 (6.21), 即可证明其解 $u \in H_0^1(\Omega)$ 存在且唯一.

我们也可以获得如下抽象变分问题的误差估计, 它可视为有限元方法误差分析的基础.

定理 9.2 (Céa 引理) 设 V 为 Hilbert 空间, V_h 为 V 的线性闭子空间. 双线性泛函 $A(\cdot,\cdot)$ 和线性泛函 $f(\cdot)$ 满足 Lax-Milgram 定理的条件. $u \in V$ 及 $u_h \in V_h$ 分别是以下问题之解:

$$A(u,v) = f(v), \quad v \in V, \tag{9.6}$$

$$A(u_h, v) = f(v), \quad v \in V_h, \tag{9.7}$$

则有

$$\|u - u_h\|_V \lesssim \inf_{v_h \in V_h} \|u - v_h\|_V. \tag{9.8}$$

证明 由 (9.6) 式和 (9.7) 式可知

$$A(u - u_h, w_h) = 0, \quad w_h \in V_h,$$

并注意到 $A(\cdot,\cdot)$ 是连续的及 V-椭圆的, 故存在正常数 α 和 M, 使得

$$\begin{aligned} \alpha\|u - u_h\|_V^2 &\leqslant A(u - u_h, u - u_h) \\ &= A(u - u_h, u - v_h) + A(u - u_h, v_h - u_h) \\ &= A(u - u_h, u - v_h) \\ &\leqslant M\|u - u_h\|_V \cdot \|u - v_h\|_V, \quad v_h \in V_h, \end{aligned}$$

即有

$$\|u - u_h\|_V \leqslant \frac{M}{\alpha}\|u - v_h\|_V, \quad v_h \in V_h.$$

再对 $v_h \in V_h$ 取下确界即证得结果. □

由 Céa 引理可知有限元法的误差估计可转化为一个函数逼近问题, 且有限元近似解的误差与有限元空间 V_h 对精确解的最优逼近误差具有同阶精度. 在此基础上, 下面介绍两种获得插值算子误差估计的方法: 一种采用 Taylor (泰勒) 公式通过直接计算得到结果, 另一种则要利用仿射变换技巧 (又称尺度论证技巧). 在本节剩下部分将介绍相对初等的前一种方法, 而将后一种方法放在下一节系统介绍.

9.1.2　插值算子误差估计 – Taylor 展开方法

我们以求解问题 (9.5) 的有限元法为例研究误差分析. 由嵌入定理 $H^2(\Omega) \hookrightarrow C(\overline{\Omega})$, 在剖分的每个单元顶点 P_i 上, $u(P_i)$ 都有意义. 在每个三角形单元 e_k 上以 $u(P_i)$ 做线性插值, 就得到了定义于 $\overline{\Omega}$ 上的连续函数 $\Pi_h u \in V_h$. 由于

$$\inf_{v_h \in V_h} \|u - v_h\|_1 \leqslant \|u - \Pi_h u\|_1 = \left(\sum_{k=1}^{NE} \|u - \Pi_h u\|_{1,e_k}^2 \right)^{1/2}, \tag{9.9}$$

故须先估计 $\|u - \Pi_h u\|_{1,e_k}$, 这里 $k = 1, 2, \cdots, NE$, 而 NE 为单元剖分个数.

对任意三角形单元 e, 设其顶点分别为 $P_1(x_1, y_1), P_2(x_2, y_2), P_3(x_3, y_3)$, 如图 9.1 所示. 由假定 $u \in H^2(e)$, 注意到 $C^\infty(e)$ 在 $H^2(e)$ 内稠密, 故先设 $u \in C^\infty(e)$. 任取一点 $P(x, y) \in e$, 易知

$$u(P_i) = u(P) + \int_0^1 \frac{\mathrm{d}}{\mathrm{d}t} u\big(tx_i + (1-t)x,\, ty_i + (1-t)y\big)\mathrm{d}t, \quad i = 1, 2, 3.$$

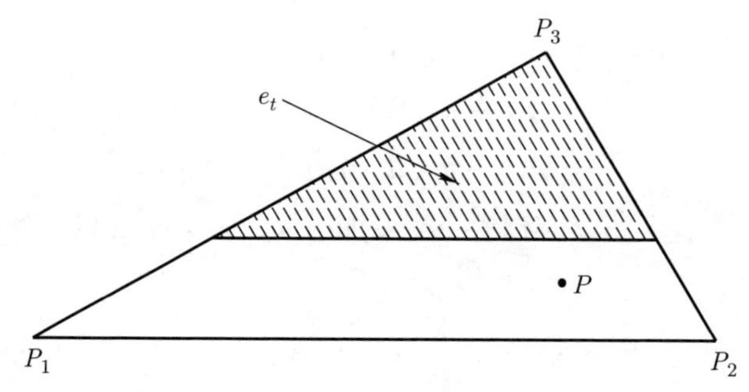

图 9.1　三角形单元 e

由分部积分可得以下带积分余项的 Taylor 公式:

$$\begin{aligned} u(P_i) = u(P) + \frac{\partial u(P)}{\partial x}(x_i - x) + \frac{\partial u(P)}{\partial y}(y_i - y) \\ + \int_0^1 (1-t)\frac{\mathrm{d}^2}{\mathrm{d}t^2}u\big(tx_i + (1-t)x,\, ty_i + (1-t)y\big)\,\mathrm{d}t. \end{aligned}$$

令 $\xi_i = tx_i + (1-t)\,x$, $\eta_i = ty_i + (1-t)\,y$, $i = 1, 2, 3$, 上式可化为

$$u(P_i) = u(P) + \frac{\partial u(P)}{\partial x}(x_i - x) + \frac{\partial u(P)}{\partial y}(y_i - y) + R_i(P), \tag{9.10}$$

式中 $R_i(P) = \displaystyle\int_0^1 (1-t)\frac{\mathrm{d}^2}{\mathrm{d}t^2}u(\xi_i,\, \eta_i)\mathrm{d}t$, $i = 1, 2, 3$. 以 $\lambda_i(P)$ 表示点 P 的重心坐标, 则由 (9.10) 式可得

$$\begin{aligned} \Pi_h u(P) &= \sum_{i=1}^{3} u(P_i)\lambda_i(P) \\ &= \sum_{i=1}^{3}\left[u(P) + \frac{\partial u(P)}{\partial x}(x_i - x) + \frac{\partial u(P)}{\partial y}(y_i - y) + R_i(P)\right]\lambda_i(P). \end{aligned} \tag{9.11}$$

下面构造一个线性函数 v_1, 满足

$$\begin{cases} v_1(P) = u(P), \\ \dfrac{\partial v_1(P)}{\partial x} = \dfrac{\partial u(P)}{\partial x}, \\ \dfrac{\partial v_1(P)}{\partial y} = \dfrac{\partial u(P)}{\partial y}. \end{cases} \tag{9.12}$$

注意到 v_1 的二阶偏导为零, 由 (9.11) 式和 (9.12) 式有

$$\Pi_h v_1(P) = \sum_{i=1}^{3}\left[u(P) + \frac{\partial u(P)}{\partial x}(x_i - x) + \frac{\partial u(P)}{\partial y}(y_i - y)\right]\lambda_i(P). \tag{9.13}$$

由于线性函数的线性插值函数与其自身相等, 故有

$$u(P) = v_1(P) = \Pi_h v_1(P).$$

结合 (9.11) 式和 (9.13) 式, 即得插值函数误差表达式:

$$\Pi_h u(P) - u(P) = \sum_{i=1}^{3} R_i(P)\lambda_i(P). \tag{9.14}$$

将 (9.14) 式和 (9.10) 式分别对 x 求偏导, 可得

$$\frac{\partial(\Pi_h u(P) - u(P))}{\partial x} = \sum_{i=1}^{3} R_i(P)\frac{\partial \lambda_i(P)}{\partial x} + \sum_{i=1}^{3} \frac{\partial R_i(P)}{\partial x}\lambda_i(P), \tag{9.15}$$

$$\frac{\partial^2 u(P)}{\partial x^2}(x_i - x) + \frac{\partial^2 u(P)}{\partial x \partial y}(y_i - y) + \frac{\partial R_i(P)}{\partial x} = 0. \tag{9.16}$$

根据 (9.16) 式可知

$$\sum_{i=1}^{3} \frac{\partial R_i(P)}{\partial x}\lambda_i(P) = -\sum_{i=1}^{3}\left[\frac{\partial^2 u(P)}{\partial x^2}(x_i - x) + \frac{\partial^2 u(P)}{\partial x \partial y}(y_i - y)\right]\lambda_i(P). \tag{9.17}$$

再构造一个线性函数 v_2, 满足

$$\begin{cases} v_2(P) = 0, \\ \dfrac{\partial v_2(P)}{\partial x} = -\dfrac{\partial^2 u(P)}{\partial x^2}, \\ \dfrac{\partial v_2(P)}{\partial y} = -\dfrac{\partial^2 u(P)}{\partial x \partial y}. \end{cases} \tag{9.18}$$

由 (9.11) 式和 (9.18) 式可知

$$\Pi_h v_2(P) = -\sum_{i=1}^{3}\left[\frac{\partial^2 u(P)}{\partial x^2}(x_i - x) + \frac{\partial^2 u(P)}{\partial x \partial y}(y_i - y)\right]\lambda_i(P). \tag{9.19}$$

注意到 $\Pi_h v_2(P) = v_2(P) = 0$, 根据 (9.17) 式和 (9.19) 式可得

$$\sum_{i=1}^{3} \frac{\partial R_i(P)}{\partial x}\lambda_i(P) = 0.$$

再由 (9.15) 式有

$$\frac{\partial\big(\Pi_h u(P) - u(P)\big)}{\partial x} = \sum_{i=1}^{3} R_i(P)\frac{\partial \lambda_i(P)}{\partial x}. \tag{9.20}$$

同理可证

$$\frac{\partial\big(\Pi_h u(P)-u(P)\big)}{\partial y}=\sum_{i=1}^{3}R_i(P)\frac{\partial\lambda_i(P)}{\partial y}. \tag{9.21}$$

利用 (9.14) 式, (9.20) 式和 (9.21) 式可估计 $\|u-\Pi_h u\|_{1,e}^2$.

首先, 注意到 $|\lambda_i(P)|\leqslant 1$, 由 (9.14) 式得

$$\|u-\Pi_h u\|_{0,e}^2\leqslant\int_e\left(\sum_{i=1}^{3}|R_i(P)|\right)^2\mathrm{d}x\mathrm{d}y\leqslant 3\sum_{i=1}^{3}\int_e R_i^2(P)\,\mathrm{d}x\mathrm{d}y.$$

记 e 的最大边长为 h_e, 易知 $|x_i-x|\leqslant h_e$, $|y_i-y|\leqslant h_e$, 利用 $R_i(P)$ 的定义, 链式求导法则及 Cauchy-Schwarz 不等式得

$$\begin{aligned}R_i^2(P)=&\bigg[\int_0^1(1-t)\bigg(\frac{\partial^2u(\xi_i,\,\eta_i)}{\partial\xi_i^2}(x_i-x)^2+2\frac{\partial^2u(\xi_i,\,\eta_i)}{\partial\xi_i\partial\eta_i}(x_i-x)(y_i-y)\\&+\frac{\partial^2u(\xi_i,\,\eta_i)}{\partial\eta_i^2}(y_i-y)^2\bigg)\mathrm{d}t\bigg]^2\\\leqslant&\,4h_e^4\left(\int_0^1(1-t)\sum_{|\boldsymbol{\alpha}|=2}|\partial^{\boldsymbol{\alpha}}u(\xi_i,\,\eta_i)|\,\mathrm{d}t\right)^2\\\leqslant&\,12h_e^4\int_0^1(1-t)^2\sum_{|\boldsymbol{\alpha}|=2}|\partial^{\boldsymbol{\alpha}}u(\xi_i,\,\eta_i)|^2\,\mathrm{d}t.\end{aligned}$$

以 ξ_i, η_i 为积分变量做变量代换, 由

$$\mathrm{d}x=\frac{\mathrm{d}\xi_i}{1-t},\quad \mathrm{d}y=\frac{\mathrm{d}\eta_i}{1-t},$$

得到

$$\begin{aligned}\|u-\Pi_h u\|_{0,e}^2&\leqslant 36h_e^4\sum_{i=1}^{3}\sum_{|\boldsymbol{\alpha}|=2}\int_0^1\int_{e_t}|\partial^{\boldsymbol{\alpha}}u(\xi_i,\,\eta_i)|^2\,\mathrm{d}\xi_i\mathrm{d}\eta_i\mathrm{d}t,\\&\leqslant 108h_e^4|u|_{2,\,e}^2,\quad u\in C^\infty(e),\end{aligned} \tag{9.22}$$

其中区域 e_t 为 e 的一个子区域 (图 9.1 中阴影部分即表示 $i=3$ 时的 e_t).

由于 $C^\infty(e)$ 在 $H^2(e)$ 中稠密, 故 (9.22) 式对任意的 $u \in H^2(e)$ 成立. 类似地, 利用 (9.20) 式和 (9.21) 式可估计 $|u-\Pi_h u|_{1,e}^2$, 其差异在于估计 $\left|\dfrac{\partial \lambda_i}{\partial x}\right|$ 及 $\left|\dfrac{\partial \lambda_i}{\partial y}\right|$ 的上界. 记 $\widetilde{h}_e$ 为 e 的最短高, 即 $\widetilde{h}_e = \dfrac{2|e|}{h_e}$, 则有

$$\left|\frac{\partial \lambda_i}{\partial x}\right| < \frac{1}{\widetilde{h}_e}, \quad \left|\frac{\partial \lambda_i}{\partial y}\right| < \frac{1}{\widetilde{h}_e}, \quad i=1,\,2,\,3.$$

由正弦定理, 三角形 e 的各边长度都不小于 $h_e \sin\gamma$, 式中 γ 为三角形单元的所有内角的下界, 故有 $\widetilde{h}_e \geqslant h_e \sin^2\gamma$. 于是获得以下估计:

$$|u-\Pi_h u|_{1,e}^2 \leqslant \frac{216}{\sin^4\gamma} h_e^2 |u|_{2,\,e}^2. \tag{9.23}$$

令 $h = \max\limits_{1\leqslant i\leqslant NE} h_{e_i}$, 由 (9.9) 式及 (9.22) 式, (9.23) 式可证得

$$\inf_{v_h\in V_h} \|u-v_h\|_{1,\,\Omega} \lesssim h|u|_{2,\,\Omega},$$

式中隐含参数 C 与 γ 有关而与其他参数 (单元个数、单元尺度等) 无关. 再利用 (9.8) 式, 得到

$$\|u-u_h\|_{1,\,\Omega} \lesssim h|u|_{2,\,\Omega}. \tag{9.24}$$

上述误差估计表明, 若三角形的最小内角有一致的下界时, 三角形线性有限元方法在 H^1 范数的意义下具有一阶收敛速度.

9.2 二维椭圆型方程有限元方法的误差估计 II

一般而言, 有限元方法区域剖分中单元的几何形状相同 (如均为三角形), 因此可以通过仿射变换将参考单元 $\widehat{e}$ 映射到每一个单元 e. 基于该观察, 可以首先获得在参考单元的误差估计, 再通过仿射变换得到各个单元的一致误差估计. 为行文简便, 我们仅考虑有限元自由度为单元节点函数值 (Lagrange 型有限元) 的误差估计, 一般情形的有限元估计详见本章文献 [6, 8].

9.2.1 仿射簇

定义**仿射变换**, 即一个变换将直线映射为直线, 满足

$$\boldsymbol{F}_e : \widehat{e} \to e \subset \mathbb{R}^n, \quad \boldsymbol{F}_e(\boldsymbol{\xi}) = \boldsymbol{B}_e\boldsymbol{\xi} + \boldsymbol{b}_e = \boldsymbol{x}, \tag{9.25}$$

式中 $\boldsymbol{B}_e$ 为可逆 $n \times n$ 矩阵, $\boldsymbol{b}_e \in \mathbb{R}^n$. 故 $\boldsymbol{F}_e$ 将 $\widehat{e}$ 中的每一个点 $\boldsymbol{\xi}$ 映射到 e 中的点 $\boldsymbol{x}$, 且将 $\widehat{e}$ 中的节点 $\boldsymbol{\xi}_I$ 映射到 (局部编号) e 中的节点 $\boldsymbol{x}_I^{(e)}$, 即

$$\boldsymbol{F}_e(\boldsymbol{\xi}_I) = \boldsymbol{x}_I^{(e)}\ , \quad I = 1, 2, \cdots, N. \tag{9.26}$$

若构造好到每一个单元上的仿射变换, 则只须考虑参考单元 $\widehat{e}$ 及仿射变换簇 $\boldsymbol{F}_{e_1}, \boldsymbol{F}_{e_2}, \cdots, \boldsymbol{F}_{e_{NE}}$ 就可以得到网格剖分的完整描述. 若两个单元 $\widehat{e}$ 及 e 可由变换 (9.25), (9.26) 联系, 则称它们**仿射等价**. 有限单元 $e_1, e_2, \cdots, e_{NE}$ 的集合称为**仿射簇**, 若所有单元仿射等价于一个参考单元 $\widehat{e}$. 记

$$h_e = \operatorname{diam}(e) = \sup\{|\boldsymbol{x} - \boldsymbol{y}| : \boldsymbol{x}, \boldsymbol{y} \in e\}, \tag{9.27}$$

$$\rho_e = \sup\{\operatorname{diam}(S) : S \text{ 是包含于 } e \text{ 的 } n \text{ 维球}\}. \tag{9.28}$$

对于参考单元 $\widehat{e}$, 相应的参数分别记为 $\widehat{h}$ 及 $\widehat{\rho}$, 则仿射变换 (9.25) 具有以下性质.

引理 9.1 给定区域 $\widehat{e}, e \subset \mathbb{R}^n$, 设 $\boldsymbol{F}_e : \widehat{e} \to e$ 为由 (9.25) 定义的仿射变换, 矩阵范数 $\|\boldsymbol{B}_e\|$ 定义为 $\|\boldsymbol{B}_e\| = \sup\left\{\dfrac{\|\boldsymbol{B}_e\boldsymbol{\xi}\|}{\|\boldsymbol{\xi}\|} : \boldsymbol{\xi} \neq \boldsymbol{0}\right\}$, 而向量 $\boldsymbol{\xi} \in \mathbb{R}^n$ 的长度定义为 $\|\boldsymbol{\xi}\| = \left(\displaystyle\sum_{i=1}^n \xi_i^2\right)^{1/2}$, 则有

$$\|\boldsymbol{B}_e\| \leqslant \frac{h_e}{\widehat{\rho}}, \quad \|\boldsymbol{B}_e^{-1}\| \leqslant \frac{\widehat{h}}{\rho_e}. \tag{9.29}$$

证明 令 $\boldsymbol{\omega} = \widehat{\rho}\boldsymbol{\xi}/\|\boldsymbol{\xi}\|$, 则 $\|\boldsymbol{\omega}\| = \widehat{\rho}$, 且对于 $\boldsymbol{\xi} \neq \boldsymbol{0}$, 有

$$\|\boldsymbol{B}_e\| = \sup\left\{\frac{\|\boldsymbol{B}_e\boldsymbol{\xi}\|}{\|\boldsymbol{\xi}\|}\right\} = \sup\left\{\frac{\|(\|\boldsymbol{\xi}\|/\widehat{\rho})\boldsymbol{B}_e\boldsymbol{\omega}\|}{\|\boldsymbol{\xi}\|}\right\} = \sup\left\{\frac{\|\boldsymbol{B}_e\boldsymbol{\omega}\|}{\widehat{\rho}}\right\}.$$

设向量 $\boldsymbol{\xi}, \boldsymbol{\eta} \in \widehat{e}$ 满足 $\|\boldsymbol{\xi}-\boldsymbol{\eta}\|=\widehat{\rho}$, 则由定义知 $\boldsymbol{x}=\boldsymbol{F}_e(\boldsymbol{\xi}) \in e$, $\boldsymbol{y}=\boldsymbol{F}_e(\boldsymbol{\eta}) \in e$, 且有

$$\begin{aligned}
\|\boldsymbol{B}_e\| &= \widehat{\rho}^{\,-1} \sup \|\boldsymbol{B}_e(\boldsymbol{\xi}-\boldsymbol{\eta})\| \\
&= \widehat{\rho}^{\,-1} \sup \|(\boldsymbol{B}_e\boldsymbol{\xi}+\boldsymbol{b}_e)-(\boldsymbol{B}_e\boldsymbol{\eta}+\boldsymbol{b}_e)\| \\
&= \widehat{\rho}^{\,-1} \sup \|(\boldsymbol{x}-\boldsymbol{y})\| \leqslant \frac{h_e}{\widehat{\rho}},
\end{aligned}$$

即证得 (9.29) 式中的第一式. 第二式可类似证明. □

利用仿射变换 (9.25), 建立将 e 上的连续函数 v 映射到 $\widehat{e}$ 上连续函数的算子 $T_e: C(e) \to C(\widehat{e})$, 满足

$$T_e v = \widehat{v}, \quad \widehat{v}(\boldsymbol{\xi}) = v(\boldsymbol{x}), \tag{9.30}$$

式中 $\boldsymbol{x}=\boldsymbol{F}_e(\boldsymbol{\xi})$. 记算子 T_e 的逆算子为 T_e^{-1}, 则有

$$T_e^{-1}: C(\widehat{e}) \to C(e), \quad T_e^{-1}\widehat{v} = v. \tag{9.31}$$

设 $\widehat{e}$ 上的多项式局部基函数集合为 $\{\widehat{N}_I\}_{I=1}^M$, 且对节点 $\boldsymbol{\xi}_J$ 有

$$\widehat{N}_I(\boldsymbol{\xi}_J) = \begin{cases} 1, & J=I, \\ 0, & J \neq I. \end{cases}$$

由 (9.31) 式可知 $T_e^{-1}\widehat{N}_I = N_I^{(e)}$, 式中 $\{N_I^{(e)}\}_{I=1}^M$ 为相应的 e 上的多项式局部基函数集合. 由 (9.30) 式可知

$$\widehat{N}_I(\boldsymbol{\xi}_J) = N_I^{(e)}(\boldsymbol{x}_J),$$

故有

$$N_I^{(e)}(\boldsymbol{x}_J) = \begin{cases} 1, & J=I, \\ 0, & J \neq I. \end{cases}$$

通常 $\{\widehat{N}_I\}$ 张成一个多项式空间 $\widehat{S}$, 构造相应的插值算子为

$$\widehat{\Pi}: C(\widehat{e}) \to \widehat{S}, \quad \widehat{\Pi}\widehat{v} = \sum_{I=1}^{M} \widehat{v}(\boldsymbol{\xi}_I)\widehat{N}_I. \tag{9.32}$$

并且记 $S_e = \operatorname{span}\{N_I^{(e)} : 1 \leqslant I \leqslant M\}$, 则构造插值算子为

$$\Pi_e : C(e) \to S_e, \quad \Pi_e v = \sum_{I=1}^{M} v(\boldsymbol{x}_I) N_I^{(e)}. \tag{9.33}$$

由 (9.33) 式, (9.30) 式及 (9.32) 式可知

$$\begin{aligned} T_e(\Pi_e v) &= T_e\left(\sum_{I=1}^{M} v(\boldsymbol{x}_I) N_I^{(e)}\right) \\ &= T_e\left(\sum_{I=1}^{M} \widehat{v}(\boldsymbol{\xi}_I) N_I^{(e)}\right) \\ &= \sum_{I=1}^{M} \widehat{v}(\boldsymbol{\xi}_I) T_e N_I^{(e)} = \sum_{I=1}^{M} \widehat{v}(\boldsymbol{\xi}_I) \widehat{N}_I = \widehat{\Pi}\widehat{v}. \end{aligned}$$

从而获得了以下定理.

定理 9.3 设 $\widehat{e}$ 及 e 为仿射等价单元, 则插值算子 $\widehat{\Pi}$ 及 Π_e 具有以下关系:

$$\widehat{\Pi}(T_e v) = T_e(\Pi_e v),$$

即

$$\widehat{\Pi}\widehat{v} = \widehat{\Pi_e v}.$$

由 (9.33) 式定义的插值算子 Π_e 也可看作 $H^{k+1}(e)$ $(k+1 \geqslant m)$ 到 $H^m(e)$ 的映射, 即

$$\Pi_e : H^{k+1}(e) \to H^m(e),$$

且有

$$\Pi_e v = v, \quad v \in \mathbb{P}_k(e),$$

式中 $\mathbb{P}_k(e)$ 为 e 上一切次数不超过 k 次多项式全体所成的集合. 类似地,

$$\widehat{\Pi}\widehat{v} = \widehat{v}, \quad \widehat{v} \in \mathbb{P}_k(\widehat{e}). \tag{9.34}$$

9.2.2 局部插值算子误差估计

设 Ω 为具有 Lipschitz 边界的有界开集. 考虑商空间 $W^{k+1,p}(\Omega)/\mathbb{P}_k(\Omega)$, 式中 $\mathbb{P}_k(\Omega)$ 为 Ω 上一切次数不超过 k 次多项式全体所成的集合. 商空间的元素为 $v \in W^{k+1,p}(\Omega)$ 的等价类

$$\dot{v} = \left\{ w \in W^{k+1,p}(\Omega) : w - v \in \mathbb{P}_k(\Omega) \right\},$$

并赋以范数

$$\|\dot{v}\|_{k+1,p,\Omega} = \inf_{q \in \mathbb{P}_k(\Omega)} \|v + q\|_{k+1,p,\Omega},$$

则商空间 $W^{k+1,p}(\Omega)/\mathbb{P}_k(\Omega)$ 是一个 Banach 空间. 我们再定义半范数 $|\dot{v}|_{k+1,p,\Omega} = |v|_{k+1,p,\Omega}$, 则有

$$|\dot{v}|_{k+1,p,\Omega} \leqslant \|\dot{v}\|_{k+1,p,\Omega}, \quad \dot{v} \in W^{k+1,p}(\Omega)/\mathbb{P}_k(\Omega).$$

下面给出的等价范数定理表明商空间中的半范数与范数等价.

定理 9.4 (等价范数定理) 设 $k \geqslant 0$ 且 $p \in [1, \infty]$, 则

$$\inf_{q \in \mathbb{P}_k(\Omega)} \|v + q\|_{k+1,p,\Omega} \lesssim |v|_{k+1,p,\Omega}, \quad v \in W^{k+1,p}(\Omega),$$

即

$$\|\dot{v}\|_{k+1,p,\Omega} \lesssim |\dot{v}|_{k+1,p,\Omega}, \quad \dot{v} \in W^{k+1,p}(\Omega)/\mathbb{P}_k(\Omega).$$

证明 设 $\{p_i\}_{i=1}^N$ 为 $\mathbb{P}_k(\Omega)$ 的一组基, $\{f_i\}_{i=1}^N$ 为 $\mathbb{P}_k(\Omega)$ 的一组对偶基, 即 $f_i(p_j) = \delta_{ij}$. 由此对任意的 $w \in \mathbb{P}_k(\Omega), f_i(w) = 0, i = 1, 2, \cdots, N$ 的充要条件为 $w = 0$. 根据 Hahn-Banach 延拓定理, 不妨设 $f_i, i = 1, 2, \cdots, N$ 为定义在 $W^{k+1,p}(\Omega)$ 上的一组有界线性泛函, 先证明以下不等式:

$$\|v\|_{k+1,p,\Omega} \lesssim \left(|v|_{k+1,p,\Omega} + \sum_{i=1}^N |f_i(v)| \right), \quad v \in W^{k+1,p}(\Omega). \tag{9.35}$$

采用反证法. 若 (9.35) 式不成立, 则对任何自然数 n, 存在 v_n, 使得

$$\|v_n\|_{k+1,p,\Omega} > n \left(|v_n|_{k+1,p,\Omega} + \sum_{i=1}^N |f_i(v_n)| \right).$$

不妨设

$$\|v_n\|_{k+1,\,p,\,\Omega} = 1,$$

则有

$$|v_n|_{k+1,\,p,\,\Omega} + \sum_{i=1}^{N} |f_i(v_n)| < \frac{1}{n}. \tag{9.36}$$

因为 $\{v_n\}$ 为 $W^{k+1,\,p}(\Omega)$ 中的有界集, 根据 Sobolev 空间的紧嵌入定理 (当 $1 \leqslant p < \infty$ 时, $W^{k+1,\,p}(\Omega)$ 紧嵌入 $W^{k,\,p}(\Omega)$, 且 $W^{k+1,\,\infty}(\Omega)$ 紧嵌入 $C^k(\overline{\Omega})$), $\{v_n\}$ 有子列 (仍记作 $\{v_n\}$) 在 $W^{k,\,p}(\Omega)$ 中收敛, 即

$$\|v_n - v_m\|_{k,\,p,\,\Omega} \to 0, \quad n,\, m \to \infty. \tag{9.37}$$

而由 (9.36) 式有

$$|v_n - v_m|_{k+1,\,p,\,\Omega} \leqslant |v_n|_{k+1,\,p,\,\Omega} + |v_m|_{k+1,\,p,\,\Omega} < \frac{1}{n} + \frac{1}{m} \to 0, \quad n,\, m \to \infty. \tag{9.38}$$

综合 (9.37) 式和 (9.38) 式可知, $\{v_n\}$ 为 $W^{k+1,\,p}(\Omega)$ 中的 Cauchy 序列, 而 $W^{k+1,\,p}(\Omega)$ 为 Banach 空间, 故存在 $v \in W^{k+1,\,p}(\Omega)$, 使得在 $W^{k+1,\,p}(\Omega)$ 中, $\{v_n\}$ 收敛于 v. 从而, 由 (9.36) 式可得

$$|v|_{k+1,\,p,\,\Omega} + \sum_{i=1}^{N} |f_i(v)| = 0,$$

故有

$$|v|_{k+1,\,p,\,\Omega} = 0.$$

于是 $v \in \mathbb{P}_k(\Omega)$, 并注意到 $f_i(v) = 0, i = 1, 2, \cdots, N$, 由此得到 $v = 0$. 另一方面,

$$\|v\|_{k+1,p,\Omega} = \lim_{n\to\infty} \|v_n\|_{k+1,p,\Omega} = 1,$$

与 $v = 0$ 相矛盾. 故不等式 (9.35) 成立.

对任意给定的 $v \in W^{k+1,\,p}(\Omega)$, 取 $\widetilde{q} = -\sum\limits_{i=1}^{N} f_i(v)\, p_i$, 则有

$$f_i(v + \widetilde{q}) = 0, \quad i = 1,\, 2,\, \cdots,\, N.$$

于是根据不等式 (9.35) 得到

$$\begin{aligned}\|\dot{v}\|_{k+1,\,p,\,\Omega} &= \inf_{q\in\mathbb{P}_k(\Omega)} \|v+q\|_{k+1,\,p,\,\Omega} \leqslant \|v+\widetilde{q}\|_{k+1,\,p,\,\Omega}\\ &\lesssim \left(|v+\widetilde{q}|_{k+1,\,p,\,\Omega} + \sum_{i=1}^{N}|f_i(v+\widetilde{q})|\right)\\ &= |v|_{k+1,\,p,\,\Omega} = |\dot{v}|_{k+1,\,p,\,\Omega}.\end{aligned}$$

定理得证. □

定理 9.5 设 e 及 $\widehat{e}$ 为 $\mathbb{R}^n$ 的两个仿射等价闭子集, 而 s 为任一非负整数, 则对任意的 $v\in H^s(e)$ 及 $\widehat{v}=T_e v\in H^s(\widehat{e})$, 有不等式

$$|\widehat{v}|_{s,\,\widehat{e}} \lesssim \|\boldsymbol{B}_e\|^s|\det\boldsymbol{B}_e|^{-1/2}|v|_{s,\,e}, \tag{9.39}$$

$$|v|_{s,\,e} \lesssim \|\boldsymbol{B}_e^{-1}\|^s|\det\boldsymbol{B}_e|^{1/2}|\widehat{v}|_{s,\,\widehat{e}}, \tag{9.40}$$

式中 $\boldsymbol{B}_e$ 为由 (9.25) 式定义的仿射变换矩阵.

证明 由 (9.25) 式易知

$$\begin{aligned}|\widehat{v}|_{s,\,\widehat{e}}^2 &= \sum_{|\boldsymbol{\alpha}|=s}\int_{\widehat{e}}(\partial_{\boldsymbol{\xi}}^{\boldsymbol{\alpha}}\widehat{v}(\boldsymbol{\xi}))^2\,\mathrm{d}\boldsymbol{\xi}\\ &= \sum_{|\boldsymbol{\alpha}|=s}\int_{e}(\partial_{\boldsymbol{\xi}}^{\boldsymbol{\alpha}}\widehat{v}(\boldsymbol{\xi}))^2|\det\boldsymbol{B}_e|^{-1}\,\mathrm{d}\boldsymbol{x}.\end{aligned} \tag{9.41}$$

另一方面, 由链式求导法则有

$$\sum_{|\boldsymbol{\alpha}|=s}|\partial_{\boldsymbol{\xi}}^{\boldsymbol{\alpha}}\widehat{v}(\boldsymbol{\xi})|^2 \lesssim \sum_{|\boldsymbol{\alpha}|=s}\|\boldsymbol{B}_e\|^{2s}|\partial_{\boldsymbol{x}}^{\boldsymbol{\alpha}}v(\boldsymbol{x})|^2.$$

故由 (9.41) 式得到

$$|\widehat{v}|_{s,\,\widehat{e}}^2 \leqslant \sum_{|\boldsymbol{\alpha}|=s}\int_e|\partial_{\boldsymbol{x}}^{\boldsymbol{\alpha}}v(\boldsymbol{x})|^2\|\boldsymbol{B}_e\|^{2s}|\det\boldsymbol{B}_e|^{-1}\,\mathrm{d}\boldsymbol{x},$$

即证得不等式 (9.39). 类似可证明不等式 (9.40). □

定理 9.6 设非负整数 k, m 满足

$$H^{k+1}(\widehat{e}) \hookrightarrow C(\widehat{e}), \quad H^{k+1}(\widehat{e}) \hookrightarrow H^m(\widehat{e}),$$

且

$$\mathbb{P}_k(\widehat{e}) \subset \widehat{S} \subset H^m(\widehat{e}),$$

Π_e 及 $\widehat{\Pi}$ 分别为由 (9.33) 式及 (9.32) 式定义的插值算子. 则对任意的仿射等价单元 e 及任意的函数 $v \in H^{k+1}(e)$, 有

$$|v - \Pi_e v|_{m,\, e} \lesssim \frac{h_e^{k+1}}{\rho_e^m} |v|_{k+1,\, e},$$

式中 h_e 和 ρ_e 分别由 (9.27) 式和 (9.28) 式定义.

证明 对任意的 $\widehat{v} \in H^{k+1}(\widehat{e})$ 及 $\widehat{p} \in \mathbb{P}_k(\widehat{e})$, 由 (9.34) 式并注意到 $\widehat{I}$ (恒等算子) 及 $\widehat{\Pi}$ 均为从 $H^{k+1}(\widehat{e})$ 到 $H^m(\widehat{e})$ 的有界算子, 有

$$\begin{aligned}
|\widehat{v} - \widehat{\Pi}\widehat{v}|_{m,\, \widehat{e}} &\leqslant \|\widehat{v} - \widehat{\Pi}\widehat{v}\|_{m,\, \widehat{e}} \\
&= \|\widehat{v} - \widehat{\Pi}\widehat{v} + \widehat{p} - \widehat{\Pi}\widehat{p}\|_{m,\, \widehat{e}} \\
&= \|\widehat{I}(\widehat{v} + \widehat{p}) - \widehat{\Pi}(\widehat{v} + \widehat{p})\|_{m,\, \widehat{e}} \\
&\leqslant \|\widehat{I}(\widehat{v} + \widehat{p})\|_{m,\, \widehat{e}} + \|\widehat{\Pi}(\widehat{v} + \widehat{p})\|_{m,\, \widehat{e}} \\
&\leqslant (\|\widehat{I}\| + \|\widehat{\Pi}\|)\|\widehat{v} + \widehat{p}\|_{k+1,\, \widehat{e}} \\
&\lesssim \|\widehat{v} + \widehat{p}\|_{k+1,\, \widehat{e}}.
\end{aligned}$$

再利用定理 9.4 即得

$$|\widehat{v} - \widehat{\Pi}\widehat{v}|_{m,\, \widehat{e}} \lesssim \inf_{\widehat{p} \in \mathbb{P}_k(\widehat{e})} \|\widehat{v} + \widehat{p}\|_{k+1,\, \widehat{e}} \lesssim |\widehat{v}|_{k+1,\, \widehat{e}}. \tag{9.42}$$

由定理 9.3 知 $\widehat{\Pi}(T_e v) = T_e(\Pi_e v)$, 故有

$$\widehat{v} - \widehat{\Pi}\widehat{v} = T_e v - \widehat{\Pi}(T_e v) = T_e(v - \Pi_e v).$$

因此, 由 (9.40) 式得到

$$\begin{aligned}
|v - \Pi_e v|_{m,\, e} &\lesssim \|\boldsymbol{B}_e^{-1}\|^m |\det \boldsymbol{B}_e|^{1/2} |T_e(v - \Pi_e v)|_{m,\, \widehat{e}} \\
&= \|\boldsymbol{B}_e^{-1}\|^m |\det \boldsymbol{B}_e|^{1/2} |\widehat{v} - \widehat{\Pi}\widehat{v}|_{m,\, \widehat{e}}.
\end{aligned} \tag{9.43}$$

而由 (9.39) 式有

$$|\widehat{v}|_{k+1,\,\widehat{e}} \leqslant \|\boldsymbol{B}_e\|^{k+1}|\det \boldsymbol{B}_e|^{-1/2}|v|_{k+1,\,e}. \tag{9.44}$$

故综合 (9.42) 式, (9.43) 式和 (9.44) 式可知

$$|v-\Pi_e v|_{m,\,e} \lesssim \|\boldsymbol{B}_e^{-1}\|^m\|\boldsymbol{B}_e\|^{k+1}|v|_{k+1,\,e}.$$

结合引理 9.1, 即获得证明. □

对于网格剖分 $\mathcal{T}_h$, 如果存在常数 $c>0$, 使得对任意单元 $e\in\mathcal{T}_h$, 有估计 $h_e/\rho_e\leqslant c$, 则称 $\mathcal{T}_h$ 为**正规剖分**. 若网格为正规剖分, 则由定理 9.6 易得以下推论.

推论 9.1 设定理 9.6 条件成立, $\mathcal{T}_h$ 为 Ω 的有限元正规剖分单元簇, 则对簇中的任何单元 e, 有

$$\|v-\Pi_e v\|_{m,\,e} \lesssim h_e^{k+1-m}|v|_{k+1,\,e}, \quad v\in H^{k+1}(e).$$

在后文中均假设有限元网格剖分 $\mathcal{T}_h$ 是正规的.

9.2.3 二阶问题的误差估计

构造全局插值算子 $\Pi_h: C(\overline{\Omega}) \longrightarrow V_h \subset H^1(\Omega)$, 满足 $\Pi_h v|_e = \Pi_e v$. 记 $h=\max\limits_{e\in\mathcal{T}_h}(h_e)$, 则有以下全局插值误差估计.

定理 9.7 假设定理 9.6 及推论 9.1 中的条件成立, 则有估计

$$\|v-\Pi_h v\|_{m,\Omega} \lesssim h^{k+1-m}|v|_{k+1,\Omega}, \quad m=0,1. \tag{9.45}$$

证明 当 $m=0,1$ 时, 由推论 9.1 立知

$$
\begin{aligned}
\|v-\Pi_h v\|_{m,\,\Omega} &= \left(\sum_{e\in\mathcal{T}_h}\|v-\Pi_e v\|_{m,\,e}^2\right)^{1/2} \\
&\lesssim \left(\sum_{e\in\mathcal{T}_h} h_e^{2(k+1-m)}\ |v|_{k+1,\,e}^2\right)^{1/2} \\
&\lesssim h^{k+1-m}\left(\sum_{e\in\mathcal{T}_h}|v|_{k+1,\,e}^2\right)^{1/2} \\
&= h^{k+1-m}|v|_{k+1,\,\Omega}.
\end{aligned}
$$

定理得证. □

在后文中, 均假设有限元空间 V_h 满足估计式 (9.45), 而不逐一指出.

定理 9.8 考察二阶椭圆型方程边值问题的如下变分问题: 求 $u\in V$, 使得

$$A(u,v)=(f,\,v),\quad v\in V\subset H^1(\Omega),$$

式中 $A(\cdot,\cdot)$ 连续且 V-椭圆, $(f,\,v)$ 在 V 上连续. 若 u_h 为在 V_h 中的有限元解, 则有

$$\|u-u_h\|_{1,\,\Omega}\lesssim h^k|u|_{k+1,\,\Omega}.$$

证明 应用 Céa 引理, 取 $v_h=\Pi_h u$, 得到

$$\|u-u_h\|_{1,\,\Omega}\leqslant (M/\alpha)\ \|u-\Pi_h u\|_{1,\,\Omega}\lesssim h^k|u|_{k+1,\,\Omega}.$$

定理得证. □

注 9.1 若采用三角形线性 $(k=1)$ 有限元方法求解问题 (9.5), 可直接根据定理 9.8 获得误差估计 (9.24).

9.2.4 L^2 范数误差估计

考察以下变分问题: 求 $u\in V$, 使得

$$A(u,\,v)=(f,\,v),\quad v\in V, \tag{9.46}$$

式中 $f \in L^2(\Omega)$, $V \subset H^1(\Omega)$, 且双线性 $A(\cdot,\cdot)$ 满足 Lax-Milgram 定理的条件. 相应的协调有限元方法为: 求 $u_h \in V_h \subset V$, 满足

$$A(u_h, v_h) = (f, v_h), \quad v_h \in V_h. \tag{9.47}$$

定理 9.9 (Aubin-Nitsche) 设 u 与 u_h 分别为问题 (9.46) 和 (9.47) 的解, 则

$$\|u-u_h\|_{0,\Omega} \lesssim \|u-u_h\|_{1,\Omega} \sup_{g\in L^2(\Omega)} \left\{\frac{1}{\|g\|_{0,\Omega}} \inf_{v_h\in V_h} \|\varphi_g - v_h\|_{1,\Omega}\right\},$$

式中对任意的 $g \in L^2(\Omega)$, $\varphi_g \in V$ 是变分问题

$$A(v, \varphi_g) = (g, v), \quad v \in V \tag{9.48}$$

的唯一解.

证明 由 L^2 范数定义立知

$$\|u-u_h\|_{0,\Omega} = \sup_{g\in L^2(\Omega)} \frac{|(u-u_h, g)|}{\|g\|_{0,\Omega}}. \tag{9.49}$$

由 (9.46) 式和 (9.47) 式可知 Galerkin 正交性

$$A(u-u_h, v_h) = 0, \quad v_h \in V_h.$$

在 (9.48) 式中取 $v = u - u_h$, 则对任意的 $v_h \in V_h$, 有

$$\begin{aligned}
|(g, u-u_h)| &= |A(u-u_h, \varphi_g)| \\
&= |A(u-u_h, \varphi_g - v_h)| \\
&\lesssim \|u-u_h\|_{1,\Omega} \cdot \|\varphi_g - v_h\|_{1,\Omega}.
\end{aligned}$$

故

$$|(g, u-u_h)| \lesssim \|u-u_h\|_{1,\Omega} \inf_{v_h\in V_h} \|\varphi_g - v_h\|_{1,\Omega}.$$

再由 (9.49) 式证得本定理. □

为了获得问题 (9.46) 和 (9.47) 的 L^2 范数误差估计, 假定当 $f \in L^2(\Omega)$ 及 $g \in L^2(\Omega)$, 则问题 (9.46) 和 (9.48) 的解 $u, \varphi_g \in V \cap H^2(\Omega)$, 且

$$\|u\|_{2,\Omega} \lesssim \|f\|_{0,\Omega}, \quad \|\varphi_g\|_{2,\Omega} \lesssim \|g\|_{0,\Omega}. \tag{9.50}$$

定理 9.10 设 $u \in H^{k+1}(\Omega) \cap V$ 及 u_h 分别为问题 (9.46) 及 (9.47) 的解, 则有

$$\|u - u_h\|_{0,\Omega} \lesssim h^{k+1}|u|_{k+1,\Omega}.$$

证明 由插值误差估计 (9.45) 及正则性估计 (9.50) 可得

$$\inf_{v_h \in V_h} \|\varphi_g - v_h\| \leqslant \|\varphi_g - \Pi_h\varphi_g\| \lesssim h\|\varphi_g\|_{2,\Omega} \lesssim h\|g\|_{0,\Omega}.$$

结合定理 9.8 及定理 9.9 证得本定理. □

9.2.5 非光滑解的收敛性

以上给出的误差估计中要求原问题的解 $u \in H^{k+1}(\Omega)$ $(k \geqslant 1)$. 若二阶问题的解 u 达不到这样的光滑性要求, 而仅有 $u \in H^1(\Omega)$, 则上述误差估计结果不成立. 但以下定理表明, 有限元方法依然收敛.

定理 9.11 设空间 $V = H^1(\Omega)$ 且 $V_h \subset V$ 是有限元空间, u 及 u_h 分别为问题 (9.46) 和 (9.47) 的解, 则有

$$\lim_{h\to 0} \|u - u_h\|_{1,\Omega} = 0.$$

证明 由于 $C^\infty(\overline{\Omega})$ 在 $H^1(\Omega)$ 中稠密, 可知任给 $\varepsilon > 0$, 存在 $u_\varepsilon \in C^\infty(\overline{\Omega})$, 使得

$$\|u - u_\varepsilon\|_{1,\Omega} < \frac{\varepsilon}{2}.$$

根据 Céa 引理,

$$\begin{aligned}
\|u - u_h\|_{1,\Omega} &\lesssim \inf_{v_h \in V_h} \|u - u_\varepsilon + u_\varepsilon - v_h\|_{1,\Omega} \\
&\lesssim \inf_{v_h \in V_h} \left(\|u - u_\varepsilon\|_{1,\Omega} + \|u_\varepsilon - v_h\|_{1,\Omega}\right) \\
&\lesssim \left(\|u - u_\varepsilon\|_{1,\Omega} + \|u_\varepsilon - \Pi_h u_\varepsilon\|_{1,\Omega}\right).
\end{aligned}$$

注意到 $u_\varepsilon \in C^\infty(\overline{\Omega})$, 由插值逼近定理 (定理 9.6 或推论 9.1), 只要取 $h_0 > 0$ 充分小, 则当 $h < h_0$ 时,

$$\|u_\varepsilon - \Pi_h u_\varepsilon\|_{1,\Omega} < \frac{\varepsilon}{2},$$

从而有

$$\|u - u_h\|_{1,\Omega} \lesssim \left(\frac{\varepsilon}{2} + \frac{\varepsilon}{2}\right) = \varepsilon.$$

定理得证. □

9.3 抛物型方程的有限元法

9.3.1 半离散有限元法

设 $\Omega \subset \mathbb{R}^2$ 为有界凸域, 其边界记为 Γ, 考虑抛物型方程初边值问题:

$$\begin{cases} \dot{u} - \Delta u = f, & (\boldsymbol{x}, t) \in \Omega \times (0, T), \\ u(\boldsymbol{x}, t) = 0, & (\boldsymbol{x}, t) \in \Gamma \times (0, T), \\ u(\boldsymbol{x}, 0) = u_0(\boldsymbol{x}), & \boldsymbol{x} \in \Omega. \end{cases} \tag{9.51}$$

这里, $T > 0$, $u_0(\boldsymbol{x})$ 为给定的初值, $\dot{u} := \dfrac{\partial u}{\partial t} = u_t$, 也记 $\ddot{u} := \dfrac{\partial^2 u}{\partial t^2} = u_{tt}$.

本节对空间变量离散化, 即获得半离散数值计算格式. 利用虚功原理将原问题改写为变分形式. 用函数 $\varphi(\boldsymbol{x}) \in H_0^1(\Omega)$ 与问题 (9.51) 的第一式两端做内积, 并利用格林公式有

$$(\dot{u}, \varphi) + A(u, \varphi) = (f, \varphi), \quad \varphi \in H_0^1(\Omega), t \in (0, T),$$

式中 $A(u, \varphi) := \displaystyle\int_\Omega \nabla u \cdot \nabla \varphi \, \mathrm{d}\boldsymbol{x}$. 这样就获得了问题 (9.51) 的变分形式:

$$\begin{cases} (\dot{u}, \varphi) + A(u, \varphi) = (f, \varphi), & \varphi \in H_0^1(\Omega), t \in (0, T), \\ u(\boldsymbol{x}, 0) = u_0(\boldsymbol{x}), & \boldsymbol{x} \in \Omega. \end{cases} \tag{9.52}$$

问题 (9.52) 的解 $u(t) : [0, T] \to H_0^1(\Omega)$ 称为原问题 (9.51) 的弱解.

对于给定的有限元空间 $V_h \subset H_0^1(\Omega)$, 问题 (9.51) 的**半离散有限元近似**为: 求映射 $u_h(t) : \overline{I} = [0, T] \to V_h$, 满足

$$\begin{cases} (\dot{u}_h, v_h) + A(u_h, v_h) = (f, v_h), \quad v_h \in V_h, \\ u_h(0) = u_h^0(\boldsymbol{x}), \end{cases} \tag{9.53}$$

式中 $u_h^0(\boldsymbol{x}) \in V_h$ 为函数 $u_0(\boldsymbol{x})$ 的某种近似.

设 $\{\phi_j(\boldsymbol{x})\}_{j=1}^{M_h}$ 为空间 V_h 的一个基底, 则近似问题 (9.53) 可表述为, 求函数表达式

$$u_h(\boldsymbol{x}, t) = \sum_{j=1}^{M_h} \alpha_j(t)\phi_j(\boldsymbol{x}),$$

即需求出系数 $\{\alpha_j(t)\}_{j=1}^{M_h}$, 满足

$$\begin{cases} \displaystyle\sum_{j=1}^{M_h} \alpha_j'(t)(\phi_j, \phi_i) + \sum_{j=1}^{M_h} \alpha_j(t)A(\phi_j, \phi_i) = (f, \phi_i), \quad i = 1, 2, \cdots, M_h, \\ \alpha_j(0) = \gamma_j, \quad j = 1, 2, \cdots, M_h, \end{cases} \tag{9.54}$$

式中 $\alpha_j' := \dfrac{\mathrm{d}\alpha_j}{\mathrm{d}t}$, γ_j 为 $u_h^0(\boldsymbol{x}) = \displaystyle\sum_{j=1}^{M_h} \gamma_j\phi_j(\boldsymbol{x})$ 的系数. (9.54) 式为一个常微分方程组初值问题. 记

$$\begin{aligned} \boldsymbol{M} &= [m_{ij}]_{M_h \times M_h} \text{ 为质量矩阵}, \quad m_{ij} = (\phi_j, \phi_i), \\ \boldsymbol{K} &= [k_{ij}]_{M_h \times M_h} \text{ 为刚度矩阵}, \quad k_{ij} = A(\phi_j, \phi_i), \\ \boldsymbol{F} &= [f_i] \text{ 为荷载向量}, \quad f_i = (f, \phi_i), i = 1, 2, \cdots, M_h, \end{aligned}$$

$\boldsymbol{\alpha}(t) = [\alpha_1(t), \alpha_2(t), \cdots, \alpha_{M_h}(t)]^{\mathrm{T}}$ 为未知向量且 $\boldsymbol{\gamma} = [\gamma_1, \gamma_2, \cdots, \gamma_{M_h}]^{\mathrm{T}}$, 则可将 (9.54) 式写成矩阵形式:

$$\begin{cases} \boldsymbol{M}\boldsymbol{\alpha}'(t) + \boldsymbol{K}\boldsymbol{\alpha}(t) = \boldsymbol{F}(t), \quad t \in (0, T), \\ \boldsymbol{\alpha}(0) = \boldsymbol{\gamma}. \end{cases} \tag{9.55}$$

由于 $\boldsymbol{M}$ 对称正定, 由常微分方程理论可知初值问题 (9.55) 存在唯一解 $\boldsymbol{\alpha}(t)$, 从而半离散有限元近似 (9.53) 存在唯一解 $u_h(\boldsymbol{x}, t)$.

为了获得误差估计, 先对半离散方法进行稳定性分析. 在后文中, 简记 $\|\cdot\|$ 为空间方向的 $L^2(\Omega)$ 范数. 在 (9.53) 式中选取 $v_h = u_h(t)$, 得到

$$(\dot{u}_h, u_h) + A(u_h, u_h) = (f, u_h).$$

注意到 $A(u_h, u_h) \geqslant 0$, 故有

$$(\dot{u}_h, u_h) = \frac{1}{2}\frac{\mathrm{d}}{\mathrm{d}t}\|u_h\|^2 = \|u_h\| \cdot \frac{\mathrm{d}}{\mathrm{d}t}\|u_h\| \leqslant \|f\| \cdot \|u_h\|,$$

即

$$\frac{\mathrm{d}}{\mathrm{d}t}\|u_h\| \leqslant \|f\|.$$

对上式两边同时积分即获得稳定性估计

$$\|u_h(t)\| \leqslant \|u_h^0\| + \int_0^t \|f\|\,\mathrm{d}s, \quad t \in (0, T). \tag{9.56}$$

9.3.2　误差分析

以下给出有关误差估计的定理. 方便起见, 这里及以后, 假定连续问题的解具有误差估计式右端出现的范数所表明的正则性.

定理 9.12　设 u 与 u_h 分别为问题 (9.51) 及 (9.53) 的解, 对于 $t \in (0, T)$, 有

$$\|u(t) - u_h(t)\| \lesssim \|u_h^0 - u_0\| + h^2 \left(\|u_0\| + \int_0^t \|\dot{u}\|_2 \,\mathrm{d}s \right).$$

证明　引入椭圆投影算子 $R_h : H_0^1(\Omega) \to V_h$, 满足

$$A(R_h w, v_h) = A(w, v_h), \quad v_h \in V_h. \tag{9.57}$$

显然 $R_h w$ 为椭圆问题解 w 的有限元近似, 由误差估计定理 9.8 有

$$\|w - R_h w\| + h|w - R_h w|_1 \lesssim h^s \|w\|_s, \quad s = 1, 2. \tag{9.58}$$

将误差 $e_h = u_h - u$ 分解为 $e_h = \theta + \rho$, 式中

$$\theta = u_h - R_h u, \quad \rho = R_h u - u. \tag{9.59}$$

由 (9.58) 式并注意到 $u(t)-u_0=\int_0^t \dot{u}\,\mathrm{d}s$, 可知

$$\|\rho(t)\| \lesssim h^2\|u(t)\|_2 = h^2\left\|u_0+\int_0^t \dot{u}\,\mathrm{d}s\right\|_2$$
$$\lesssim h^2\left(\|u_0\|_2+\int_0^t \|\dot{u}\|_2\,\mathrm{d}s\right). \tag{9.60}$$

另一方面利用 (9.59) 式, (9.53) 式, (9.52) 式, (9.57) 式及 $R_h\dot{u}=\dot{(R_h u)}$, 有

$$(\dot{\theta},v_h)+A(\theta,v_h)=(\dot{u_h},v_h)-(R_h\dot{u},v_h)+A(u_h,v_h)-A(R_hu,v_h)$$
$$=(f,v_h)-(R_h\dot{u},v_h)-A(u,v_h)$$
$$=(\dot{u}-R_h\dot{u},v_h), \tag{9.61}$$

即

$$(\dot{\theta},v_h)+A(\theta,v_h)=-(\dot{\rho},v_h),\quad v_h\in V_h. \tag{9.62}$$

从而利用稳定性估计结果 (9.56) 式可得

$$\|\theta(t)\|\leqslant\|\theta(0)\|+\int_0^t\|\dot{\rho}\|\,\mathrm{d}s, \tag{9.63}$$

而且

$$\|\theta(0)\|=\|u_h^0-R_hu_0\|\leqslant\|u_h^0-u_0\|+\|R_hu_0-u_0\|$$
$$\lesssim\|u_h^0-u_0\|+h^2\|u_0\|_2, \tag{9.64}$$

$$\|\dot{\rho}\|=\|R_h\dot{u}-\dot{u}\|\lesssim h^2\|\dot{u}\|_2. \tag{9.65}$$

综合 (9.60) 式 ~ (9.65) 式证得本定理. □

9.3.3 全离散格式及其误差分析

在前述空间半离散格式 (9.53) 的基础上, 在时间方向上采用向后 Euler 方法进行离散计算. 设 k 为时间步长, $U^n\in V_h, n\geqslant 1$ 为 $u(t)$ 在 $t=t_n=nk$ 处的近似. 引入记号

$$\partial^n U:=(U^n-U^{n-1})/k,\quad f^n:=f(t_n),$$

则问题 (9.51) 的全离散计算格式为: 求 $U^n \in V_h$, 使得

$$\begin{cases} (\partial^n U, \varphi) + A(U^n, \varphi) = (f^n, \varphi), \quad \varphi \in V_h, n \geqslant 1, \\ U^0 = u_h^0(\boldsymbol{x}). \end{cases} \tag{9.66}$$

注意到

$$U^n(\boldsymbol{x}) = \sum_{j=1}^{M_h} \alpha_j^n \phi_j(\boldsymbol{x}),$$

(9.66) 式可写为矩阵形式:

$$\begin{cases} \boldsymbol{M\alpha}^n + k\boldsymbol{K\alpha}^n = \boldsymbol{M\alpha}^{n-1} + k\boldsymbol{F}^n, \quad n \geqslant 1, \\ \boldsymbol{\alpha}^0 = \boldsymbol{\gamma}, \end{cases} \tag{9.67}$$

式中 $\boldsymbol{\alpha}^n$ 是以 α_j^n 为分量的向量, $\boldsymbol{F}^n := \boldsymbol{F}(t_n)$.

在 (9.66) 式中选取 $\varphi = U^n$, 可得

$$(\partial^n U, U^n) \leqslant \|f^n\| \cdot \|U^n\|,$$

即

$$\|U^n\|^2 - (U^{n-1}, U^n) \leqslant k\|f^n\| \cdot \|U^n\|.$$

由 $(U^{n-1}, U^n) \leqslant \|U^{n-1}\| \cdot \|U^n\|$ 可知

$$\|U^n\| \leqslant \|U^{n-1}\| + k\|f^n\|, \quad n \geqslant 1.$$

于是有

$$\|U^n\| \leqslant \|U^0\| + k\sum_{j=1}^{n} \|f^j\|. \tag{9.68}$$

上式表明全离散计算格式是无条件稳定的.

以下给出全离散格式的误差估计结果.

定理 9.13 设 u 与 U^n 分别为问题 (9.51) 和 (9.66) 的解, $u_h^0(\boldsymbol{x})$ 为 $u_0(\boldsymbol{x})$ 的 L^2 正交投影, 则对 $n \geqslant 0$, 有

$$\|U^n - u(t_n)\| \lesssim h^2\|u_0\|_2 + h^2\int_0^{t_n} \|u_t\|_2 \,\mathrm{d}s + k\int_0^{t_n} \|u_{tt}\| \,\mathrm{d}s.$$

证明 将误差分解为

$$U^n - u(t_n) = \big(U^n - R_h u(t_n)\big) + \big(R_h u(t_n) - u(t_n)\big) =: \theta^n + \rho^n. \quad (9.69)$$

由获得 (9.61) 式的方法可知

$$(\partial^n \theta, \varphi) + A(\theta^n, \varphi) = -(I^n, \varphi),$$

式中

$$I^n = R_h \partial^n u - u_t(t_n) = (R_h - I)\partial^n u + (\partial^n u - u_t(t_n)) =: I_1^n + I_2^n.$$

从而利用稳定性估计结果 (9.68) 得到

$$\|\theta^n\| \leqslant \|\theta^0\| + k\sum_{j=1}^{n} \|I_1^j\| + k\sum_{j=1}^{n} \|I_2^j\|, \quad (9.70)$$

并且有

$$\|\theta^0\| \leqslant \|U^0 - R_h u_0\| \leqslant \|u_0 - U^0\| + \|u_0 - R_h u_0\| \lesssim h^2 \|u_0\|_2. \quad (9.71)$$

由于

$$I_1^j = (R_h - I)k^{-1}\int_{t_{j-1}}^{t_j} \dot{u}\,\mathrm{d}s = k^{-1}\int_{t_{j-1}}^{t_j} (R_h - I)\dot{u}\,\mathrm{d}s,$$

有

$$k\sum_{j=1}^{n} \|I_1^j\| \lesssim \sum_{j=1}^{n} \int_{t_{j-1}}^{t_j} h^2 \|\dot{u}\|_2\,\mathrm{d}s = h^2 \int_0^{t_n} \|\dot{u}\|_2\,\mathrm{d}s. \quad (9.72)$$

根据 Taylor 公式有

$$I_2^j = k^{-1}\big(u(t_j) - u(t_{j-1})\big) - u_t(t_j) = -k^{-1}\int_{t_{j-1}}^{t_j} (s - t_{j-1}) u_{tt}(s)\mathrm{d}s,$$

从而

$$k\sum_{j=1}^{n} \|I_2^j\| \leqslant \sum_{j=1}^{n} \left\| \int_{t_{j-1}}^{t_j} (s - t_{j-1})\ u_{tt}(s)\mathrm{d}s \right\| \leqslant k\int_0^{t_n} \|u_{tt}\|\,\mathrm{d}s. \quad (9.73)$$

另一方面

$$\|\rho^n\| \lesssim h^2 \|u(t_n)\|_2 \lesssim h^2 \left(\|u_0\|_2 + \int_0^{t_n} \|u_t\|_2\,\mathrm{d}s \right). \quad (9.74)$$

综合 (9.69) 式 ~ (9.74) 式即证得定理. □

9.3.4 二维抛物型方程的求解算例

例 9.1 求解以下抛物型方程问题:

$$\begin{cases} \dfrac{\partial u}{\partial t} - \Delta u(x,y) = f, \quad (x,y) \in \Omega,\, t \in (0,T), \\ u = 0, \quad (x,y) \in \Gamma_D,\, t \in (0,T), \\ \partial_{\boldsymbol{n}} u = g, \quad (x,y) \in \Gamma_N,\, t \in (0,T), \\ u = u_0, \quad (x,y) \in \Omega,\, t = 0, \end{cases} \tag{9.75}$$

式中 $\Omega, \Gamma_N, \Gamma_D$ 与例 8.2 中的定义一致, $T = 1$, 且

$$f(x,y,t) = \mathrm{e}^{-t} \sin(\pi x)(\pi^2 y^2 - y^2 - 2), \quad g(x,y,t) = 2\mathrm{e}^{-t} \sin(\pi x),$$
$$u_0(x,y,0) = y^2 \sin(\pi x).$$

问题 (9.75) 的真解为 $u(x,y,t) = \mathrm{e}^{-t} y^2 \sin(\pi x)$.

在时间方向采用向后差分格式, 将区间 $[0,T]$ 分成 N 等份, 时间步长为 $dt = T/N$, 从而获得问题 (9.75) 第一式的离散格式为

$$(\mathrm{id} - dt\Delta)u_n = dt f_n + u_{n-1}, \tag{9.76}$$

式中 $f_n = f(x,y,t_n)$, u_n 为 u 在时间 $t_n = ndt$ 处的离散近似, id 为单位算子. (9.76) 式的弱形式为

$$\begin{aligned} &\int_\Omega u_n v \mathrm{d}x\mathrm{d}y + dt \int_\Omega \nabla u_n \cdot \nabla v \mathrm{d}x\mathrm{d}y \\ &= dt \left(\int_\Omega f_n v \mathrm{d}x\mathrm{d}y + \int_{\Gamma_N} g_n v \mathrm{d}s \right) + \int_\Omega u_{n-1} v \mathrm{d}x\mathrm{d}y, \end{aligned}$$

式中 $g_n = g(x,y,t_n)$. 在每一时间步, 用有限元方法求解此方程, 得到线性系统

$$(dt\boldsymbol{A} + \boldsymbol{B})\, \boldsymbol{U}_n = dt\boldsymbol{b} + \boldsymbol{B}\boldsymbol{U}_{n-1},$$

式中, $\boldsymbol{A}$ 为整体刚度矩阵, $\boldsymbol{b}$ 为右端项, 可参见 (8.9) 式, $\boldsymbol{B}$ 为整体质量矩阵, 即为 (7.15) 式中的 $\boldsymbol{M}$. 由此将 `fem2d.m` 修改为主程序

fem2d_para bolic.m, 子程序 f.m, g.m 及 u_d.m 也有修改, 如下所示, 其余与例 8.2 中的一致:

```
1  clc;clear;
2  %  fem2d_parabolic.m
3  % ----- Initialisation ----------
4  load node.mat; load elem3.mat; load elem4.mat; load
   dirichlet.mat;
5  load neumann.mat;
6  N =size(node,1); NT3 =size(elem3,1); NT4=size(elem4,1);
7  FreeNodes = setdiff(1:N,unique(dirichlet));
8  A = sparse(N,N); B = sparse(N,N);
9  T = 1; dt = 0.01; L = T/dt;
10  U = zeros(N,L+1);
11  % --------- Assembly ---------
12  for j = 1:NT3
13       index = elem3(j,:);
14       A(index,index) = A(index,index) + stima3(node
             (index,:));
15       B(index,index) = B(index,index) +
             det([1,1,1;node(index,:)'])*[2,1,1;1,2,1;1,1,
             2]/24;
16  end
17
18  % Initial Condition
19  U(:,1)=sin(pi*node(:,1)).*(node(:,2).^2);
    % interpolation
20  % ----------- time steps ---------------
21  for n = 2:L+1
22       b = sparse(N,1);
23       % Volume Forces
```

```
24      for j = 1:NT3
25          index = elem3(j,:);
26          b(index) = b(index) + ...
27              det([1,1,1; node(index,:)'])* ...
28              dt*f(sum(node(index,:))/3,n*dt)/6;
29      end
30      % Neumann conditions
31      for j = 1 : size(neumann,1)
32          index = neumann(j,:);
33          b(index) = b(index) + ...
34              norm(node(index(1),:)-node(index(2),:))*...
35              dt*g(sum(node(index,:))/2,n*dt)/2;
36      end
37      % previous time step
38      b = b + B * U(:,n-1);
39      % Dirichlet conditions
40      u = sparse(N,1);
41      u(unique(dirichlet)) = u_d(node(unique(dirichlet),
            :),n*dt);
42      b = b - (dt * A + B)* u;
43      % Computation of the solution
44      u(FreeNodes) = (dt*A(FreeNodes,FreeNodes)+ ...
45          B(FreeNodes,FreeNodes))\b(FreeNodes);
46      U(:,n)= u;
47  end
48  % -------- graphic representation ---------
49  show(elem3,[],node,full(U(:,L+1)));
50
51  % f.m
```

```
52  function VolumeForce = f(x,t)
53  VolumeForce=exp(-t)*sin(pi*x(1))*(pi^2*x(2)^2-x(2)^2
    -2);
54
55  % g.m
56  function Stress = g(x,t)
57  Stress = 2*exp(-t)*sin(pi*x(1));
58
59
60  % u_d.m
61  function DirichletBoundaryValue = u_d(x,t)
62  DirichletBoundaryValue = zeros(size(x,1),1);
```

图 9.2 给出了 $t=1$ 时数值解 U 的图像.

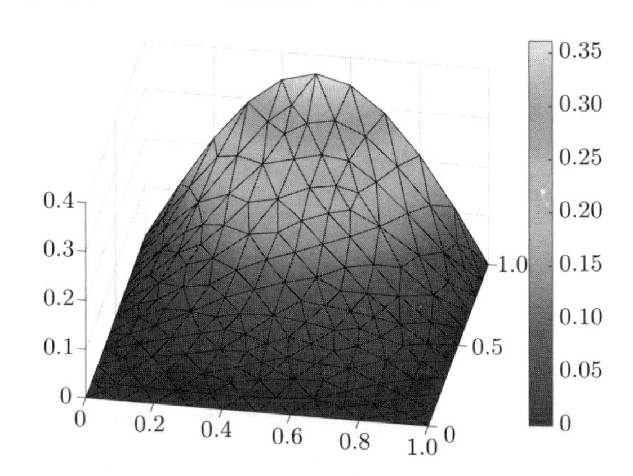

图 9.2 二维抛物型方程的数值解 ($t=1, dt=0.01$)

9.4 双曲型方程的有限元法

9.4.1 误差分析

设 $\Omega\subset\mathbb{R}^2$ 为有界凸域, 其边界记为 Γ, 考虑双曲型方程初边

值问题:

$$
\begin{cases}
\ddot{u} - \Delta u = f, \quad (\boldsymbol{x}, t) \in \Omega \times (0, T), \\
u(\boldsymbol{x}, t) = 0, \quad (\boldsymbol{x}, t) \in \Gamma \times (0, T), \\
u(\boldsymbol{x}, 0) = u_0(\boldsymbol{x}), \dot{u}(\boldsymbol{x}, 0) = u_1(\boldsymbol{x}), \quad \boldsymbol{x} \in \Omega.
\end{cases} \tag{9.77}
$$

这里, $T > 0$, $u_0(\boldsymbol{x}), u_1(\boldsymbol{x})$ 为给定的初值.

在空间方向上离散就获得了求解方程 (9.77) 的半离散有限元格式, 即求映射 $u_h(t) : \overline{I} = [0, T] \to V_h$, 满足

$$
\begin{cases}
(\ddot{u}_h, v_h) + A(u_h, v_h) = (f, v_h), \quad v_h \in V_h, \\
u_h(0) = u_h^0(\boldsymbol{x}), \dot{u}_h(0) = u_h^1(\boldsymbol{x}),
\end{cases} \tag{9.78}
$$

式中 $u_h^0(\boldsymbol{x})$ 和 $u_h^1(\boldsymbol{x})$ 分别为函数 $u_0(\boldsymbol{x})$ 及 $u_1(\boldsymbol{x})$ 的某种近似, $V_h \subset H_0^1(\Omega)$ 为给定的有限元空间. 若记

$$
u_h(\boldsymbol{x}, t) = \sum_{j=1}^{M_h} \alpha_j(t) \phi_j(\boldsymbol{x}),
$$

$$
u_h^0(\boldsymbol{x}) = \sum_{j=1}^{M_h} \gamma_j \phi_j(\boldsymbol{x}), \quad u_h^1(\boldsymbol{x}) = \sum_{j=1}^{M_h} \beta_j \phi_j(\boldsymbol{x}),
$$

则 (9.78) 式可表示为

$$
\begin{cases}
\boldsymbol{M}\boldsymbol{\alpha}''(t) + \boldsymbol{K}\boldsymbol{\alpha}(t) = \boldsymbol{F}(t), \quad t \in (0, T), \\
\boldsymbol{\alpha}(0) = \boldsymbol{\gamma}, \boldsymbol{\alpha}'(0) = \boldsymbol{\beta},
\end{cases} \tag{9.79}
$$

这里, $\boldsymbol{\gamma} = [\gamma_1, \gamma_2, \cdots, \gamma_{M_h}]^{\mathrm{T}}$, $\boldsymbol{\beta} = [\beta_1, \beta_2, \cdots, \beta_{M_h}]^{\mathrm{T}}$, $\boldsymbol{M}, \boldsymbol{K}, \boldsymbol{F}$ 与 (9.55) 式定义相同. 显然 (9.79) 式为二阶常微分方程组.

以下给出半离散方法 (9.78) 的误差估计.

定理 9.14 设 u_h 与 u 分别为问题 (9.78) 及问题 (9.77) 的解, 则有以下误差估计:

$$
\begin{aligned}
\|u_{h,t}(t) - u_t(t)\| \lesssim & \left(|u_h^0 - R_h u_0|_1 + \|u_h^1 - R_h u_1\|\right) \\
& + h^2 \left(\|u_t(t)\|_2 + \int_0^t \|u_{tt}\|_2 \, \mathrm{d}s\right), \\
\|u_h(t) - u(t)\| \lesssim & \left(|u_h^0 - R_h u_0|_1 + \|u_h^1 - R_h u_1\|\right) \\
& + h^2 \left(\|u_t(t)\|_2 + \int_0^t \|u_{tt}\|_2 \, \mathrm{d}s\right),
\end{aligned}
$$

$$
\begin{aligned}
|u_h(t)-u(t)|_1 \lesssim & \left(|u_h^0-R_hu_0|_1+\|u_h^1-R_hu_1\|\right) \\
& +h\left(\|u_t(t)\|_2+\int_0^t\|u_{tt}\|_1\,\mathrm{d}s\right).
\end{aligned}
$$

证明 令

$$
u_h-u=(u_h-R_hu)+(R_hu-u)=:\theta+\rho.
$$

由插值误差估计结果可知

$$
\|\rho(t)\|+h|\rho(t)|_1 \lesssim h^2\|u(t)\|_2, \tag{9.80}
$$

$$
\|\rho_t(t)\| \lesssim h^2\|u_t(t)\|_2. \tag{9.81}
$$

利用推导 (9.62) 式的方法, 可得

$$
(\ddot{\theta},\varphi)+A(\theta,\varphi)=-(\rho_{tt},\varphi),\quad \varphi\in V_h,\ t>0.
$$

在上式中选取 $\varphi=\dot{\theta}$, 得

$$
\frac{1}{2}\frac{\mathrm{d}}{\mathrm{d}t}(\|\theta_t\|^2+|\theta|_1^2)\leqslant\|\rho_{tt}\|\cdot\|\theta_t\|,
$$

对上式两边同时积分, 有

$$
\begin{aligned}
\|\theta_t(t)\|^2+|\theta(t)|_1^2 &\leqslant \|\theta_t(0)\|^2+|\theta(0)|_1^2+2\int_0^t\|\rho_{tt}\|\cdot\|\theta_t\|\,\mathrm{d}s \\
&\leqslant \|\theta_t(0)\|^2+|\theta(0)|_1^2+2\left(\int_0^t\|\rho_{tt}\|\,\mathrm{d}s\right)^2 \\
&\quad +\frac{1}{2}\max_{z\in[0,T]}\|\dot{\theta}(z)\|^2,\quad t\in[0,T],
\end{aligned}
$$

即

$$
\frac{1}{2}\max_{z\in[0,T]}\|\dot{\theta}(z)\|^2\leqslant\|\theta_t(0)\|^2+|\theta(0)|_1^2+2\left(\int_0^t\|\rho_{tt}\|\,\mathrm{d}s\right)^2.
$$

从而有

$$
\|\theta_t(t)\|^2+|\theta(t)|_1^2\leqslant 2(\|\theta_t(0)\|^2+|\theta(0)|_1^2)+4\left(\int_0^t\|\rho_{tt}\|\,\mathrm{d}s\right)^2.
$$

于是得

$$\begin{aligned}\|\theta_t(t)\|+\|\theta(t)\| &\lesssim (\|\theta_t(t)\|+|\theta(t)|_1)\\ &\lesssim (\|u_h^1-R_hu_1\|+|u_h^0-R_hu_0|_1)+h^2\int_0^t\|u_{tt}\|_2\,\mathrm{d}s,\end{aligned}$$

且有

$$|\theta(t)|_1\lesssim (\|u_h^1-R_hu_1\|+|u_h^0-R_hu_0|_1)+h\int_0^t\|u_{tt}\|_1\,\mathrm{d}s.$$

再联立 (9.80) 式和 (9.81) 式即证得定理. □

9.4.2 二维双曲型方程的求解算例

例 9.2 求解以下双曲型方程问题:

$$\begin{cases}\dfrac{\partial^2 u}{\partial t^2}-\Delta u(x,y)=f, & (x,y)\in\Omega,\ t\in(0,T),\\ u=0, & (x,y)\in\Gamma_D,\ t\in(0,T),\\ \partial_{\boldsymbol{n}}u=g, & (x,y)\in\Gamma_N,\ t\in(0,T),\\ u=u_0,\ \dfrac{\partial u}{\partial t}=v_0, & (x,y)\in\Omega,\ t=0,\end{cases}\tag{9.82}$$

式中 Ω,Γ_N,Γ_D 与例 8.2 中的定义一致, $T=2$, 且

$$f(x,y,t)=\mathrm{e}^{-t}\sin(\pi x)(\pi^2y^2+y^2-2),\quad g(x,y,t)=2\mathrm{e}^{-t}\sin(\pi x),$$
$$u_0(x,y,0)=y^2\sin(\pi x),\quad v_0(x,y,t)=-y^2\sin(\pi x).$$

问题 (9.82) 的真解为 $u(x,y,t)=\mathrm{e}^{-t}y^2\sin(\pi x)$.

在时间方向采用二阶中心差分格式, 与例 9.1 类似, 获得问题 (9.82) 第一式的离散格式为

$$u_{n+1}=(2\mathrm{id}+dt^2\Delta)\,u_n+dt^2f_n-u_{n-1}.\tag{9.83}$$

(9.83) 式的弱形式为

$$\begin{aligned}\int_\Omega u_{n+1}v\mathrm{d}x\mathrm{d}y=&\,2\int_\Omega u_nv\mathrm{d}x\mathrm{d}y-dt^2\int_\Omega\nabla u_n\cdot\nabla v\mathrm{d}x\mathrm{d}y\\ &+dt^2\left(\int_\Omega f_nv\mathrm{d}x\mathrm{d}y+\int_{\Gamma_N}g_nv\mathrm{d}s\right)-\int_\Omega u_{n-1}v\mathrm{d}x\mathrm{d}y.\end{aligned}$$

故在每一时间步, 由有限元方法得到线性系统:

$$\boldsymbol{B}\boldsymbol{U}_{n+1} = 2\boldsymbol{B}\boldsymbol{U}_n - dt^2\boldsymbol{A}\boldsymbol{U}_n + dt^2\boldsymbol{b} - \boldsymbol{B}\boldsymbol{U}_{n-1}.$$

需要说明的是, 此算法有一个起步问题. 因为当 $n=0$ 时, 为了计算 $\boldsymbol{U}_1$, 除了从 u_0 得知的 $\boldsymbol{U}_0$ 之外, 还需要知道 $\boldsymbol{U}_{-1}$. 因此, 不妨设有 u_{-1} 满足

$$\frac{-u_{-1}+u_1}{2dt} = v_0,$$

且在 (9.83) 式中取 $n=0$, 于是得到

$$u_{-1} = u_0 - dt\cdot v_0 + \frac{dt^2}{2}(\Delta u_0 + f_0).$$

注意到本例中 $v_0 = -u_0$, 从而相应有

$$\boldsymbol{U}_{-1} = \boldsymbol{U}_0 + dt\boldsymbol{U}_0 + \frac{dt^2}{2}\boldsymbol{B}^{-1}(-\boldsymbol{A}\boldsymbol{U}_0 + \boldsymbol{b}).$$

由此将 `fem2d.m` 修改为本例中的主程序 `fem2d_hyperbolic.m`, 子程序 `f.m`, `g.m` 及 `u_d.m` 也有修改, 程序如下所示, 其余与例 8.2 中的一致:

```
1   % fem2d_hyperbolic.m
2   % ----- Initialisation ----------
3   load node.mat; load elem3.mat; load elem4.mat;
4   load dirichlet.mat; load neumann.mat;
5   N = size(node,1); NT3 = size(elem3,1);
    NT4 = size(elem4,1);
6   FreeNodes = setdiff(1:N,unique(dirichlet));
7   A = sparse(N,N); B = sparse(N,N);
8   T = 2; dt = 0.01; L = T/dt;
9   U = zeros(N,L+2);
10  % --------- Assembly --------
11  for j = 1:NT3
12      index = elem3(j,:);
```

```
13      A(index,index) = A(index,index) + stima3(node
            (index,:));
14      B(index,index) = B(index,index) +
            det([1,1,1;node(index,:)'])*[2,1,1;1,2,1;1,1,
            2]/24;
15  end
16  % ---------- Initial Condition ----------
17  b = sparse(N,1);
18  for j = 1:NT3
19      index = elem3(j,:);
20      b(index) = b(index)+ ...
21          det([1,1,1; node(index,:)'])*dt*f(sum(node
            (index,:))/3,0*dt)/6;
22  end
23  U(:,2)=sin(pi*node(:,1)).*(node(:,2).^2);
    % interpolation
24  U(:,1)= U(:,2)-dt*(-U(:,2))+dt^2/2*(B\(-A*U(:,2)+b));
25  % -------- time steps ------------
26  for n = 3:L+2
27      b = sparse(N,1);
28      % Volume Forces
29      for j = 1:NT3
30          index = elem3(j,:);
31          b(index)= b(index)+ ...
32              det([1,1,1; node(index,:)'])* ...
33              dt^2*f(sum(node(index,:))/3,(n-3)*dt)/6;
34      end
35      % Neumann conditions
36      for j = 1:size(neumann,1)
37          index = neumann(j,:);
```

```
38          b(index) = b(index)+ ...
39              norm(node(index(1),:)-node(index(2),:))*...
40              dt^2*g(sum(node(index,:))/2,(n-3)*dt)/2;
41      end
42      % previous timestep
43      b = b+(2*B-dt^2*A)*U(:,n-1)-B*U(:,n-2);
44      % Dirichlet conditions
45      u = sparse(N,1);
46      u(unique(dirichlet)) = u_d(node(unique(dirichlet),
            :),n*dt);
47      b = b-B*u;
48      % Computation of the solution
49      u(FreeNodes)=B(FreeNodes,FreeNodes)\b(FreeNodes);
50      U(:,n)=u;
51  end
52  % -------- graphic representation --------
53  show(elem3,[],node,full(U(:,L+2)));
54
55  % f.m
56  function VolumeForce = f(x,t)
57  VolumeForce=exp(-t)*sin(pi*x(1))*(pi^2*x(2)^2+x(2)^2
    -2);
58
59  % g.m
60  function Stress = g(x,t)
61  Stress = 2*exp(-t)*sin(pi*x(1));
62
63  % u_d.m
64  function DirichletBoundaryValue = u_d(x,t)
65  DirichletBoundaryValue = zeros (size(x,1),1);
```

图 9.3 给出了 $t=2$ 时数值解 U 的图像.

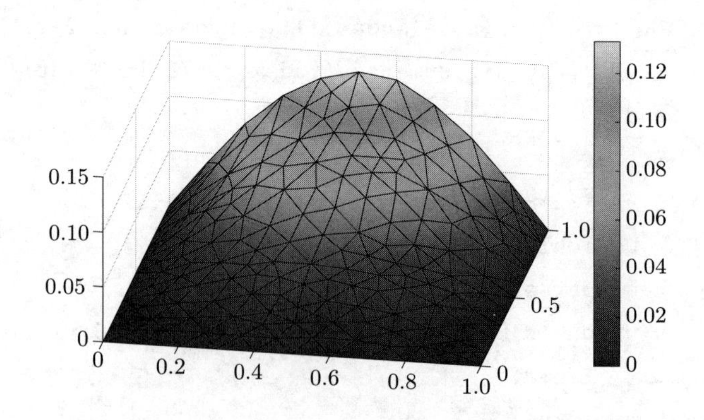

图 9.3 二维双曲型方程的数值解 $(t=2, dt=0.01)$

注 9.2 读者若希望对发展方程有限元方法有更深入的了解, 可参见本章文献 [2, 9, 10].

习 题 9

9.1 证明问题 (9.5) 的弱解存在且唯一.

9.2 设 H 是 Hilbert 空间, $A(\cdot,\cdot)$ 是 H 上的双线性形式. 如果 $A(\cdot,\cdot)$ 在 H 上对称且连续, 在 H 的子空间 V 上强制, 那么 $(V, A(\cdot,\cdot))$ 是 Hilbert 空间.

9.3 写出满足条件 (9.12) 的线性函数.

9.4 设 $e=\{(r,\theta): 0<r<h, \theta_0<\theta<\theta_1\}$ 为一个顶点在原点的极坐标表示下的曲边三角形, 求证:

$$h^{2\beta} \lesssim \inf_{v\in\mathbb{P}_1(e)} |r^\beta \sin(\beta\theta) - v|_{1,e},$$

式中 $\beta>0$ 为一给定常数.

9.5 设 $\mathcal{T}_h$ 是多角形区域 Ω 的一个正规三角剖分. 令 $e\in\mathcal{T}_h$ 为某一三角形单元. 记 P_0^e 是 $L^2(e)$ 到 $\mathbb{P}_0(e)$ 的 L^2 正交投影算子, 其中

$$\mathbb{P}_0(e) = \{v : v \text{ 在 } e \text{ 上取常值}\}.$$

(1) 导出 P_0^e 的显式表达式.

(2) 证明成立误差估计

$$\|v - P_0^e v\|_{0,e} \leqslant h_e |v|_{1,e}, \quad v \in H^1(e).$$

9.6 设 $\mathcal{T}_h$ 是多角形区域 Ω 的一个正规三角剖分. 令 $e \in \mathcal{T}_h$ 为任一三角形单元. 证明成立带几何尺度的 Poincaré-Friedrichs 不等式

$$\|v\|_{0,e} \lesssim h_e |v|_{1,e} + h_e^{-1} \left| \int_e v \mathrm{d}\boldsymbol{x} \right|, \quad v \in H^1(e).$$

9.7 设 $\mathcal{T}_h$ 是多角形区域 Ω 的一个正规三角剖分. 令 $e \in \mathcal{T}_h$ 为任一三角形单元. 证明成立带几何尺度的离散最大模估计

$$\|v\|_{0,\infty,e} \lesssim |\ln(h_e)|^{1/2} (|v|_{1,e} + h_e^{-1} \|v\|_{0,e}), \quad v \in H^1(e).$$

9.8 对于边值问题:

$$\begin{cases} -u'' + g(x)u = f(x), & a < x < b, \\ u(a) = u(b) = 0, \end{cases}$$

式中 $f \in L^2(a,b)$, $g \in C[a,b]$ 且 $g(x) \geqslant 0$.

(1) 证明问题有唯一解 $u \in H_0^1(a,b)$.

(2) 证明 $u \in H^2(a,b)$.

(3) 如果 $f \in C[a,b]$, 证明 $u \in C^2[a,b]$.

9.9 试就具体的二维抛物型方程编写一个 MATLAB 程序.

参 考 文 献

[1] 杜其奎, 陈金如. 有限元方法的数学理论 [M]. 北京: 科学出版社, 2012.

[2] 黄明游. 发展方程数值计算方法 [M]. 北京: 科学出版社, 2004.

[3] 李开泰, 黄艾香, 黄庆怀. 有限元方法及其应用 [M]. 北京: 科学出版社, 2006.

[4] 李治平. 偏微分方程数值解讲义 [M]. 北京: 北京大学出版社, 2010.

[5] 王烈衡, 许学军. 有限元方法的数学基础 [M]. 北京: 科学出版社, 2004.

[6] Brenner S C, Scott L R. The mathematical theory of finite element methods [M]. 3rd ed. New York: Springer-Verlag, 2008.

[7] Chen Z M, Wu H J. Selected topics in finite element methods [M]. Beijing: Science Press, 2010.

[8] Ciarlet P G. The finite element method for elliptic problems [M]. Amsterdam: North-Holland, 1978.

[9] Larsson S, Thomée V. Partial differential equations with numerical methods [M]. New York: Springer-Verlag, 2009.

[10] Thomée V. Galerkin finite element methods for parabolic problems [M]. 2nd ed. Berlin: Springer-Verlag, 2006.